U0142816

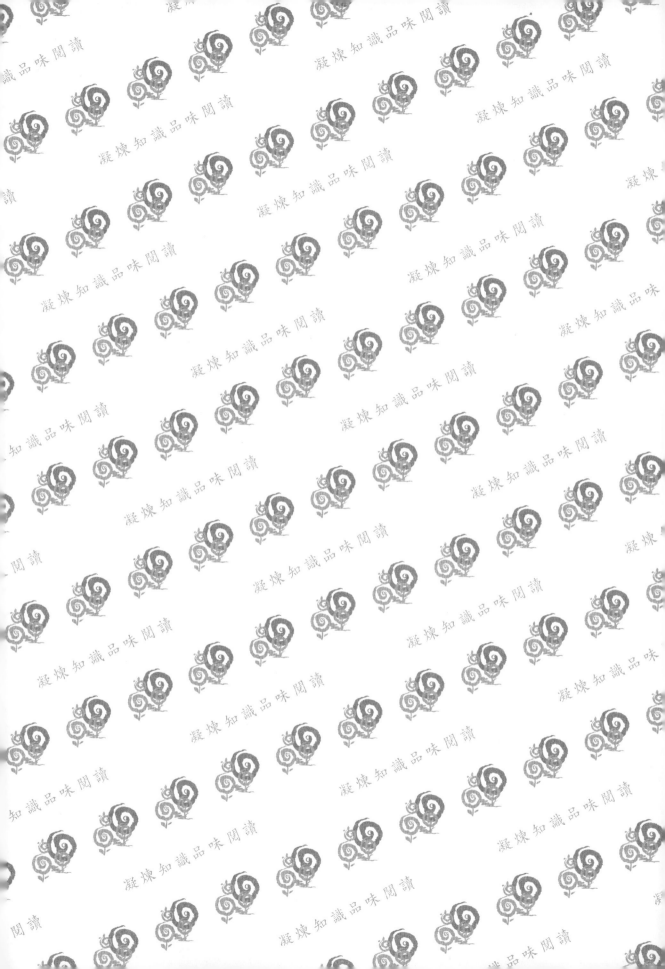

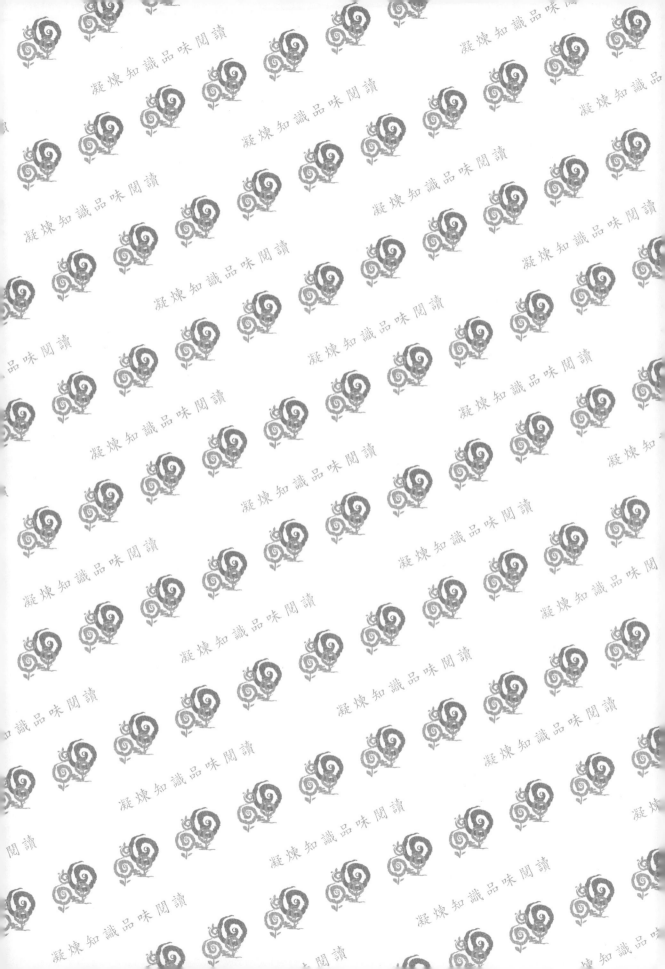

電競運動管理概論

從娛樂到職業——
選手、實況、粉絲經濟，解構新興億萬商機

鍾從定 主編

Esports
Manegement

READY
TO
BATTLE

五南圖書出版公司 印行

推薦序

終於出現一本有系統整理電競產業發展的書了！

電子競技是一項我們看來既熟悉又陌生的競賽項目。

根據荷蘭的市調機構Newzoo於2019年2月發表的報告指出，2019年是全球電子競技市場的一個重要里程碑，全球電子競技產值將首次超過數十億美元，其中，營收占比由高至低分別為贊助、權利金、廣告、商品與門票及遊戲發行等，產業中的角色包含了遊戲開發商、賽事營運方、贊助商、軟硬體製造商、直播媒體、運動彩券發行、觀眾、戰隊等。

回顧全球電子競技產業的發展脈絡，電子競技發展歷史從開始至今約莫25年，電子競技源起於遊戲產業，過去是以重度的遊戲玩家為核心。1990年代隨著網際網路興起，遊戲從人機對戰的單機遊戲模式，透過網路連線成為多人對戰的遊戲模式，同時遊戲產業從單一收入模式，轉變成為多元收入模式，如硬體、軟體、廣告、道具等。2003年電子遊戲已成為與影視、音樂並駕齊驅的娛樂產業之一。近年來，隨著直播時代的來臨，遊戲從個人娛樂變成一種可供觀賞的運動，現今電子遊戲更進一步形成電子競技，突破以往體育競賽，發展出全新面貌。

有關電子競技產業的發展，最早可回溯至1994年瑞典在夏冬兩季舉辦電競LAN Party活動「DreamHack」，從首屆只有40多人參與，20餘年來人數成長已經超過1,000倍，成為全世界最大的電競活動。其次南韓在1996年成立了南韓電子競技協會（KeSPA）以推廣電子競技。而中國大陸則在2003年將電競列為第99項體育運動項目（現為第78項）。而我國民間推展工作不遺餘力，也說服立法院於2017年11月7日三讀通過「運動產業發展條例」部分條文修正案，電子競技被正式納入運動產業，未來電競產業將享有稅法優惠、產業補助，國家隊選拔、組訓、比賽、輔導和國光獎章相關待遇，帶動「電競經濟學」的發展。

台灣為全球的電子產業大國之一，也是製作筆記型電腦的最大代工國，同時電子競技選手，更在世界各大比賽中奪下多次殊榮，台灣沒有理由不好好推動電子競技的產業發展，而產業發展需要人才，人才也需透過學校教育，或產業人才

培育，除了培育職業電競選手外，上游還包括了遊戲設計、賽事舉辦等，下游則有直播與轉播、周邊產品開發等，讓有志投入電競產業發展的人有所發揮。

　　本書是由十位關心台灣電競產業人才培育的老師及教練精心撰寫而成，正如本書所安排的內容與架構，除了讓同學們認識電子競技的內涵，了解電子競技的發展與未來趨勢，更要讓同學藉此培養國際視野，學習電子競技賽事的籌辦與管理，各項商業模式衍生發展等，以完善電子競技的生態體系，吸引更多人才的加入，才能有機會追趕上其他電競大國的發展腳步。

李世珍

財團法人商業發展研究院・經營模式創新研究所 副所長

序 言

　　跟其他國人熟悉的運動相比較，電競運動的歷史非常短，也未受到國人的重視與了解，然而當國、內外對電競是否是運動還存有爭執時，「電競運動」已成為一種蓬勃的產業卻是不爭的事實。根據知名的荷蘭遊戲市調公司Newzoo於2018年年初發佈全球電競市場報告指出，「2018年全球電競產值將達9.1億美元（約新台幣300億元），預估2020年產值將達14億美元，同時，2018年全球電競觀眾將達3.8億人次，尤其亞太地區的人次最多。」隨著電競產業商機水漲船高，台灣104人力銀行最新調查顯示，遊戲電競工作類的工作機會超過1萬2千個，5年來暴增2倍的人才需求，電競產業傳遞出新興產業急需各式人才的訊號。另一方面，2003年，中國國家體育總局宣佈電競列為第99個正式體育項目，中國教育部在2016年將電競納入體育類並作為學校學程之一。2017年6月騰訊電競發佈「五年計畫」，以開發電競商業價值為目標，打造一個人民幣千億元（約新台幣4,500億元）規模的電競產業，計畫包含電競賽事、俱樂部聯盟、人才培養和電競產業園四個方面，顯見電競產業的商業價值，再如賽事贊助金額逐步上漲，明星選手、知名主播的身價提升，直播、衍生品等相關產業的發展。因此「電競運動」不能僅停留玩遊戲階段，而是一個環環相扣的產業鏈，包含了聯賽經營、戰隊經營、選手管理、品牌行銷、直播平台、主播賽評等，但就像娛樂產業和文創產業，需要有專業的規劃與營運管理。

　　國際電競運動聯盟（International e-Sports Federation, IeSF）2016年7月於中國上海召開全球電競運動高峰會（Global e-Sports Executive Summit），進行意見交流，以促進電競運動全球的發展。高峰會期間共舉行5個小組討論，並以名為「e-Sports，朝正式運動邁進」的辯論展開序幕。其他討論主題還包括「e-Sports的公益事業、普世價值與社會責任」、「選手福利」、「乾淨的e-Sports環境」以及「e-Sports的未來平台為何？你我的生活將如何改變？」IeSF 2018年世界電競錦標賽更於2018年11月9日至11日在台灣高雄巨蛋登場。2018年12月，教育部體育署以「迎戰eSports新浪潮——建構台灣電競生態鏈」為主題，舉辦為期兩天的電競產業國際趨勢研討會，協助台灣電競從業人員與產官學各界深入了解國際情勢與產業現況，研討會邀請了日本、美國、英國等國內外電競產業相關業界代表及專家學者齊聚，從「電競市場發展趨勢洞察」、「電競產業生態鏈解析」到「電競產

業人才的培育」等三大面向，探討台灣電競產業未來的發展及展望，在這些如火如荼的電競活動下，在台灣卻缺乏一本對此產業管理有系統探討的書籍，給台灣的電競運動提供更豐富的養分，幫助對電競運動有熱情的朋友、以電競做爲職業的青少年朋友，從玩遊戲走向選手，甚至走向管理者。有精實良好的管理基礎，台灣的電競運動必能在世界大型賽事，未來的亞、奧運中爭得獎牌。

這本書共有10章，集合10位專家學者分別從電競內涵、商業模式、運動員心理、賽事營運／活動管理、虛擬實境VR的應用等，來探討說明電競運動產業的管理與發展趨勢。不論你是英雄聯盟（LoL）、傳說對決（AoV）、鬥陣特攻（OW）、絕地求生（PUBG）、VR電競──聖域對決、AR電競──閃電對決的玩家、觀賞者、供應鏈的廠商，或新創事業的投資者，在5G時代來臨下，本書會幫助各位在電競產業上發光發熱。

本書的出版首要感謝五南圖書公司家嵐主編的肯定與前瞻的眼光，以及五南公司專業堅強的編輯團隊，才能搞定電競的各項圖表。當然本書各章作者是本書能出版的基礎，沒有他們的用心投入，不可能有此精彩內容。非常謝謝他們。

主編 鍾從定

目　錄

第一章
電子競技的基本概論

林淑媛

Project

1.1 電子遊戲的發展進程

1.2 電子競技的定義與內涵

1.3 國際級的電子競技大賽

1.4 電子競技是未來的主流運動

隨著科技的發達，全球各地掀起電子競技的熱潮，電競產業成爲風靡現代國際的產業，並且正在各地蓬勃發展，許多先進國家已把電子競技列入正式的運動項目，並全力推動電競產業。人類社會文明的進步與結構的轉移，很多是來自於科技的影響，例如：18世紀瓦特發明了蒸氣機，開啓了勞動力的革命時代；20世紀初，卡爾·佛里特立奇·奔馳發明了汽車，以及亨利·福特發明了汽車裝配線，開啓了電機電力的革命時代；21世紀70年代的自動化，以及21世紀的智慧化，開啓了資源革命時代。同樣的，電子遊戲科技所帶來的發展進程，也攸關電子競技的誕生與未來的發展。

1.1 電子遊戲的發展進程

每個產業都有其生命週期，在探究電子競技如何興起之前，必須要對電子遊戲產業的發展過程先有所認識，因爲電子遊戲與電子競技的關係，就如同太陽與月亮的關係般密不可分。科技的進步、社會氛圍及各國政府的重視，更加速了電子遊戲與電子競技的同步發展。電子競技源自電子遊戲的發展，而電子遊戲則隨著資訊及技術的進步，發展出各年代不同的遊戲特色，回顧電子遊戲的發展世代，我們會將焦點放在遊戲與其相關產品的歷史介紹上。分述如下：

一、1950年代

早期有人在大電腦上撰寫了井字棋遊戲與軍事遊戲，如1950年的Bertie the Brain與1952年的OXO這兩款遊戲，都是由嗅覺靈敏的商人們，掌握商機所誕生人類最早的電子遊戲之一。在1950年代，Thomas T. Goldsmith Jr.與Estle Ray Mann兩人，是第一位申請遊戲機的專利者，他們描述了一個用了八顆眞空管模擬飛彈對目標發射，包括使用許多旋鈕來調整飛彈航線與速度的遊戲裝置，但是因爲顯示技術還未成熟之因，只好改以單層透明版畫當目標，所以在使用上這個遊戲機並不理想。1958年，美國能源部爲了吸引更多遊客來參觀Brookhaven國家實驗室，該實驗室的物理學家威利·席根波森（William Higinbotham）用心設計了《雙人網球》（Tennis for Two），其設備可分爲電腦、示波器、控制器三個部分，此設計是運用一個模擬計算機及一個示波器，顯示一面簡單的網和一顆球，遊客們可以透過兩端控制箱來進行操控，這是最早的電玩雛形，也是第一個網球電玩。（如圖1-1、1-2所示）

雙人網球
· Tennis For Two

類型	網球遊戲
平台	模擬電腦、示波器
設計師	威利·席根波森（William Higinbotham）
模式	多人電子遊戲
發行日	1958年10月18日

圖1-1　雙人網球

資料來源：維基百科，https://zh.wikipedia.org/wiki/%E9%9B%99%E4%BA%BA%E7%B6%B2%E7%90%83

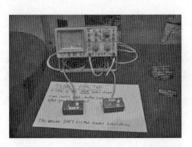

圖1-2　遊戲運行中的截圖

資料來源：維基百科，https://zh.wikipedia.org/wiki/%E9%9B%99%E4%BA%BA%E7%B6%B2%E7%90%83

二、1960年代

　　1962年，美國麻省理工學院的學生S. Graetz、S. Russell以及A. Kotok運用PDP-I（一種增加電腦處理資料速度的機器）創作出電子遊戲《太空戰爭》（Space War!，如圖1-3），但因價格昂貴，消費客群有限而未獲得商業化。這是第一款具有流通性質的電子遊戲軟體，也被認爲是第一個廣爲流傳且具影響力的電子遊戲。1966年，被稱爲「電子遊戲之父」的拉爾夫·貝爾（Ralph Baer）

發明了一個在標準電視上顯示的簡單電子遊戲：《追擊》（Chase）。並幫助Bill Harrison共同製造光線槍，且於1967年與Bill Rusch一起開發幾個電子遊戲。1968年，他們也共同發展出具有桌球及射擊等不同的遊戲原型機種。1969年，C語言發明人之一的Ken Thompson寫了一個在Multics系統上運行的遊戲，《星際旅行》（Space Travel）。接著，Ken Thompson改用PDP-7撰寫，就創造出UNIX作業系統，而《星際旅行》也就成了UNIX的第一個應用程式。不得不佩服Ken Thompson的聰明與研究的精神。

圖1-3　《太空戰爭》，是第一款廣為流傳且具影響力的電腦遊戲

資料來源：維基百科，https://zh.wikipedia.org/wiki/%E9%9B%BB%E5%AD%90%E9%81%8A%E6%88%B2%E5%8F%B2

三、1970年代

這個時期可以稱之為特定遊戲機台時期，每一種遊戲皆只能玩1～2種的遊戲。1971年，使用向量顯示終端的技術，同年9月，模仿《銀河遊戲》（Galaxy Game）的初代小蜜蜂遊戲出現在史丹福大學的一個學生活動中心裡。是第一個投幣式電子遊戲，而且該機器只有建造一部。同年，諾蘭‧布希內爾（Nolan Bushnell）與泰德‧巴內（Ted Babney）建造了《銀河遊戲》的投幣式街機版本，稱之為《電腦空間》。後來，Nutting Associates取得該遊戲授權，並於1971年11月大量製造1,500台，雖然該遊戲因各種困難而沒成功，卻樹立了標竿，成為第一個大量製造並供商業銷售的電子遊戲，同時也成為人類史上第一個大量商用的投幣式街機。

1972年，Nolan Bushnell與Ted Babney兩人創立了雅達利公司（Atari），並於同年創造出電子桌球遊戲《乓》（Pong）這款的遊戲，而且大獲成功，總共賣了19,000部。取得了商業上的空前成就，Nolan Bushnell便開展了電子遊戲商業化的初步策略，以下是《乓》這個遊戲的截圖，左右方的直線為桌球拍，中間的點為桌球（如圖1-4、1-5所示）。

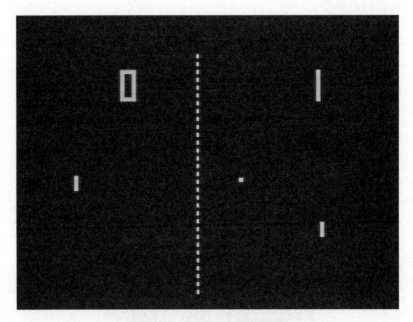

圖1-4　《乓》遊戲的畫面

資料來源：維基百科，http://programmermagazine.github.io/201312/htm/message1.html

圖1-5　雙人對打「乒乓遊戲」

資料來源：瞧·中外，〈電子遊戲之父去世曾發明首台遊戲機〉https://chaoglobal.wordpress.com/2014/12/08/ralph-baer/

圖1-6　運行《乓》的街機

資料來源：維基百科，https://zh.wikipedia.org/zh-tw/%E4%B9%93

　　1977年，Atari發行了名為Video Computer System（VCS）以卡匣為主的遊戲機，後來改稱為Atari 2600，共設計了9款遊戲。此種遊戲機迅速成為早期遊戲機當中最受歡迎的一款，隨著同年蘋果電腦推出個人電腦Apple II，更帶動了個人電腦普及應用的時代浪潮，這些電子遊戲公司所推出的家庭遊戲機，將電子遊戲從公眾的領域帶進了私人家庭。1978年，日本TAITO公司開發出的《太空侵略者》（Space Invaders，スペースインベーダー）大賣，遊戲產業開始進入美、日兩國相互競爭的年代。接著，雅達利公司又開發了《爆破彗星》與《小精靈》等商用遊戲，1979年的《小精靈》（Pac-Man）是第一個在主流文化上最廣受歡迎的，並且是第一個因遊戲角色自身形象而獲得大眾肯定的遊戲。這個時期，街機工業成了全球娛樂事業所競相發展的熱門項目之一，餐廳、遊戲場、公共場所等，隨處可見街機遊戲場所，不時可以聽到電子遊戲音樂，以及看到操作遊戲的人們興奮滿足的表情。電子遊戲在這個時期已市場化及商業化，成為一項可行的產業。（如圖1-6）

四、1980年代

在1980年代，街機黃金年代到達了頂峰，從這個時期開始，電子遊戲市場已開始一分為二的現象：一者是延續原本《乓》這一類放在商店的大型遊戲機台，另一者是以家庭為市場的遊戲機與配合的軟體。很多在技術或類型上革新的遊戲已紛紛出現，人們發明了撥接式的電子佈告欄系統（Bulletin Board System, BBS），利用電話撥接數據機與電腦串接的技術進行電子訊息的交流，涵蓋各種領域，如汽車、美術、木雕、八卦新聞、電腦、咖啡美學……，其中電子遊戲亦是BBS的熱烈交流項目之一，有時會被用來當作線上遊戲進行的平台。許多玩家會透過BBS進行遊戲。遊戲類型從文字冒險到賭博遊戲，如21點等。有些玩家在BBS線上進行多玩家遊戲，最後演化成MMORPG（大型多人在線角色扮演遊戲），隨著硬體設備的進步，快速影響著電子遊戲產業的發展脈動。過去藉由文字字元模擬的圖形遊戲情況，也逐步發展出全圖形的遊戲平台。

1980年發行的《魔域》更進一步使文字冒險遊戲在家用電腦上流行起來，並確立了這類型遊戲的優勢。任天堂的Game & Watch生產線，於1980年開始生產LCD可攜化遊戲機，後來很多廠商也開始做。由於體積很小，有些可以像手錶一樣戴在手腕上，非常方便。

《3D怪物迷宮》（3D Monster Maze，1981年）是家用電腦上的第一個三維遊戲，而《戴格拉斯地下城》（Dungeons of Daggorath, 1982）再加入了各類型的武器和怪物、細緻的音效，以及一個「心跳」的血條。《一級方程式賽車》（Pole Position, 1982）由Commodore 64公開發行，因為強勢行銷與優越價位而賣得火紅。1983年，SuperSet Software公司創造了《狙擊》（Snipes），這是一種文字模式的網路電腦遊戲，並在新IBM PC架構下的電腦網路測試，以展示遊戲的新功能。1984年，隨著雪樂山（Sierra）《國王密使》（King's Quest）系列誕生，使得電腦遊戲市場於當年取代了家用機市場。1985年，因任天堂娛樂系統（Nintendo Entertainment System, NES）所開發的8位元FC遊戲機（任天堂紅白機）發行，席捲了北美的電子遊戲市場，更成為當年最火紅的流行代名詞，而隨機體銷售的《超級瑪利歐》更是成功大賣。1986年《勇者鬥惡龍系列》第一部《勇者鬥惡龍I》開始發行，在日本遊戲發展上，創造有史以來的奇蹟，所以又稱為國民RPG。

五、1990年代

在1990年代，遊戲的類型開始變得多元發展，3D電腦圖像，透過音效卡與光碟機，「多媒體」的能力升級，第一人稱射擊類遊戲（FPS）；多人參與歷險遊

戲（MUD）；即時戰略（RTS），如微軟的《世紀帝國》及暴雪娛樂的《魔獸爭霸》與《星海爭霸》等系列；回合制遊戲，如《魔法門之英雄無敵》；大型多人在線角色扮演遊戲（MMORPG），如《網路創世紀》與《無盡的任務》。MUD《永恆世界》（persistent world）的概念，開啟圖形介面多人參與的遊戲紀元，此外Java與Macromedia Flash開發出的簡易網頁遊戲，如解謎遊戲、經典街機遊戲，以及多玩家卡片或是紙版遊戲等，不須經由下載即可在線上遊樂，讓玩家倍感省時又方便。

1990年代，Maxis開始發行成功的《模擬XX系列》，從《模擬城市》（Sim City）開始，以其他不同的變種作為延續，如《模擬地球》（Sim Earth）、《模擬城市2000》（Sim City 2000）、《模擬螞蟻》（Sim Antz）、《模擬大樓》（Sim Towers）及2000年推出膾炙人口的日常生活模擬器《模擬人生》（The Sims）。到了1996年，隨著3dfx的Voodoo晶片上市，帶領了第一個個人電腦上使用的平價3D加速卡。第一人稱射擊遊戲（如著名的《雷神之錘》）正是第一個利用這項新技術的遊戲。

此時期的電子遊戲，在軟硬體技術的高度成長下，16位元與32位元家用遊戲主機的出現，遊戲類型開始走向多樣化與網路化，遊戲機可攜化及遊戲開發的專業化等，造成了街機的熱潮快速消退。

1996年，任天堂發行了64位元家用機《任天堂64》。任天堂所推出的新作：《超級瑪利歐64》在當年已發展為3D平台遊戲，並達到業界標準。同年，Sony為PlayStation所發行的音樂遊戲《動感小子》，帶動音樂遊戲類型電子遊戲陸續問世，如《狂熱節拍》（Beatmania）與《勁爆熱舞》（Dance Dance Revolution）等，這類遊戲也在其他國家造成流行風潮，因此，音樂遊戲成了大型連鎖遊戲場或大型購物中心最喜歡的遊戲類型之一，觀看的人潮相當踴躍。當年，任天堂64沿用了卡匣而非CD-ROM，因成本較高也曾經引發其他遊戲廠商的不滿。史克威爾把之前由任天堂家機平台所獨占的《太空戰士》（Final Fantasy，又稱《最終幻想》）系列轉給PlayStation之後，由於1997年《太空戰士VII》的成功，除了帶動RPG的流行之外，也使PlayStation成為該類遊戲的主要平台。1998年Dreamcast家用遊戲機投入市場，雖開啟了此世代的大門，然因市場銷路不佳，在後續機種出現前就慢慢淡出市場，SEGA因此也撤退到第三方遊戲開發市場。Sony再以PlayStation 2開啟新的紀元，該機器也成為日後銷售最佳的家用機。

六、2000年之後

2001年，電腦的CPU科技飛速發展，此時以視窗作業系統暨專業生產力的軟體巨擘——微軟公司，發行第六代到第八代的新型遊戲機台XBOX，切入了電子遊戲業。隨著全球普及的寬頻網際網路連線，很多出版商轉向以時間計費的線上遊戲，大型多人在線角色扮演遊戲（MMORPG）許多作品相當叫好又賣座，如《魔獸世界》（World of Warcraft）與《太空戰士XI》（Final Fantasy XI）。此類遊戲主打PC市場，XBOX透過其內建的網路介面而受益，伴隨著電子遊戲、金流服務以及在線服務XBOX Live等等，風行整個北美地區，更超越了其他平台的遊戲機。XBOX與當時的GameCube在全球的市占率幾乎旗鼓相當，並成為主流的電子遊戲機台。雖然，任天堂的遊戲，在XBOX出現之後退居北美市場第三，但在2005年，任天堂的Wii Remote卻成功將手握型遙控體感裝置帶入家庭遊戲的領域，成為新一代家庭遊戲機的典範。2010年，微軟推出了Kinect，改用以身體作為體感裝置，搶食了Wii的市場。緊接著蘋果所推出的iPad大受喜愛，更讓平板遊戲快速發展起來。

由此可知，資訊科技的發展深深地影響了電子遊戲的發展，整個世界已進入了行動娛樂的新時代，就如現今360度的寬視角全視3D立體顯示技術、VR虛擬視覺技術以及AR擴增實境的技術等新科技發展，將成為電子遊戲的新浪潮、新趨勢，整個電子遊戲產業異軍突起，看見新興產業發展的曙光，奠定了電子競技未來發展的基礎。（如圖1-7、1-8所示）

圖1-7　VR電子遊戲新趨勢

資料來源：遠東科技大學提供，https://www.feu.edu.tw/web/

圖1-8　VR電子遊戲——擬真享受「火線狂飆」快感

資料來源：遠東科技大學提供，https://www.feu.edu.tw/web/

1.2 電子競技的定義與內涵

1.2.1 電子競技的概念

電子競技（Electronic Sports, E-Sports），是指使用電子遊戲來比賽的體育項目。也就是電子遊戲比賽達到競技層面的一種活動。電子競技運動就是利用電子設備（電腦、遊戲主機、街機、手機等）作為運動器械進行的，但是在操作上是強調人與人之間的智力與反應對抗的運動。透過電子競技的遊戲，不只可以培養參與者的思維能力、反應能力、協調能力及意志力，更能培養團隊的精神。

1.2.2 職業電子競技的概念

如以電子競技是一項體育運動的角度來看，電子競技職業化的定義如下：「電子競技的從業人員以電子競技為職業，並透過電子競技相關的活動來謀生或獲利。」從業人員是指電子競技的運動員；電子競技相關活動，包含訓練、比賽及表演；謀生方式除了工資收入之外，亦包含所有參加賽事所取得的獎金收入等。並以是否透過電子競技作為謀生的手段，以此來界定電子競技業餘愛好者與電子競技職業選手的區分標準。

賀誠（2016）在《我國電子競技職業化發展研究》中對於電子競技職業化提出的看法如下：(1)是否透過電子競技運動取得報酬（以獲得金錢為目的）；(2)投入運動的時間和精力多寡；(3)是否以電子競技運動為業。

1.2.3 「電競」與「電玩」的區分

「電競」的特性有別於一般的「電玩」特質，從本質上，電子競技屬於體育專案，而電玩遊戲則較屬於娛樂性專案，「電玩」與「電競」之間的差別在於「電玩」的遊戲特徵較為濃厚，內容設計除了吸引玩家，提高參與人數之外，較重視遊戲的故事背景、進行的模式和參數平衡等；而「電子競技」除了必須具備基本的遊戲特徵之外，更需要注重下列「競技性」與「公平性」二面。

一、在競技性方面

- 具有戰術策略分析的能力。
- 即時反應及速度能力。
- 內容具有一定的複雜程度。
- 參賽者相互的對抗。
- 個人／團隊體力與耐力的能力。
- 策略應用的準確度。

二、公平性方面

- 沒有等級分別，起跑點是一致，具有公平性。
- 增加競爭不確定性，以提高遊戲的深度。
- 競技角色之間會有相互制衡作用。
- 避免一些不公平現象的防弊措施。

1.2.4 電子競技賽事遊戲項目

電子競技賽事的比賽專案，根據遊戲種類和對抗方式，可分為三類主流比賽專案，即：(1) FPS遊戲；(2) DOTA類遊戲；(3) FTG遊戲。這三大競技遊戲項目定義如下：

(一) FPS遊戲（First-Personal Shooting Game）即第一人稱射擊類遊戲，它是以玩家的第一人稱視角為主視角來進行的射擊類電子遊戲之總稱。此類遊戲，玩家會以自己的視角作為遊戲操作的主視角來進行遊戲，如行進、射擊、隱蔽、對話等各種操作，此遊戲區別於其他遊戲中，玩家操作虛擬人物的遊戲方式。這種以第一人稱感官來進行遊戲的方式能增加真實性體驗及玩家的主動性。在第一人稱射擊遊戲中，玩家會以主視角進行探索，並且以手中的遠程武器或是近戰武器來攻擊敵人。其代表的遊戲有：《絕對武力：全球攻勢》（CS:GO）、《虹彩六號：圍攻行動》、《鬥陣特攻》、《雷神之鎚》、《戰慄時空》、《穿越火線》等，並成為電子競技的熱門項目。

(二) DOTA類遊戲（Defense of the Ancients Game）此類遊戲是以《魔獸爭霸III》資料片《魔獸爭霸III：寒冰霸權》為基礎，製作的一系列角色扮演（RPG）類型自訂地圖，採用團隊競技的模式，雙方各有5名隊員選擇各種不同作用和技能的虛擬英雄所組成比賽的團隊，並在一張對遊戲雙方都相對平衡的遊戲地圖中進行對抗比賽，並以守護自己的遠古遺跡（或是同類不同名稱的基地建築）並摧毀對方遠古遺跡為取勝手段的一種多人即時對戰遊戲。DOTA在許多戰術，隨機隊友所進行的遊戲中，並不是非常注重全局戰略層面的控制，而是更強調局部的戰術配合，其代表遊戲有：《英雄聯盟》、DOTA 2、《三國無雙》等。

(三) FTG遊戲（Fight Technology Game）指格鬥類遊戲或格鬥技術遊戲，是從ACT的動作類遊戲脫胎分化出來的，由玩家操縱各種角色與電腦或另一

玩家所控制的角色進行一對一決鬥。此類遊戲一般談不上什麼劇情，最多有個簡單的場景設定或背景展示，場景、人物、操控等也比較單一，但操作難度較大，主要依靠玩家迅速的判斷和微操作取勝，在比賽對抗中，玩家需要依靠自己快速的反應和準確的操作判斷以贏得勝利。其代表性遊戲有：《快打旋風》、《侍魂》、《拳皇》（KOF）等。

以上每個遊戲都有各自的支持者，例如：第一人稱射擊類的《絕對武力》、《絕地求生》、《鬥陣特攻》及《要塞英雄》；多人線上戰鬥競技（MOBA）類的《英雄聯盟》、DOTA 2、《傳說對決》、《暴雪英霸》等，在全球各地也都各自舉辦大型的電競聯賽，更創造出驚人的產值。

1.2.5 電競體育結構的組成

一、選手

電競選手的組成分為職業選手和業餘選手兩類，業餘選手是不以遊戲為職業，只以業餘的身分參加比賽。職業選手一般都會隸屬於某家俱樂部／戰隊，而形成一種雇傭關係。電競選手必須要對一款遊戲（一個專案）來進行長時間不斷的練習才能上場比賽。要成為電競選手主要需要具備下列條件：家庭環境、天賦、實力、勤奮、心態。

二、教練

隨著電玩運動職業化，電競產業蓬勃發展，職業電競隊聘請專業教練指導蔚為趨勢，薪資行情相當優渥，不輸美國職棒小聯盟教練。在電子競技領域，教練是一個全新的職業，除了對競技遊戲要有全面深刻的認識之外，還需要具備體育教練培訓隊員的能力，更要有詳細分析對手的能力，每個戰隊需要至少二位以上的教練：一個負責戰術制定，另一個負責心理疏導。

三、俱樂部

俱樂部也稱為戰隊，與體育賽事聯賽（如：NBA）的俱樂部一樣，是電子競技運動員的組織。職業戰隊一般都會有自己獨特的標誌（如：隊標及隊服）並有統一規定的作息安排。目前隨著電子競技行業的規範及賽事水準的提高，職業戰隊也出現新的角色，如：領隊、教練、分析師等，一般都負責俱樂部的幕後工作，如對選手的指導、比賽分析，以及提供電競選手未來轉職的協助等。

1.2.6 電子競技類型

電子競技類型區分如下：

一、以遊戲平台區分

(一) Battle.net

暴雪Battle.net（Blizzard Battle.net）是「暴雪娛樂」開發商爲旗下遊戲所提供的一種多人線上遊戲的服務，是基於網際網路的在線遊戲、社交網路及數位發行和版權的管理平台。Battle.net於1996年11月30日，推出《暗黑破壞神》（Diablo）後並以「Battle.net」（戰網）品牌進行營運，並發佈暴雪的動作角色扮演遊戲*Diablo*。因此，Battle.net是第一款直接融入遊戲的在線遊戲服務平台，成爲玩家中的熱門遊戲，如《暗黑破壞神》和後續「暴雪」遊戲的主要賣點。暴雪於2009年3月20日，正式揭開了戰網2.0的更新，原來的Battle.net改名爲Battle.net Classic。戰網啓動器於2017年3月，正式更名爲暴雪App，到了2017年8月選擇使用合併名稱「暴雪Battle.net」。其目前所支持的遊戲，包括《爐石戰記》、《暴雪英霸》、《鬥陣特攻》和《星海爭霸：Remastered》，及來自其企業兄弟公司Activision的《命運2》等遊戲，同年9月，暴雪發佈Android和iOS的Battle.net應用程序，除了能與朋友聊天及添加好友之外，也可以查看他們正在玩什麼遊戲。

(二) Garena

Garena平台提供玩家遊戲與資訊的交流並代理遊戲，自從Garena平台成立以來，已在台、港、澳及東南亞等地區快速成長，成爲首屈一指的線上及行動平台，目前在台灣擁有超過百萬活躍的用戶。Garena也成立了電競館（eSports Stadium）作爲專業的電競場地，提供國、內外賽事直播，也爲電競選手們打造全球性的舞台。目前Garena平台代理了《英雄聯盟》、《新瑪奇英雄傳》、《傳說對決》、《武裝菁英》、《A.V.A.戰地之王》、《流亡黯道PoE》、Mstar、Free Fire、《彈彈堂》、《雷霆突擊》等，種類多元。

(三) Steam平台

Steam是由美國電子遊戲商維爾福，於2003年9月12日所推出的數位發行平台，也是Valve公司聘請BitTorrent（BT下載）發明者布拉姆·科恩所開發設計的遊戲平台，提供多人遊戲、數位版權管理、串流媒體及社群網路服務等功能。該平台是目前全球最大的綜合性線上發行平台之一，也是一個整合遊戲下載平台，玩家可在該平台購買、討論、下載、上傳和分享遊戲及軟體，安裝並自動更新遊

戲，亦可使用包括好友列表和社群、雲端儲存、遊戲內語音聊天的功能。至目前為止，Steam的運作十分廣泛及成功，下載遊戲的速度也非常快，並曾榮獲第33屆金搖桿獎最佳遊戲平台。

二、以遊戲類型區分

若以電子遊戲的分類方式，按圖像表現、遊戲的視角、參與的遊戲者人數和方式、參與的遊戲者人數和方式及聯網方式等分類，如下表：

表1-1　以電子遊戲種類區分的電子競技類型表

電子遊戲	
大項部分	細項部分
動作遊戲 ACT: Action Game	第一人稱視角射擊遊戲 FPS: First Personal Shooting Game
	格鬥遊戲 FTG: Fighting Game
	其他
冒險遊戲 AVG: Adventure Game	動作類
	解謎類
角色扮演遊戲 RPG: Role-Playing Game	大型線上角色扮演遊戲 （MMORPG: Massive Multiplayer Online Role-playing Game）
	其他
策略遊戲（戰略遊戲） Strategy Game	回合制策略遊戲，例如：《天使帝國》《三國志》系列 TBS: Tum-Based Strategy
	即時戰略遊戲 RTS: Real-Time Strategy Game 刀塔類 DOTA: Defense of the Ancients
	線上即時戰略遊戲 Tactical Commanders Game
體育遊戲 SPG: Sports Game	以運動為主軸的遊戲，例如：雪上運動、足球、NBA Live系列、腳踏車、泛舟專用遊戲機台等。
競速遊戲 RCG: Racing Game	競速遊戲，主要是賽車遊戲，例如：Sega Rally、《極限快感》（Need for Speed, NFS）、《摩托雷神》（Moto Racer）。
模擬經營遊戲 SLG: Simulation Game	又稱模擬策略遊戲，模擬對象廣泛，例如：《模擬城市》、《夢幻西餐廳》、《模擬農場》、《模擬樂園》、《大富翁》等。

電子遊戲	
大項部分	細項部分
桌面遊戲 TAB: Table Game	桌遊類遊戲機，例如：Card Crawl、麻將遊戲機、電子撲克牌等
益智遊戲 PUZ: Puzzle Game	分動態及靜態遊戲，動態遊戲例如：《小精靈》（Pac-man, FC）、俄羅斯方塊（Tetris, FC）；靜態遊戲例如：象棋、橋牌、五子棋等。

資料來源：本研究整理

1.3 國際級的電子競技大賽

目前國際級的電子競技大賽區分為：WCG、CPL、ESWC、PGL、CBI、CIG、CEG、E-HERO、IESF等，本書主要是介紹WCG、CPL、ESWC、IESF、PGL這五大世界電子競技比賽，分述如下：

一、WCG—World Cyber Games

世界電玩大賽，英文縮寫為WCG，創立於2000年，並於2001年舉辦首屆，設有選手村，從2004年開始，每年更換舉辦城市。該項賽事是由韓國國際電子營銷公司（Internation Cyber Marketing, ICM）主辦，並由三星和微軟（自2006年起至結束日止）提供贊助。每個參加的國家／地區將先自行舉辦分組預選賽，並選出最優秀的選手代表參賽。WCG是每年規模最大的電子競技盛會，吸引百萬餘人參觀，全世界的玩家齊聚一堂共享這個競技平台。但隨著資訊時代的迅速轉變，尤其是高度依賴開發商贊助和管理的WCG大會，已經不敵廠商自行籌辦的電競比賽了，因此，在2014年2月5日，由當時任職WCG執行長李秀垠對外宣佈：「WCG組委會將不再舉辦任何賽事」。一時叱吒風雲的電競大賽就此宣告結束。直到2017年3月29日，線上遊戲開發商，SmileGate對外宣佈已經向三星正式取得WCG商標授權，並以獨立營運的經營模式重辦賽事，正式公佈全新的品牌識別，以及確認2018年WCG賽事於4月26日到29日在泰國曼谷舉行。2018年9月14日宣佈2019年世界電子競技大賽於2019年7月18日至21日在中國西安舉行。

二、CPL—Cyberathlete Professional League

職業電子競技聯盟（CPL），電子競技職業比賽聯盟，於1997年為創始人Angel Munoz所創立，主要創立原因是為了報導、舉辦電子競技職業比賽的消息以

及比賽狀況。CPL比賽在不同地區的玩家和戰隊，會以他們擅長的比賽來進行戰鬥，參賽人員必須大於17歲的年齡限制（這是ESRB的要求）。為了提升運動的層面，在2005年初，CPL確定了同年的比賽獎金總額，超過200萬美元。目的就是想讓電子競技成為一項真正的比賽，CPL是大多數玩家參加網路比賽的組織，也是電子競技領域中最具有影響力的聯盟之一。

CPL同時也掌控一個針對成人玩家的在線聯盟，名為CAL（Cyberathlete Amateur League）。CAL通常會持續一年，其中包括一個每週進行一到二場比賽的普通八週賽季，及一個單敗淘汰的賽季。對於反恐精英系列，CPL會參照隊伍在CAL中的表現以確定種子的順序。但隨著在線遊戲作弊趨勢的增加，CAL的參加隊伍日趨減少，終於在2008年3月4日，CPL的賽事正式中止營運，11年的風光在此畫下句點，同年被United Arab Emirates旗下的Abu Dhabi投資集團所收購，並更名為CPL, LLC。

三、ESWC—Electronic Sports World Cup

電子競技世界盃（ESWC），於2002年在法國創立並持續至今，是全球三大電子競技賽事之一。ESWC起源於法國，其前身為歐洲傳統電子競技賽事「Lan Arena」，與WCG和CPL，被稱為當今世界的三大電子競技賽事；ESWC是由11個理事國發起並超過60個合作夥伴的國際文化活動。其賽事分為四個階段，分別是地區熱身賽、地區預選賽、國內決賽、全球總決賽，在2003年於Futuroscope舉辦第一屆「電子競技世界盃」比賽，盛況空前。

四、IESF—International e-Sports Federation

國際電競聯盟（IESF）該聯盟於2008年成立，並擁有五大洲，包括台灣、巴西、中國、日本等48個會員國，IESF從2009年的挑戰賽，2010年的總決賽，至2011年每年都會挑選其中一個會員國作為主辦國家，也將不同類型的遊戲加入每年的賽事中，同時也舉辦電競高峰會與所有會員國一同研討電子競技的賽事規劃及未來的發展方向。IESF除了代表全球的電競組織向國際奧委會，申請將電競納入項目以外，每年也都會舉辦電競世界錦標賽的活動，因此，IESF有著「電競界奧運」的美稱，是全球性的國際賽事，在世界具有舉足輕重的地位。身為IESF創始國之一的台灣，由於參加的選手表現優異，成功拿下了2018年第10屆IESF電競世界錦標賽的主辦權，除了增進國際電競賽事的交流之外，也在我國電競史寫下歷史的一頁。

五、PGL—ProGamer League

電子競技職業選手聯賽（PGL），成立於2006年，是中國最早的電子競技賽事之一，PGL賽事是由北京數位娛樂產業示範基地主辦、華競互動（北京）科技發展有限公司所承辦、中華全國體育總會支持之下，並經中國政府部門所批准的國際性電子競技職業聯賽。 PGL涵蓋時下最熱門的電子競技專案及來自全世界最頂尖的選手，並以線下落地賽事及視訊直播為主要的傳播方式，將電子競技比賽打造成數位互動娛樂的平台，並將遊戲產業、體育產業、 IT產業及汽車產業等進行融合。在2006年9月5日，PGL首站魔獸天王爭霸賽於北京舉行，邀請了世界最頂尖的十位魔獸選手進行一週的比賽（現已停辦）。在2015年PGL成功舉辦了天王回歸爭霸賽，更讓發展中的電競行業及電競愛好者信心大增，到目前為止，PGL所舉辦的遊戲賽事已經涵蓋主流電子競技專案，其中包括：《絕對武力：全球攻勢》（CS:GO）、DOTA 2、《魔獸爭霸III》（Warcraft III）、《王者榮耀》、《穿越火線》等。

1.4 電子競技是未來的主流運動

近年來，全球各地掀起了電子競技的熱潮，雖然誕生的時間只有短短數十年，但憑藉其獨特的魅力已經征服了成千上萬的愛好者，且已成為一個影響當今社會的產業及不可忽視的文化現象。許多國家已經把電子競技列入正式的運動項目之中，並全力推展及扶植電競產業，我國立法院於2017年11月三讀通過「運動產業發展條例」部分條文修正案，電子競技產業、運動經紀業亦正式納入運動產業，開放各級政府、公營事業共同配合國家政策投資。未來，電競選手也將比照運動的項目，享有國家隊培訓、選拔、參加賽事及國光獎章等資源，這對於產業界及電競選手來說是一大利多。2018年的雅加達亞運正式把電子競技列為示範項目，2022年杭州亞運也將電子競技列為正式項目，2024年有望一步步地邁向奧運的殿堂，這股龐大的電子競技風潮及產業商機，儼然成為世界潮流的新趨勢，即將走向主流運動，引爆全球市場的熱潮。（如圖1-9、1-10、1-11、1-12所示）

電競是一項大型的體育運動及產業？

歐美地區

波蘭
2016年3月，舉行三天電競大賽，計有11.3萬人買票入場。

美國
2013年，正式承認《英雄聯盟》為體育運動，外國選手獲得運動員簽證。

德國
2015年，在柏林舉行《英雄聯盟》世界總決賽，計有3,600萬人在線觀看。

亞州地區

台灣
2017年11月，立法院三讀通過，正式將電子競技納入運動產業，電競選手比照運動的項目，享有各項福利。

中國
2003年，中國國家體育總局，批覆電競列為第99個正式的體育項目，帶動全國電競產業的發展。

韓國
電競產業最為成熟，該國電競選手和教練爭先被外國高薪聘請，成熟的電競商業化運作，成為其他國家借鏡。

圖1-9　美國等國家已將電競列為一項大型的體育運動及產業

資料來源：荷蘭分析公司Newzoo、維基百科，本研究整理

圖1-10　電競市場熱潮，全球引爆

資料來源：2018年IESF世界電競錦標賽，https://zh-tw.facebook.com/feu.tw

圖1-11　電競正洗刷過去負面的刻板印象，走向主流運動

資料來源：遠東科技大學，https://zh-tw.facebook.com/feu.tw

圖1-12　VR虛擬視覺技術及AR擴增實境技術是未來流行的新趨勢

資料來源：遠東科技大學，https://zh-tw.facebook.com/feu.tw

習作題

一、何謂電子競技？「電競」與「電玩」的區分是如何？

二、電競體育結構的組成有哪些？

三、電子競技賽事的比賽專案，根據遊戲種類和對抗方式來分，可分為哪三類主流比賽專案？請大略說明之。

第二章
電子競技發展趨勢

林淑媛

2.1 電競產業生態的誕生與未來發展方向

2.1.1 從生態學看產業

生物分類系統最底層的種類，如物種（species），是生態演化中的基本單位，在整個生態演化中有各式各樣的物種，而物種的定義，有著不同的觀點，大致以相似外型及基因的組合，其繁衍出的下一代，必須具有繁衍下一代的能力，以延續物種的生存為主，才是同屬於一個物種的個體（individual），如果不具備繁衍後代的能力是不能視為同類的物種。

所謂的族群（population）是特定的時間（在產業是指企業的生命週期）占據特定的空間並屬於相同物種的一群有機個體，在特定的市場謀取相同及相似的利益，這也是族群求生存的途徑。在生態體系與產業體系之間，存在一些相同性，同樣從大環境吸取資源，是物種求取生存的必要手段，如果我們將產業比喻成一個族群，那麼產業中各廠商即為物種，他們也會為求自身的生存，不被市場所淘汰，而不斷推出新產品，因應市場所需，以「永續生存」及「永續經營」來面對市場的競爭及外在環境的改變，除了要做適度調整之外，企業亦須不斷擴大自己生存的空間，透過企業個體的成長，例如：併購或連鎖的經營策略。在許多方面而言，產業與族群生態都具有高度相似，因此，以族群生態學的理論架構及物種求生存的策略來看，更有助於深入產業的分析探討。

2.1.2 產業環境及產品興衰

產業界推出一項新產品時，如果不符合時代潮流，常被其他產品取代而夭折，尤其是科技業，例如：CRT顯示器被TFT-LCD所取代，各項產品在不同時點興起及衰退的現象，於產業分析相當重要，我們透過Porter（1980）將產業環境依其成熟度及全球競爭的大小分類及根據產業生命週期模式（industrial life cycle model），分析各種產業環境與不同階段的發展，更能了解其變化的情況。

Porter（1980）將產業環境依其成熟度及全球競爭的大小分成：新興、分散、變遷、衰退及全球性競爭五種，其產業特性如下：（表2-1）

表2-1　Porter（1980）的產業環境特性

產業的環境	特　性
新興產業	是指一個剛剛成形，或因技術創新、相對成本關係轉變、消費者出現新需求，或經濟、社會的改變，而導致轉型。
分散型產業	是一個競爭廠商很多的環境，在此產業中，沒有一個廠商有足夠的市場占有率去影響整個產業的變化，在此產業中，大部分為私人擁有的中小企業。
變遷產業	產業經過快速成長期進入比較緩和成長期，稱之為成熟性產業，但可經由創新或其他方式促使產業內部廠商繼續成長而加以延緩。
衰退產業	凡連續在一段相當長的時間內，單位銷售額呈現絕對下跌走勢的產業，且產業的衰退不能歸咎於營業週期，或其他短期的不連續現象。
全球性產業	競爭者的策略地位，在主要地理區域或國際市場，都受其整體全球地位根本影響。

資料來源：Porter（1980）

2.1.3 產業演進之生命週期變化的二種模型

一、產業生命週期模式（industrial life cycle model）

是一項用於分析產業的發展在競爭力影響之工具，採用生命週期模型，可以分析各種產業環境與產業發展的階段，隨著時間歷經四個不同階段，從萌芽期、成長期、成熟期、衰退期。其中會造成產品成長或衰退的因素，即是來自於外在環境的變化，這無法由個別企業加以改變。在生命週期的各個階段中，產業均會呈現不同的特性，企業最好的因應即是調整經營策略，以適應各種環境市場的改變。如圖2-1所示，象徵整個產業演化之過程。

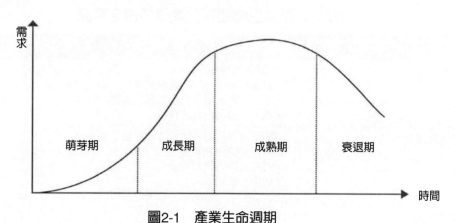

圖2-1　產業生命週期

資料來源：產業分析，徐作聖、陳仁帥著（2006）

(一) 萌芽期（Embryonic）：產業才剛起步，此階段的成長速度很緩慢，一般大眾對此產業不熟悉，因還未能獲得規模經濟來降低成本，所以就採取較高的價格，這個產業發展階段的進入障礙，是在取得關鍵技術的專業技能，如果在此產業競爭時所需的核心專業技能很難取得，那麼進入的障礙就相當高，此行業的企業將免於競爭者的威脅。

(二) 成長期（Growth）：當產品開始產生需求時，這個產業便迅速步入成長期。此階段中會有許多新的消費者進入，造成需求快速擴張，在產業成長階段，競爭程度較低，需求的快速成長使企業營收擴張。

(三) 成熟期（Mature）：當產業進入成熟階段，市場已完全飽和，需求僅限於替換（replacement）需求。由於需求的減緩，使得企業無法維持現有的市場占有率，其成長率是很低的，此時期企業為了提高市場占有率，只能降低價格，導致價格戰的開始，進入障礙會提高，潛在競爭者的威脅會降低，存活下來的企業都是有品牌忠誠度及低營運成本的企業。

(四) 衰退期（Decline）：大部分的產業由於許多因素，最終會使得成長率開始呈現負成長，這些因素包括了技術的替代、社會的改變、人口統計的變化及國際化的競爭等因素。在此階段，其競爭程度仍然會顯著增加及產能過剩的問題，此時企業便會採取削價競爭而引發價格戰，激烈的價格競爭威脅加大。

每個產業在每一個生命週期階段會顯現不同的產業特徵，如表2-2所示。

表2-2　產業生命週期對產業特徵之預測

生命週期階段	主要產業特徵
萌芽期	• 產品的定價較高 • 尚未發展成良好的經銷通路 • 進入障礙主要來源是關鍵性因素的取得 • 競爭手段為教育消費者
成長期	• 因為獲得規模經濟效益使價格下降 • 經銷通路快速發展 • 潛在者的威脅程度最高 • 競爭程度較低 • 因為需求快速成長，使得企業增加營收
成熟期	• 較低的市場成長率 • 進入障礙提高 • 潛在的競爭威脅降低 • 產業的集中度較高

生命週期階段	主要產業特徵
衰退期	• 呈現負成長情況 • 競爭程度持續增加 • 因爲產能過剩而產生削價競爭

資料來源：本研究整理

二、應用成熟度曲線（AMC）模型

　　此模型主要針對市場中對於產品／應用的認可度，來描述產業發展的成熟度，以衡量市場認可度的指標，其中包括：用戶使用意願與關注度、廣告主付費意願，以及投資者投資意願。在這個資訊高度發達的網際網路時代中，新產品及應用層出不窮，各投資者及用戶如果缺乏相關認知，往往在使用及投資上會面臨很大的危險。因此，經過對上述三個指標的調查與分析，能夠客觀衡量產品／應用的發展成熟度。（如圖2-2）

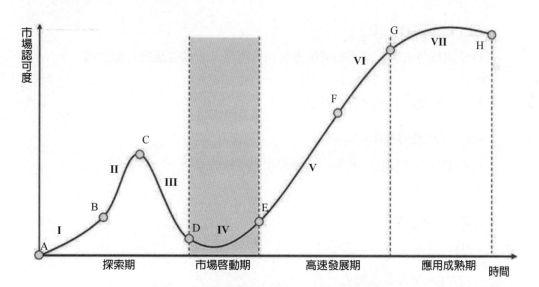

圖2-2　應用成熟度曲線（AMC）模型圖

資料來源：易觀智庫，https://www.jianshu.com/p/2faa7856ab9b

(一) 模型原型解釋：

I. 處在第一階段的行業，是市場發展的初始階段，市場中存在少數創業廠商，應用的創新吸引用戶不斷進入，受資本市場高度關注。

II. 用戶規模不斷擴大下，使得大量廠商及投資者湧入，廠商提供的產品／服務更多的同質化，市場競爭激烈，商業模式不明確。

III. 激烈競爭使得產商收入微薄，資本退出，市場整合，廠商數量驟減。

IV. 市場中主流廠商逐步確立，成熟的商業模式出現。主流廠商加強市場推廣，搶占市場第一的位置。

V. 在新商業模式支撐下，市場呈現穩定增長，市場進入門檻提高，主流廠商成功公開募股。

VI. 廠商實現盈利，市場持續增長，產品應用也逐步成熟，產業鏈分工明確。

VII. 應用成熟，市場發展達到頂峰，廠商收入穩定，開始探索新產品／應用。

(二) 模型服務對象：

1. 資訊技術產品／服務的提供者（技術產品／服務供應商、營運商）。
2. 投資者。
3. 技術與產品的使用者（行業用戶）。

(三) 模型適用產業與市場：

1. 產業發展速度快，競爭格局變化相對較快的產業。
2. 新興創業市場。

(四) 模型價值：

1. 對於產業：

(1) 描述產業發展成熟度。
(2) 分析產業發展進程與階段，推測未來產業發展的趨勢。

2. 對於廠商：

(1) 了解產業發展的進程。
(2) 輔助制定營運的目標。
(3) 指導戰略規劃的方向。

2.1.4 電競產業的現況與未來的發展方向

一、電競產業的現況

　　這幾年來，以電子競技遊戲為核心的電子娛樂業，已經在全球創造了龐大產值，商機無限。根據美國麥肯錫國際研究所指出，2005年北美電玩產值已經達到185億美元，2006年全球的電玩業產值增長16.5%，尤其在日本，電子競技產業經過50年以來的發展後，其產值已超過了汽車工業。韓國也在政府的大力扶持下，目前已躋身為世界頂尖遊戲王國，遊戲產業已成為該國的支柱產業。根據SuperData市調機構統計，2017年全球電競市場產值大約為15億美元（約台幣450億元），隨著收視族群增加，成長驚人，預估至2020年電競產值市場將成長至26%，達到23億美元（約台幣690億元），全球收看電競的觀眾有1.94億人，亞太地區熱衷電競者就占有51%，超過80%的電競族群是Y世代和Z世代。電競已成為像球類運動般可觀看的娛樂項目之一。就以全球最受歡迎的三款電競遊戲《英雄聯盟》、DOTA 2和《絕對武力》來說，竟然有高達42%的電競賽事觀眾，是不會玩他們所觀看的電競遊戲項目，在2017年吸引大量的收視群眾，甚至已超越籃球、棒球賽等觀看人數。（如圖2-3、2-4、2-5、2-6所示）

圖2-3　全球電競市場規模：2015-2020年複合成長35.6%

資料來源：Newzoo，本研究整理

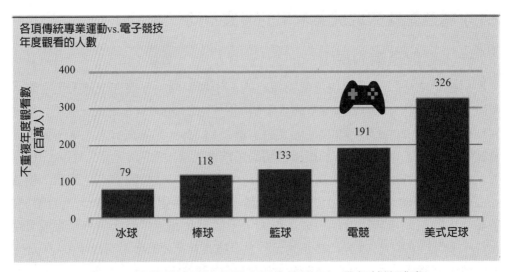

圖2-4　電子競技開始吸引大量收視群眾，已超越籃球賽

資料來源：Newzoo、Activison（至2017年12月3日），本研究整理

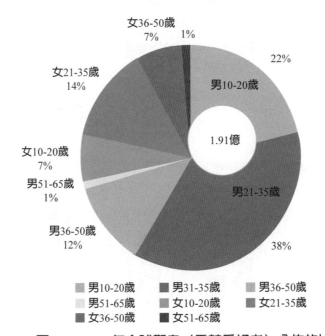

圖2-5　2016年全球觀眾（電競愛好者）分佈的比重

資料來源：Newzoo，本研究整理

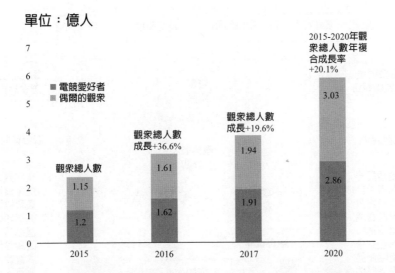

單位：億人

2015-2020年觀眾總人數年複合成長率 +20.1%

■ 電競愛好者
■ 偶爾的觀眾

觀眾總人數

觀眾總人數成長+36.6%

觀眾總人數成長+19.6%

圖2-6　全球電競賽事觀眾人數：2015-2020年複合成長20.1%

資料來源：Newzoo，本研究整理

二、電競產業未來的發展方向

　　電競目前已進入二個新局面：一、電競已被正名，躍入亞運比賽項目；二、觀眾群日益擴大，成為娛樂產業大勢底定。由於電子競技產業的興起，是結合了娛樂業、傳媒業、網路遊戲業、網路產業及數位內容產業發展到一定階段，和體育文化產業的一個大結合，電競對相關產業的帶動效應下，將成為新經濟時代產業鏈的大融合，並加速整合新舊產業、媒體，新興產業更是受惠良多，電競提供了接觸年輕消費者的好機會，相較於一般消費者，電競玩家更捨得花錢，對品牌的忠誠度也較高，所以，各家電競硬體廠商都會全力耕耘自己的品牌，也會贊助各項電競賽事，除了促使電競產業的熱度增溫之外，也讓產業生態圈呈現良性的循環。除了筆電、桌機、主板機等硬體外，電競的最大商機還有遊戲發行、賽事轉播、商業贊助等，透過軟體硬體的整合，整個電競產業鏈與生態系逐漸成形，在面對如此龐大的經濟貢獻，相關產業所創造出來的供應鏈產值更為可觀，市場規模日益擴大，對全球經濟的影響力更為重要。如此大的商機旋風無法抵擋，全球的電競市場成長相當亮眼，也為相關產業帶來了新希望。（如圖2-7、2-8、2-9、2-10、2-11所示）

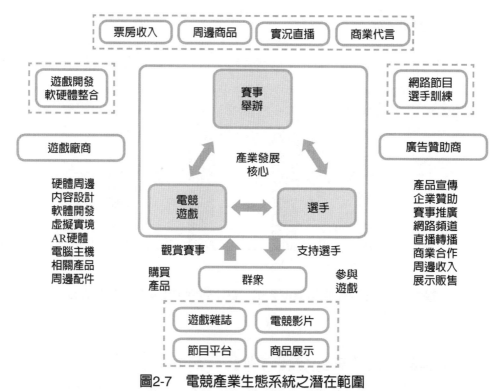

圖2-7　電競產業生態系統之潛在範圍

資料來源：經濟前瞻，July 2016, p.116，本研究整理　http://www.cier.edu.tw/publish/journal

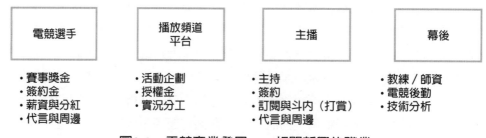

圖2-8　電競產業發展——相關新興的職業

資料來源：台灣電競協會（2018年電競產業國際趨勢研討會資料）

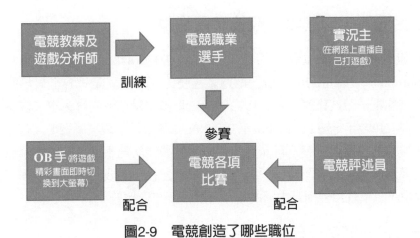

圖2-9　電競創造了哪些職位

資料來源：Riot，本研究整理

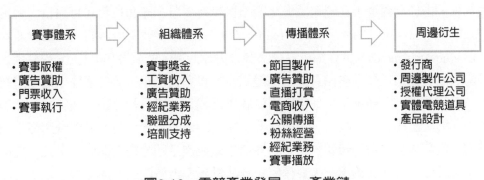

圖2-10　電競產業發展——產業鏈

資料來源：台灣電競協會（2018年電競產業國際趨勢研討會資料）

圖2-11　電競產業蓬勃發展，全球產值驚人

資料來源：2018年IESF世界電競錦標賽，https://zh-tw.facebook.com/feu.tw

2.1.5 台灣與中國的電子競技發展趨勢

電競是體育產業中最新的分支項目。在1958年，美國工程師William Higinbotham於實驗室的示波器上創造了《雙人網球》，是世界上最早的電子遊戲。最早的電子競技比賽，是在1972年由史丹福大學舉辦的《太空入侵者》電子遊戲比賽。1997年，Angel Munoz創立了CPL（職業電子競技聯盟），這是世界上首次舉辦的職業電競比賽。目前各國在電競的發展狀況不一，有些國家已經具有相當規模，例如：北美及韓國，其他有些國家正在穩定成長，目前中國正處於快速發展中，以下就以台灣及中國的電競發展概況來作比較。

一、台灣的電子競技發展趨勢

電子競技產業已在台灣發展了十餘年，漸漸深受年輕世代所喜愛。尤其是近幾年來，由於台灣選手在國際電競比賽項目屢獲佳績，從2012年10月14日，台灣的Taipei Assassins（TPA，現為J Team）參加美國洛杉磯所舉辦的《英雄聯盟》（League of Legends）世界錦標賽總決賽中勇奪冠軍，並贏得100萬美元的獎金光榮歸國，就開始帶動了整個台灣的電競風氣，很多青少年也勇於逐夢，追求成為一名為國爭光的電競選手，把電競當作職業已成為一條可行之路，在就業及升學的抉擇下，已成為一個趨勢，電競產業也隨之開始盛行於台灣。雖然台灣電子競技的規模和觀念上不如韓國，但是台灣歷年電競選手卻能揚名海外，舉凡「電玩小子」曾政承、「非韓第一人」楊家正及「世界遊戲格鬥王」向玉麟，以及目前所竄起的TPA戰隊等，都曾榮獲優異的成績，揚名國際、為國爭光。（如圖2-12、2-13、2-14、2-15、2-16所示）

圖2-12　2001年台灣電玩小子曾政承，奪下世界電玩大賽冠軍

資料來源：TVBS, https://news.tvbs.com.tw/other/34074

圖2-13　2012年英雄聯盟世界大賽，台灣的「台北暗殺星」勇奪冠軍

資料來源：維基百科

圖2-14　2015年台灣選手向玉麟奪下SGB總冠軍

資料來源：SGB 2015比賽會場（圖／翻攝自GamerBee臉書）zh-tw.facebook.com/login.php

圖2-15　台灣隊伍在2018年亞運電競示範賽榮獲二銀一銅，在《英雄聯盟》項目獲得銅牌

資料來源：中華民國電子競技運動協會CTESA, http://ctesa.com.tw/tw/charter

圖2-16　2017年台灣楊家正（Sen）擊敗韓國蟲王星海爭霸2奪冠

資料來源：台灣電子競技聯盟TeSL, https://kuo0511bla.blogspot.com/

　　台灣雖然僅有2,300萬人口，但目前電競遊戲相關產值已達10億美元，是全球第15大市場。就以遊戲玩家的主要實況平台Twitch來說，觀看電競賽事的流量，台灣排名全球第5名，在《英雄聯盟》代理商Garena在官方賽事的頻道則穩占台灣區流量的第一名，以Twitch實況平台上，台灣每個月不重複造訪人數高達450萬人，帶來10億分鐘的觀看時間，台北市更是全球使用率最高的城市。台灣2017上半年的遊戲人口已成長到890萬人，較去年成長了10%，在遊戲市場的收入到了2021年更上看690億台幣，加上政府的全力支持，將電競賽事正式納入台灣運動產業，未來台灣電競產業的蓬勃發展指日可待。（如圖2-17所示）

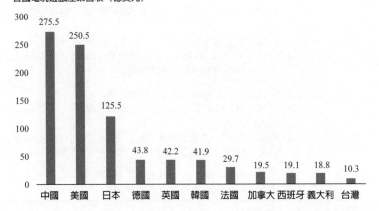

圖2-17　台灣遊戲市場全球第15大，具發展電競產業潛力

資料來源：Newzoo，本研究整理

　　台灣身為亞洲電競重鎮之一，電競人口與發展也日趨成熟。尤其在電競的領域上人才輩出，從早期時代的《英雄聯盟》、《星海爭霸》、S2，到近期的《爐石戰記》、《格鬥天王》、《傳說對決》等，台灣不論個人或團體選手都曾奪得世界冠軍，在世界舞台上嶄露頭角，發光發熱。因此，台灣在人才、戰隊以及各種相關直播平台的發展上，也較有競爭優勢，吸引了不少外商來台佈局。例如：來自香港的香港電競公司（HKE）看重台灣電競選手人才與市場發展的潛力，於是斥資3億打造全新的「台北電競大樓」、組戰隊培育人才及推出電競社交App「Huboo」，並經營自家的電競媒體等。另外，韓國線上遊戲大廠GRAVITY同樣看好台灣電競市場的潛力，除了以台灣作為進軍海外第一站，還推出兩款新遊戲，投資千萬元在台舉辦電競巡迴賽，並與學校進行產學合作，舉辦講座、提供獎學金及實習機會，以培養台灣優秀的電競人才。目前台灣也有新創公司採取類

似的經營模式,如剛成立的普儸電競,普儸電競與韓國電競娛樂公司KONGDOO策略聯盟後,以培養自己的戰隊並參加聯賽爲目標,未來公司也計畫把旗下的電競選手包裝成藝人,並以「娛樂+電競」的經營模式,創造更高的營收。表2-3爲外商公司在台灣電競市場的佈局情況。

表2-3　外商公司在台灣電競市場的佈局

外商公司在台灣電競的佈局情況	
香港電競公司（HKE）	1. 斥資3億打造全新「台北電競大樓」。 2. 持續大力招攬在台電競人才和練習生、組成戰隊,挖掘台灣電競的明日之星。 3. 推出電競社交應用程式Huboo,經營自家電競媒體。
普儸電競	1. 與韓國娛樂公司KONGDOO策略聯盟,引進電競人才的培訓系統。 2. 借鏡韓國電競經驗,打造全新電競娛樂的行銷模式。 3. 成立「TEAM AFRO」《英雄聯盟》戰隊,領軍韓、日、港籍選手等,備戰2018 LMS職業聯賽。
GRAVITY	1. 斥資千萬元舉辦全台巡迴電競比賽。 2. 引進人氣FPS遊戲《Poingt Blank零秒戰區》、《Battle Carnival狂歡對決》。 3. 與能仁家商、台北城市科技大學等校進行產學結盟合作,藉由獎學金、講座、業界實習等,以培育更多的電競人才。
Yahoo	1. 透過Yahoo電競頻道,轉播知名電競賽事,以增加知名度。 2. 透過Y小編與觀眾進行互動,增進社群的黏著度。

資料來源：工商時報,https://ctee.com.tw/（本研究整理）

目前全球都在發展電競,同時也讓很多電腦硬體、零組件的廠商,因爲電競產業的崛起而受益良多,全球80%的硬體製造都在台灣,是台灣的核心產業,更是最大的受益國。台灣除了本土品牌雙A、微星、技嘉都外銷電競產品外,如台灣本仁寶大廠所生產的Dell、Alienware這些高檔電競品牌,都是熱賣的外銷電競產品。綜觀全球所有的PC市場,國際研究暨顧問機構Gartner分析,電競硬體市場年產值目前已經突破300億美元,因此,所有的「硬體供應鏈」產業就是最大的受惠者。（如表2-4所示）

表2-4 高階電競筆電全球前四強

排名	北美1,000美元以上電競筆電（市占率）	全球1,000美元以上電競筆電（市占率）
1	華碩（33%）	華碩（22%）
2	微星（24%）	惠普（18%）
3	Alienware（14%）	微星（14%）
4	戴爾（10%）	戴爾（13%）

資料來源：市調機構GFK，2018年1月，https://www.wealth.com.tw/home/articles/16635

　　台灣目前整體的電競筆電市場產值持續擴增，即將進入電競3.0（Gaming 3.0）時代，並帶動新型態的商業模式。什麼是電競3.0時代呢？就是指電競軟體及硬體環境，在趨向完整的基礎上，為服務觀眾所產生出來的新事物，包括全新的加值服務項目及娛樂服務和O2O的服務（即線上到線下，Online to Offline），例如：中華電信於2017年底，為遊戲玩家推出第一個加值服務（HiNet遊戲加速器），為高階玩家及一般玩家提供了差異化的服務項目；華碩ROG攜手168inn集團，開設亞洲第一間電競旅館「I hotel」，以提供電競選手優質的服務；中國數碼文化也成立了美式電競酒吧Hurray Sports Club。這種以使用者為核心的場景化、事件化，以及跨產業的應用結合將是Gaming 3.0時代最大的特色。

　　由上述分析，台灣在電競市場除了相關的硬體周邊產品以及人才的發展較有競爭優勢外，在面臨這波龐大商機中，要如何以優勢來掌握機會以及如何克服劣勢去除威脅呢？我們可以透過SWOT分析，發現台灣在發展電子競技產業上，內部資源擁有多項優勢，在外部力量也有相當的發展機會，但必須透過優勢掌握機會，克服劣勢以去除威脅。以下簡要以SWOT分析台灣在發展電子競技產業的優勢、劣勢、機會和威脅，同時提出相對應的發展策略及建議，以供參考。略述如下：（如表2-5所示）

一、SWOT分析

(一) 優勢（Strengths）

1. 資訊產業發展完善及研發人才的增加。
2. 具備電腦硬體產業及人才的優勢、具有發展電競創造商機的條件。
3. 政府政策的支持。

(二) 劣勢（Weakness）

1. 政府法規未臻完善。

2. 選手福利、薪水差保障不足，人才出走。

3. 缺乏政府支持及企業的贊助資源，相關配套方案太晚推出。

4. 企業投入不足，需有更多的財源投入。

(三) 機會（Opportunities）

1. 世界性的潮流與趨勢。

2. 加速新舊產業、媒體及新興產業的結合，商機無限。

(四) 威脅（Threats）

1. 新遊戲的威脅。

2. 國內遊戲市場內需不足。

3. 其他休閒娛樂的競爭。

二、策略建議

(一) SO策略：加強優勢、運用機會

1. 加強產官學攜手合作。

2. 推動電競產業教育。

3. 制定獎勵制度。

4. 發展「賽事規模」至「國際級」規模。

(二) WO策略：改善劣勢、提升機會

1. 向亞洲、歐美、韓國等電競發展先驅國家借鏡，以提升優勢。

2. 制定電競遊戲產業發展相關法令。

(三) ST策略：發揮優勢、減輕威脅

1. 加強與國外及兩岸合作舉辦賽事及交流活動。

2. 結合在地文化及觀光策略。

(四) WT策略：減少劣勢、降低威脅

1. 扭轉社會對電競的負面觀感。

2. 掌握市場區隔。

表2-5　台灣發展電競的SWOT產業分析及發展策略

		內部資源	
		優勢（Strength）	劣勢（Weakness）
		1.資訊產業發展完善及研發人才的增加。 2.具備電腦硬體產業及人才的優勢、具有發展電競創造商機的條件。 3.政府政策的支持。	1.政府法規未臻完善。 2.選手福利、薪水差保障不足，人才出走。 3.缺乏政府支持及企業贊助資源，相關配套方案太晚推出。 4.企業投入不足，需有更多的財源投入。
外部力量	機會（Opportunity）	SO（增長性） 加強優勢，運用機會	WO（扭轉性） 改善劣勢，提升機會
	1.世界性的潮流與趨勢。 2.加速新舊產業、媒體及新興產業的結合，商機無限。 3.外商有計畫培育人才。 4.利用「玩遊戲」賺錢。	1.加強產官學攜手合作。 2.推動電競產業教育。 3.制定獎勵制度。 4.發展賽事規模至國際級規模。	1.向亞洲、歐美、韓國等電競發展先驅國家借鏡，以提升優勢。 2.制定電競遊戲產業發展相關法令。
	威脅（Threats）	ST（多元化） 發揮優勢，減輕威脅	WT（防禦型） 減少劣勢，降低威脅
	1.新遊戲的威脅。 2.國內遊戲市場內需不足。 3.其他休閒娛樂的競爭。	1.加強與國外及兩岸合作舉辦賽事及交流活動。 2.結合在地文化及觀光。	1.扭轉社會對電競的負面觀感。 2.掌握市場區隔。

資料來源：本研究整理

二、中國的電子競技發展趨勢

目前中國的電競市場處於高速發展的階段，我們就以電子競技產業發展的AMC模型，針對各階段的典型事件和變化進行說明。（如圖2-18所示）

(一) 探索期（1998-2003）

2003年之前，中國電子競技市場正處於探索期，電子競技的遊戲和概念開始引入國內，也受到WCG、CPL和ESWC等國際賽事的影響，國內電競產業剛開始起步，但是對於遊戲的相關知識認知不足，偏差觀念，影響了電競的普及和發展。韓國成熟的電子競技商業化運作，已成為中國電競產業發展的重要借鏡。

在2003年時，中國國家體育總局把電子競技列為第99個體育項目，此時，中國國內主流媒體都對電子競技亦表示極大的支持，有很多衛視均開設遊戲和電競相關的節目，例如：CCTV5的電子競技世界等，此時，國內電子競技市場擁有相當多的資源，發展前景甚佳。

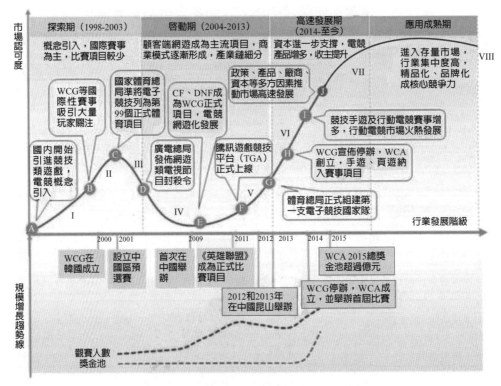

圖2-18 中國電子競技市場AMC模型

資料來源：搜狐網站，http://sports.sohu.com/20160116/n434723026.shtml

(二) 啟動期（2004-2013）

在2004年4月12日，中國廣電總局禁令，發佈了《關於禁止播出電腦網路遊戲類節目的通知》，所有的電競節目全部被停播，資方也開始撤離，中國電競市場驟然變冷清，電競俱樂部和電競選手也遭受到生存的危機。2008年，由於受到金融危機的影響，很多家國內的電競俱樂部因而倒閉，此時，中國的電競產業發展陷入谷底。由於電子競技被貼上「不務正業」的標籤，而且透過媒體報導長期以來的妖魔化，對電競產業的發展阻礙甚多。

2009年，韓國的世界電子競技大賽（WCG）正式在中國成都舉辦，而騰訊公司所代理的CF、DNF等網路遊戲，也正式成為WCG的比賽項目。2010年，騰訊公司推出騰訊遊戲競技平台（TGA），同時涵蓋旗下多款的競技網遊。伴隨著網路遊戲正在全球流行，電競賽事項目網遊化發展趨勢已經更為明顯。在2011年，《英雄聯盟》也正式成為WCG比賽項目，並逐漸成為中國電競市場的核心產品。在2013年底，體育總局正式組成第一支電競國家隊，電子競技在國內將進入高速發展期。

(三) 高速發展期（2014至今）

2014年初，WCG宣佈官方將不再舉辦相關比賽。同年，由銀川市政府主辦的WCA成立並舉辦首屆的賽事辦理比賽，成為傳承WCG的全球性第三方綜合賽事。WCA也將時下流行的競技網遊和手遊正式納入比賽項目，並設立高額獎金，觀賽人次大幅提升。此時期，中國電競的發展受到：(1)中國競技類遊戲普及；(2)政府及監管機關的推動政策；(3)國人對遊戲擁有正確觀念和認知；(4)相關企業及資本推動電競產業的發展。在政府、資本、廠商、產品、賽事等及配合直播平台等因素的影響下，中國電競市場進入高速發展期，市場熱度也快速提升。

　　未來大約二到三年間，市場會隨著行動電競產品增多，在資本市場的支撐下，中國的電子競技市場將會保持高速發展，市場規模增加。電競的相關廠商將受益，整體市場獲利會提升，未來中國電競核心市場將快速增長，市場規模達135億元以上，包括電競衍生市場116億在內，預計在2021年整體市場規模達到250億元以上（如圖2-19）。截至2018年第一季，中國電競用戶的年齡群以30歲以下為主要使用人群，對電競內容的接受度更高（如圖2-20）。在電競用戶消費能力分析上，以中高消費人群占比最高（如圖2-21）。在地域分佈上，以擁有更好的電競基礎設備和遊戲經驗的一線城市用戶為主，低線級城市用戶將逐漸增多（如圖2-22）。

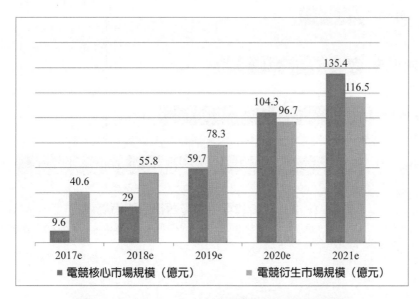

圖2-19　2017-2021年中國電競生態市場規模

資料來源：Baidu文庫
https://wenku.baidu.com/view/dadbf1d9f021dd36a32d7375a417866fb94ac034.html?from=search

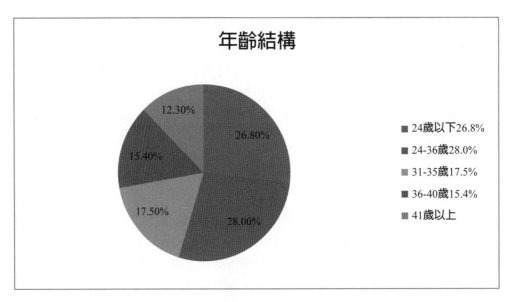

圖2-20　中國電子競技用戶年齡比率

資料來源：Baidu文庫
https://wenku.baidu.com/view/30758c74a7c30c22590102020740be1e650ecc8c.html?from=sear

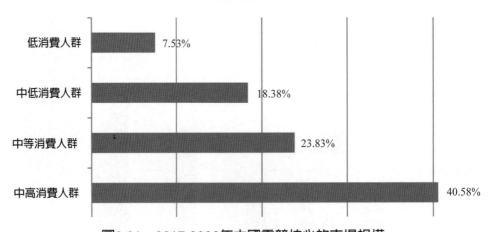

圖2-21　2017-2022年中國電競核心的市場規模

註釋：1.電競核心收入：包括(a)戰隊俱樂部收入(b)選手收入(c)贊助及賽事版權收益等因賽事所產生的收入。
　　　2.產業規模以各個部分的收入規模爲準。

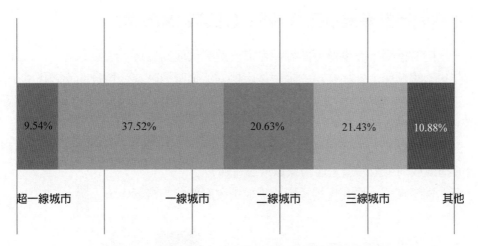

| 9.54% | 37.52% | 20.63% | 21.43% | 10.88% |

| 超一線城市 | 一線城市 | 二線城市 | 三線城市 | 其他 |

圖2-22　2017-2022年中國電競衍生的市場規模

註釋：1.電競衍生收入：(a)包括電競場館及其配套商圈的收入(b)遊戲直播平台(c)主播與解說等賽事外的產業
　　　　鏈核心環節所產生的收入。
　　　2.產業規模以各個部分的收入規模為準。
資料來源：Baidu文庫，本研究整理
https://wenku.baidu.com/view/30758c74a7c30c22590102020740be1e650ecc8c.html?from=search

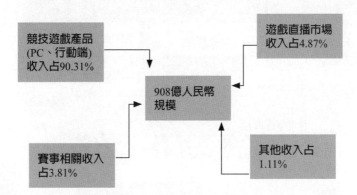

圖2-23　2017年中國電子競技市場規模達到900億人民幣以上

資料來源：Baidu文庫，本研究整理
https://wenku.baidu.com/view/30758c74a7c30c22590102020740be1e650ecc8c.html?from=search

　　Analysys易觀網認為，2017年中國電子競技市場規模達到908億人民幣，整體市場規模而言，大部分來自於電子競技內容的產品收入，占比高達90.31%。遊戲直播、賽事、其他部分占比較少，但電子競技正處於發展階段，各環節在不斷完善之下，未來各部分市場的占有率會逐漸趨於平衡。（如圖2-23所示）

2.1.6 電競行業產業鏈工作說明（如圖2-24所示）

一、**內容授權**：賽事進行的遊戲是需要遊戲代理商授權。

二、**賽事參與**：參加賽事的戰隊是由俱樂部聯盟組隊或公司贊助的隊伍。

三、**賽事執行**：有賽事執行方、賽事參與方、贊助商及服務平台來協助相關賽事，使比賽能順利進行。

四、**內容製作及內容傳播**：比賽過程需要有主播賽評人員去解說，透過電商平台直播或放到遊戲頻道上直播或做成影片發行。

五、**監管部門**：比賽現場及影片需要由政府機關的監管。

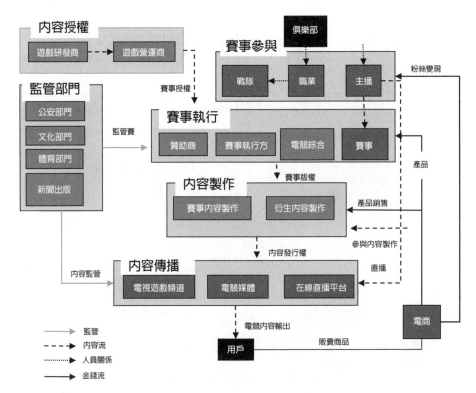

圖2-24　電競行業產業鏈工作流程

資料來源：格隆匯，https://www.gelonghui.com/p/86428（本研究整理並繪圖）

2.1.7 台灣與中國電子競技發展事件

一、探索期（1998-2008）

(一) 第一批電競遊戲進入台灣、中國，媒體表現支持並大力宣導。

(二) 台灣、中國電競產業剛起步，北美、韓國電子競技商業化，並作為台灣、中國的借鏡。

(三) 中國受金融危機及禁止電競節目播放等，政策影響，發展停滯。

(四) 第三方賽事主導市場，台灣、中國電競俱樂部開始萌芽。

(五) 社會對遊戲已經開始較有正確觀念和認知。

(六) 在2001年，台灣的電子競技選手曾政承，榮獲世界電子競技大賽中的《世紀帝國2》贏得冠軍，當時被稱為「電玩小子」。

(七) 中國wNv Gaming於2003年7月成立，是中國最早的電競戰隊之一，在2005年及2006年榮獲WEG第三季CS項目世界冠軍及WEGMaster大師盃賽CS項目冠軍。

(八) 2004年中國電子競技運動會成立（簡稱CEG）是由國家體育總局支持，以華奧星空為贊助商所舉辦的中國體育電子競技聯賽。

(九) 中國wNv戰隊先後兩次問鼎CS世界冠軍（2005年WEG第三賽季CS項目世界冠軍、2006年WEG Master大師杯賽CS項目世界冠軍。

(十) 2007年，中國選手沙俊春（PJ）榮獲WCG世界總決賽星際項目亞軍。

(十一) 台灣微星科技公司，從2008年開始與職業電競戰隊結盟，已贊助超過15個知名職業電競戰隊，如wNv Gaming、MAD TEAM。

(十二) 台灣電子競技聯盟（TESL），於2008年1月成立。

(十三) 中國電競選手李曉峰蟬聯WCG2005及WCG2006魔獸項目冠軍。

(十四) 2003年，中國國家體育總局，批覆電子競技為第99個正式體育項目。

二、發展期（2009-2013）

(一) 電競遊戲網化《星海爭霸II》、《英雄聯盟》登陸台灣、中國，成為電競市場的比賽項目及核心產品。

(二) 電子競技俱樂部聯盟成立，電競賽事網遊化趨勢明顯。

(三) 遊戲廠商開始積極主辦電競比賽，賽事獎金逐步提高。

(四) WCG2010世界總決賽，中國FIFA選手楊正（Zola）獲得亞軍。

(五) 2012年11月27日，台灣職業電競隊伍「台北暗殺星」（TPA），榮獲英雄聯盟第2季世界錦標賽冠軍，並贏回了號稱史上最高的電競賽事獎金100萬美元，全國歡騰，也開始帶動了台灣的電競風氣。

(六) 2012年1月10日，台灣電子競技運動協會（Taiwan e-Sport Association, TeSPA）成立，2013年更名為中華民國電子競技運動協會（Chinese Taipei e-Sports Association）。

(七) 2012年，於美國所舉辦世界最大的格鬥對戰遊戲（FTG）比賽，台灣選手向玉麟在《超級快打旋風4 AE版Ver.2012》項目決賽中榮獲亞軍頭銜，為國爭光。

(八) Twitch成立於2011年，是台灣最大的直播平台。

三、成熟期（2013-2016）

(一) WCG停辦，WCA成立並舉辦賽事，第一屆LPL開幕。

(二) 直播平台進入電競市場，使電競傳播與賽事的市場熱度快速提升，賽事增多。成熟的電子競技體系逐步形成。

(三) 賽事良性發展，受政府政策、資本、廠商、產品及賽事等利多的影響下，電競市場高速發展，大量新興俱樂部成立。

(四) 2013年，台灣金曲歌王施文彬先生創立台灣電競協會（TCAA），協助電競產業的發展，期盼台灣未來能成立電競大聯盟。

(五) 台灣選手楊家正（Sen）於「2014台灣電子競技公開賽」《星海爭霸II》冠軍戰，首次在台灣主場拿下國際賽冠軍。

(六) 台灣選手向玉麟榮獲「EVO 2015《終極快打旋風4》」國際賽的亞軍，台灣之光再度躍上國際。

(七) 2016年，台北市長柯文哲挺電競，成立「台北首都隊」招兵買馬，月薪5萬元起跳，民眾反應熱烈。

四、爆發期（2017- ）

(一) 電商與傳統贊助商品牌積極參與電競領域的投入。

(二) 內容供應商進行整合升級。

(三) 精品化、品牌化成核心的競爭力

(四) LPL行聯盟化改革、S7於中國舉辦，舉世注目並提振相關產業進入電競黃金五年的興盛期。

(五) 2017年，台灣成為全世界第六個承認「電子競技為正式運動項目」的國家，台灣的電子競技選手將享有運動員的所有運動獎促相關條例的保障，文化部特別增設了「電競替代役」這項名額。

(六) 中華民國電子競技運動協會（CTESA）爭取到2018年主辦IESF世界電競錦標賽，國際奧運委員會將來台觀摩。

(七) 全球知名遊戲開發商暴雪娛樂（Blizzard Entertainment）於2017年，在台灣設立全球第一間官方正式的電競館。

(八) 香港電競公司（HKE）看好台灣電競選手與市場發展潛力，斥資3億打造「台北電競大樓」，於2017年12月19日隆重開幕。

(九) 2017年，台灣蜂鳥電競公司與相關的企業及學校合作，啓動海峽兩岸電競文化及賽事的交流活動，成效卓越。

(十) 金曲歌王「JJ」林俊傑所成立的台灣電競戰隊SMG於2017年11月26日，在南韓首爾《傳說對決》國際賽榮獲世界冠軍，贏得20萬美元獎金。

(十一) 2018年，於雅加達所舉辦的亞運電競示範賽，台灣選手在《傳說對決》、《英雄聯盟》、《星海爭霸II：虛空之遺》項目中表現出色，榮獲二銀一銅的優異成績。

(十二) 2018年，台灣全國大專校院運動會正式將《英雄聯盟》、《爐石戰記》列爲比賽項目。

(十三) 2019年2月26日，由遠東科技大學與國內蜂鳥公司簽約，正式成立職業電競戰隊HGT，爲首次由學生所組成的職業戰隊。

(十四) 2019年4月，大德工商職校與遠東科技大學兩校結盟，發展「3+4產學合作」學程，使高職、大學、產業界三方密切結合，共同培訓電競職業選手。

2.1.8 中國電子競技生態發展趨勢

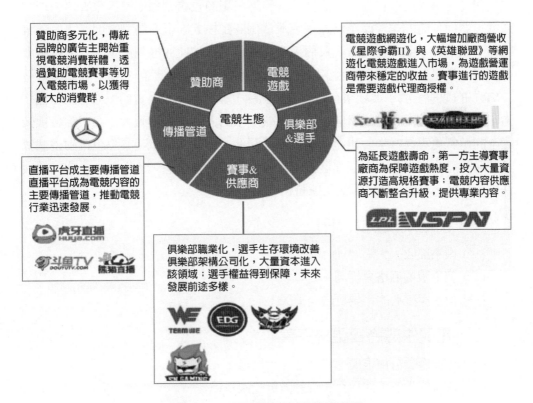

圖2-25　中國電競生態發展趨勢

資料來源：Baidu文庫，本研究整理
https://wenku.baidu.com/view/dadbf1d9f021dd36a32d7375a417866fb94ac034.html?from=search

　　隨著聯盟化的推動，市場規模將高速增長，預計2020年中國電競生態市場規模將會達到200億元人民幣，增幅達五倍之多。中國電競生態發展趨勢（如圖2-25所示），分為電競遊戲、贊助商、傳播管道、賽事和供應商、俱樂部和選手五大項，如贊助商在生態的發展方向趨向多元化，直播平台成為電競內容主要的傳播管道，推動電競迅速發展。另外，俱樂部職業化，則能改善選手的生活環境，使其得到保障，由於電競遊戲網遊化，會大幅增加廠商的營收，廠商為保障遊戲的熱度，便會大量投入資源打造高格調的賽事，所以，電競內容供應商將會不斷整合升級，以提供專業的內容。

2.1.9 結論

　　台灣和中國的電競生態，皆朝向更完善的方向發展，Akamai媒體產業策略全

球總監Nelson Rodriguez就曾指出，過去電競賽事觀眾大部分是玩家，他們往往是透過觀看賽事來增進自己本身的技巧。另外，廠商也希望透過電競來宣傳公司的產品。然而目前的電競產業已逐漸脫離這個商業模式，很多觀賞電競賽事的觀眾已經不只是買遊戲、買點數、買周邊產品的玩家，如此商機就產生很大的擴張潛力，加上聯盟化與主題化的因素，未來的電競將走向擴增實境（AR）與虛擬實境（VR）的型態。為了讓玩家有更多遊戲體驗，在遊戲開發與實體配件上的各種技術，還要再突破與精進，目前電玩及手機遊戲的人口越來越龐大，為了讓各項裝置上的遊戲更容易操作，也產生很多周邊配件，因此，電競產業將會帶動整個資訊及通訊產業的再起，除了為迎接電競黃金年做準備之外，也為電競生態的發展注入了新觀念與新希望，電競生態將朝下列方向發展：

一、市場規模擴大提升

(一) 俱樂部收入大幅增加。
(二) 賽事版權價格會提高。
(三) 衍生與核心的市場更趨向繁榮。

二、電競生態將會更為完善

(一) 電競產業分佈很廣，將擴及各大城市。
(二) 電競的教育人才培育和訓練將更受到重視。
(三) 衍生產業型態將更為豐富，擴大市場規模，商機無限。

三、社會認同度將提高，增加發展的空間

(一) 認同電競是運動員的觀念將會提高。
(二) 電競去汙名化，電競選手熱衷參加國際性比賽，為國爭光。
(三) 打造電競及娛樂綜合的娛樂中心，促進互動娛樂文化衍生的內容。

四、政府政策的協助與電競法規更趨向完善

(一) 隨著電競納入運動產業，政府的政策亦會配合協助。
(二) 電競選手將比照運動項目，享有國家隊選拔、培訓、賽事及國光獎章等獎勵的資源協助，讓選手更有保障。
(三) 由於電競產業涵蓋經濟、科技及教育等相關的部會，未來將朝向制定「電競產業專法」方向發展，使電競法規更趨於完善。

五、電競賽事將朝向專業化、體育化及多元化發展

(一) 電競賽事直播與轉播、比賽制度及營運管理在探索過程中不斷發展，經驗的累積及基礎不斷豐富下，將走向專業化。

(二) 電子競技入奧持續推進，符合奧林匹克精神的電競項目將受到重視，賽事市場多元化的發展下，新興電競將登上舞台。

六、電競將逐漸融入互動娛樂生態，並持續增加其內容價值及影響力（如圖2-26所示）

(一) 由於電子競技發展內容基礎是遊戲，同時電子競技以賽事為核心，其賽事過程與結果、參賽選手和賽事背景內涵的情節、人物及環境，將隨著電競賽事不斷豐富之下，開始突顯電子競技IP的故事內容價值。

(二) 電子競技在發展故事的內核中，具備內容價值，與其他形態的內容融合，進一步融入互動娛樂生態及擴大影響力。

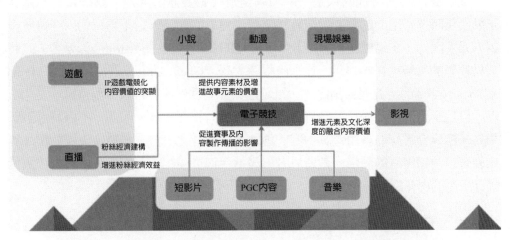

圖2-26　電競將融入互動娛樂生態，將突顯其內容價值及影響力

資料來源：Baidu文庫，本研究整理
https://wenku.baidu.com/view/30758c74a7c30c22590102020740be1e650ecc8c.html?from=search

七、電子競技將融入城市的發展，並持續豐富電競的生態

(一) 由於電子競技擁有帶動遊戲、電腦硬體及互動娛樂等產業鏈的能力，在政府對電競賽事及電競產業的支持和推動下，電競內容與商業融合、電競產業地方化及電子競技賽事城市化等建設不斷推進，豐富電競生態。

(二) 未來電子競技將融入城市的發展，在商業方面由賽事發展到電商業綜合體；在產業方面將以產業園區為主，打造產業鏈生態；在文化方面將會

　　　　以賽事文化和城市相結合。

2.2 電子競技與正規教育結合

2.2.1 教育的本質與正規教育

　　教育的本質在於開啓學生的內在潛能，引導並激發學生的上進及向善的信念和行爲，教育可以說是人類特有的活動，一個人如接受教育後，得到更好的發展，除了能學習到寶貴的知識，更能發揮個人潛能，成爲對於社會及國家而言有用的人，因此各國政府致力於教育發展，培育高素質的人力，以提升國家的競爭力。一般而言，正式教育是指在學齡階段接受的教育，而受教者通常爲全職學生，正規教育和非正規教育的差別，在於立法上面是否可以取得正式學位，因此，以取得學位爲目的及有法律規範者即爲正規教育。

　　隨著資訊科技時代的來臨，網際網路及行動裝置的普及，讓學習的範圍與年齡已無時間和空間的限制，同時也讓學生獲取的知識管道不再只侷限在傳統授課方式。因此，多媒體與教學結合所發展成的資訊科技（e-learning）學習方式將成爲教學的趨勢，在2015年，比利時根特大學（Ghent University）在New Media & Society發佈的研究報告指出，「電玩遊戲」能爲參與者帶來自我啓發、文化交際、自我學習、自我滿足及教育啓發等，皆具有正面成效。因此，不僅將遊戲歸類爲一種媒介，如能善用遊戲內容，透過「電競」比賽方式，結合人際關懷、專業教育以及參與者的熱情、創造思考，溝通合作並強化正面的社會影響力，更能提升生活的內在涵養、身心健康，以及終身學習的能力。

一、社會觀感及家長的隱憂

　　回顧社會對於「電玩」負面印象的產生，早期傳統社會對於「打電動玩具」，往往視爲「有礙課業」及「負面社會觀感」，學童沉迷線上遊戲而荒廢學業，讓家長覺得遊戲阻礙孩子的未來發展，而網咖衍生出的治安問題，使得社會大眾，把玩遊戲與引發犯罪劃上等號，種種負面事件的打擊，使大家缺乏正面印象。由於遊戲的使用者大多是處於成長階段的青少年，而家長身爲孩童的守護者，自然對遊戲的問題特別重視與關切，「電玩」在家長的心目中，普遍爲罪惡的代表（陳鳳翔，2001），對孩子們沉迷電玩耽誤課業及造成社會問題憂慮不已。

時代改變的速度快到有時難以掌握，由於網路是中老世代較少接觸的事物，遊戲在一般社會已經超越師長及家長們的經驗範圍，對許多成年人而言是較難理解的事物，造成這個觀念的落差，主要原因是世代（generation）問題，因為世代差異對於事物的想法或使用程度不同，造成觀念上的差異感。由於極少接觸「電玩」經驗及觀念的落差，再加上新聞媒體的負面報導，因此，原本對「電玩」就很陌生的中老世代家長，自然受到影響而對遊戲產生不信任感和反感，害怕「電玩」對自家孩子有負面的影響，進而造成了遊戲恐懼（game phobia），並將它視為影響青少年身心發育的不良產物，不願去接觸或了解，甚至多持禁止和反對的態度。然而，遊戲本身其實有許多正面價值存在，目前許多國、內外玩家已經開始利用「玩遊戲」來賺錢，除了「電競比賽」的獎金以外，還有很多方式，是利用玩遊戲來獲利的。

二、對電子遊戲與電子競技觀念的大改變

隨著時代進步，資訊技術應用廣泛發展、社會氛圍改變，及家長們對「行行出狀元」認知的提升，人們開始賦予遊戲新概念和功能，遊戲不再只是單純的休閒娛樂，而是一種專業技能的展現，電競可以訓練參與者的思維、反應、協調能力與意志力，提升自身能力與適應力，及在競技中與隊友們的合作能力。

2000年，是一個遊戲印象轉變的原點，當第一次世界性電子競技的出現，如遊戲界奧林匹克的「世界電玩大賽」（World Cyber Games）改變了全世界人們對遊戲的刻板印象，電子競技運動的新興概念應運而生，各項電玩競賽在各地舉行，儼然成為一種職業性的運動，洗刷了過去被醜化的汙名。中國過去在2000年時，曾發起禁止在網咖玩電腦遊戲的規定，對違法的業者處以重罰，到了2003年，中國已經將電子競技列為國家第99個運動項目，可見當遊戲本身取得國家認同時，能讓社會所接受，並藉由運動和競賽轉變過去的負面印象，是政府未來要努力的方向，如中國官方央視網播出節目《青春說》講述電競選手的故事，並以「電競青春」為題，邀請電競選手上節目，可見中國政府對電競產業的重視。

由此可知，「電玩」及「電競」確實是具備往正面發展的能力，也具備了「教育」的潛在價值，多位學者的研究便指出數位遊戲式的學習，確實可以刺激並且能提升學童的創造力，顯示出將數位遊戲和教育學習的確具有可行性，當遊戲與知識教育相結合時，家長們自然可以放心讓孩子們在「電玩」中學習，更在「電競」比賽中找到自信榮耀、創造力，以及團隊合作能力，發揮電子競技運動的正面價值。

2.2.2 台灣電子競技教育現狀

「107年全國大專校院運動會」（簡稱全大運）在中央大學舉辦，首度將電子競技納入正式運動競賽項目，全大運能將電競納入比賽項目，令電競愛好者及電腦業者都感到非常興奮和期待，同時也牽動了台灣對電子競技教育的神經線，使台灣在電競領域競爭力站在世界的尖端。電子競技成為運動產業後，台灣電競人才培育不管是大專院校或高中職學校，如雨後春筍般增設「電競班」，使電子競技運動更為蓬勃發展，各級學校成立電競校隊。在台灣少子女化嚴重的環境下，學校招生面臨嚴峻的考驗，近兩年不管高中職或大學，電競專班已經很明顯地成為校方招生的利器，108學年度，多所學校電競專班招生爆滿。

根據參賽選手資料顯示，電競運動選手年齡大多在16歲至23歲之間，16至18歲正是就讀高中職的學生，目前教育部國教署並沒有開放辦理「電子競技運動」科系，高中階段人才培育學校大多會在多媒體設計科、資料處理科、廣告設計科、視覺傳播、電子商務科等相關科系中，開設特色電競課程提供學生選修，例如：雲林縣的大德工商職業學校，就在電子商務科下，開設電競相關課程（如圖2-27所示）；台北市私立十信高中是目前全台唯一由台北市教育局核准設立電子競技實驗班的學校，屬較特別的一班。為培養選手，學校會成立電競校隊或電競社團組織來培訓，同時藉由加入校際聯盟組織平台，積極參與各類大小型比賽以提升實戰經驗及技巧。在大專院校端亦如此，目前各學校仍無法開設獨立的「電競系」，電競在教育體系中還無法單獨成為一門學系，只能依附在各校特色專長科系之下，以電競教室、系所裡頭的電競班、電競培訓教室或學分學程等方式辦理。目前大學的電競專班大多附屬在動畫多媒體系或視覺互動系，例如：台北城市科技大學是在資訊管理系下設立電競產業學分學程，遠東科技大學則設在多媒體與遊戲發展管理系中，培訓電競人才。

電子競技運動發展為電腦產業帶來新契機，也為電腦科技業者帶來龐大的商機，各電腦品牌廠商無不積極期望，攜手高中職學校及大專院校壯大電競生態圈。對電競電腦業者而言，以專業立場協助校方培訓更多電競人才，一方面魚幫水、水幫魚擴大電競人才來源，豐富生態圈；另一方面也能深入校園，讓學生熟悉愛好自己的電腦品牌，培養更多忠實用戶。電腦業者積極爭取和學校合作的機會，與校方合作培訓及建置電競軟、硬體，依2018年8月資料，華碩電腦已經與遠東科大、莊敬高職、城市科技大學等9所學校完成電競教室建置合作，位居第一名（王郁倫，2018）；宏碁電腦則與滬江高中、樹德家商、健行科大、靜宜大學、

圖2-27　大德工商《英雄聯盟》電競隊五位選手，均為電子商務科學生

資料來源：雲林縣私立大德工商職校提供 http://www.ddvs.ylc.edu.tw/

嶺東科大、醒吾科大、黎明科大、樹德科大等8所學校成為電競盟校，位居第二名；微星電腦目前則與南強商中、僑光科大、啓英高中、萬能工商及十信高中5家學校完成電競教室建置。從這些資料顯示，合作學校大多以私立為主，電腦業者也看好2019年底前公立學校能夠加入，以加速電競產業人才的豐富化。

　　如果說台灣撐起了全球電競產業，其實一點也不為過（科技報橘，2018），電競使用的台灣品牌電腦囊括全球過半市場，如華碩、宏碁、微星、技嘉、曜越等都相當積極在此領域發展。不同公司應用的策略不同，訴求特色也有所不同。華碩電腦除提供學校電競硬體外，也與大學建立完整產學合作培訓，例如：城市科技大學電競班畢業生可直接前往ROG實習，甚至直接錄取為職員（王郁倫，2018）。微星電腦跨入電競桌上電腦主機及筆電，展現替校方組裝電腦的優勢，提供客製化主機方案，而非單純套裝主機，可由校方掌握主動權彈性選擇，也會協助提供實況主播、電競賽事製播等課程，暑假也舉辦電競學習營進行各類專業人才培訓。宏碁電腦則以成立電競盟校為訴求，若學校完成電競教室建置，則該校等於加入電競盟校，取得官方《英雄聯盟》授權，可打宏碁Predator League盟校盃比賽。目前宏碁Predator電競盟校包括滬江高中、樹德家商、健行科大、靜宜大學、嶺東科大、醒吾科大、黎明技術學院、景文科大、興華高中、育達高職、嘉南藥理大學、強恕高中、樹人家商共計13所學校。如上所述，台灣電競電腦廠商

爭相成立選手團隊，舉辦電競賽事，加速電競選手職業化。加上在國際賽事中，如陳威霖在2017年《爐石戰記》冠軍賽奪得世界冠軍，2017年AIC亞洲盃《傳說對決》國際錦標賽決賽、IEM極限高手盃《英雄聯盟》總決賽，也由台灣隊伍包辦世界冠軍。台灣電競隊屢次獲勝，備受世界各國矚目，也讓產學界更踴躍投入資源，培養自己專屬的戰隊及產業人才（今周刊，2018）。

2.2.3 電子競技教育未來的發展

　　不管在台灣、中國、韓國、日本或歐美國家，電競產業的前景已受到世人矚目。而以電子競技教育為主的學校科系或學程，其教學課程內容的規劃，也將影響電子競技教育的發展方向。從電競產業分析的觀點，電競不只是遊戲，而是一整個產業鏈，包括通訊理論、硬體知識、網路架設、手機外掛等專業技術理論。除了成為電子競技運動選手之外，它還包括「遊戲設計、電競選手的競技賽事、各種電視台、網路平台的直播或轉播，以及電子競技前的開場表演」，凡此種種都是電競遊戲產業鏈的一環。例如：以魚骨圖（如圖2-28）來分析「電競產業」的領域，粗略分類包括了：(一)電競技術：1.電競選手；2.電競教練。(二)電商直播：1.主播賽評；2.直播技術。(三)電遊設計：1.影像編輯；2.程式設計。(四)電腦硬體：1.硬體維護；2.網路管理，四大部分。這四大領域學習課程也正是雲林縣私立大德工商電子商務科電競學程規劃的重要學習課程內容。

　　中國電競文化教育產業聯盟主席戴志強認為，2017年是電子競技教育爆發的元年，現在在中國本科教育已經開始啟動，人才培養正逐漸走向規範。電競產業成為資本追逐的產業，而隨著社會對電競行業的認識改觀，未來電競會成為一個專業，開始在台灣或是中國許多高校中推行。「2017年亞太國際電競（綿陽）高峰論壇」，宣佈成立50億電競產業基金，該基金將協助綿陽打造成「科技之城、電競之都」，整合電競產業所包括的電腦硬體生產、軟體研發、內容製作、遊戲平台、電競賽事舉辦、互動娛樂產業、電競場館、電競教育等上、中、下遊產業體系，完成產業初期佈局以後，將成為電競未來教育發展的主軸。論壇吸引了中國傳媒大學、上海戲劇學院、廣州美術學院、四川傳媒學院、湖南體育職業學院、台北科技大學、銘傳大學等高校的代表探討電競教育，這些學校均開設與電子競技相關的專業，涉及電子競技產業鏈的各個方向。此外，廣州美術學院在教育中，讓數位遊戲專業的學生在學習中就從IP化開始思考，透過小產業鏈模式，包括和網易、騰訊等合作，讓學生的作業成為成品和商品進行轉化。還有，電競解說主播身價水漲船高，時下的電競解說已發展成為一個「網紅」職業，為此，

上海戲劇學院繼續教育學院嘗試在播音主持專業中加入電競課程，可以針對培養電競解說人才。在四川傳媒學院已聯合中國電信共同打造大型電子競技場館，嘗試「影視矽谷＋電競教育」四川傳媒學院數位媒體與創意設計學院副院長馬建明說，今年該院首次招生電子競技運動管理專業，以培養電競產業相關人員為主，包括電競策劃、轉播、營運管理等方面的人才。

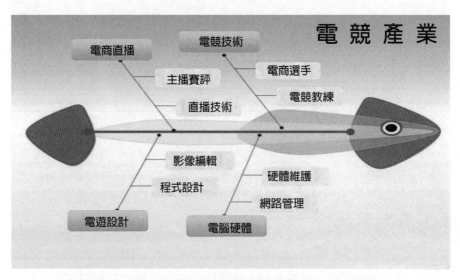

圖2-28　魚骨圖分析電子競技教育的學習課程領域

資料來源：雲林縣私立大德工商職校提供，http://www.ddvs.ylc.edu.tw/

中國電子競技運動與管理已被教育部列入新增專業，但中國還沒有較為系統的電競專業教材，台灣亦同，各校都還在摸索中。例如：四川傳媒學院電子競技運動管理專業的新生將先學習基礎課程，四川傳媒學院加入由中國傳媒大學領先建立的中國電子競技文化教育產業聯盟，加入該聯盟的教材編寫隊伍中，將會有一套較成熟的版本出來。

為研發電競課程教材，108年5月雲林縣私立大德工商與蜂鳥電競公司結盟，在大德工商設立「電競產學研發中心」，邀集雲林科大、遠東科大、勤益科大、環球科大等教授，成立電競教材研發小組（如圖2-29所示），並且已完成第一本著作《電子競技運動概論》一書在北京發行。研發中心除了研發教材外，也以培訓選手為重要工作項目，以奧運指定遊戲比賽項目，陸續展開校內外的賽事，積極挑戰高手雲集的電競比賽，同時吸引好手加入大德工商電競團隊。大德工商因應學生對電競相關領域的學習需求，依據電競發展108新課綱，在各類科目現行課

程架構中，開設電競跨領域相關課程，並在107學年度即開始利用課輔、社團與彈性學習時間試行串聯相關課程，並透過蜂鳥電競公司安排海外研習交流機會，帶領學生出國比賽與國際接軌。

圖2-29　大德工商、蜂鳥電競公司產學合作──電競教材研發學者群
資料來源：本研究拍攝於雲林縣私立大德工商職校

2019年2月，蜂鳥電競公司與遠東科大6位電競選手簽約，成立蜂鳥電競職業戰隊，成為台灣第一支由學校校隊轉型成為職業戰隊隊伍的首例。4月大德工商職校也與遠東科技大學進一步結盟，發展3+4產學攜手合作學程，從高職階段就開始共同培養電子競技選手成為職業戰隊。使高職、大學、產業界三方面密切結合在一起，共同培訓電競職業選手，引領台灣電競教育產業的風騷。

2.2.4 電子競技從業者職業生涯

隨著電競產業成長，電子競技運動會越來越像籃球一樣，成為平民化的運動。2014年的釜山亞運，電競已經成為正式運動項目。美國和韓國都有大學開出運動獎學金，招募電競選手。在國外職業電競選手的年薪可達10萬美元，以有「世界最強」稱號的韓國頂尖選手李相赫（遊戲暱稱Faker）為例，甚至有中國公司開出總值近百萬美元的兩年合約。台灣電競選手的薪水雖然沒有如此誇張，但

月薪一般都超過4萬，若加上比賽獎金，像目前台灣高中二年級學生黃熠棠，是職業電競戰隊「yoe閃電狼」的成員，這樣的頂尖選手，月入可以達到8萬元，遠超過一般同齡人士的薪資。在台灣也有越來越多年輕人靠打電動，打出生涯一片天，更為台灣打出世界冠軍。

黃熠棠被公認為《英雄聯盟》裡，台灣最強的電競選手之一。他的手指在鍵盤上的速度快到讓人看不清楚，在零點幾秒的反應時間內躲過對手的招式。在電子競技的世界裡，差這零點幾秒，就可能引發連鎖效應，輸掉比賽。

其實電競選手的機會成本比一般運動員小，分析師認為電競選手只需要認真投入半年，就知道自己行不行，閃電狼戰術分析師史益豪也說，「不需要從小練習，半年過後不適合，可以馬上回到原先的軌道。」所謂「原先的軌道」就是成不了第一線的電競選手，就選擇走上魚骨圖（圖2-28）所示另外三個領域的專業人才，如電競教練、主播賽評、直播技術、影像編輯、程式設計、電腦硬體維護及網路管理等等，這些課程的學習也都圍繞著「電競」為中心的職場，除了可以替自己找到一份優質的工作外，也保有原先投入電競領域的興趣與初衷。

有幸成為第一線的電競選手，但過了黃金期該怎麼辦？除了法規和社會觀感的壓力外，電競選手面對的競爭也是極端殘酷。能站上頂峰者當然名利雙收，但更多是競爭失敗的淘汰者，這和NBA一樣，不可能每個人都是喬丹。電競非常重視反應速度和手眼協調，一般人過20歲反應速度就開始衰退，選手黃金期只有17到23歲。當勝負不再只是遊戲，而是關係到自己的工作時，職業選手的壓力不是一般人可以想像，表現不好，很快就會被替換掉。史益豪分析，電競選手是「粉絲經濟」，名選手退役後，往往可以往網路直播發展。在中國，有直播平台和退役選手簽下一年數百萬元人民幣的合約，電競選手對遊戲的理解很深，在協助遊戲開發、行銷上都是很重要的人才。

2.2.5 遊戲及電競人才的培育

遊戲及電競產業要能茁壯，必須先厚植人力資源的實力，不論是遊戲開發、電競選手的培育，及遊戲、電競產業周邊的人才養成，都是重要的一環，是產業優勢的來源，也是具有延續產業持續發展的意義，在人才培育策略上，應包含四個方向，學校教育、企業培訓、海內外資源及政府政策等方向來做努力。

學校需要培養學生多元化的興趣，包括對遊戲及電競產業要有多元化的認識及對相關領域要有所接觸，未來要成為優秀的「遊戲」及「電競」的專業選手及

周邊產業的人才，就以下面四個方向來做努力：

(一) 就個人學習態度方面

1. 要抱持熱情及堅持

在針對遊戲及電競產業的專業能力及培育進行研究的訪談當中，發現許多受訪者本身的學歷，並非遊戲及電競相關的專業科系，而是對於遊戲及電競的熱情而加入此行業的，除了堅持甚至是著迷，對不同種類的遊戲和電競項目，都要有所涉獵，則未來的發展性較大。

2. 培養獨立思考的創新能力及良好的工作態度

透過學校課程訓練及產學的合作，培養學生獨立思考、創新能力，及對相關產業的遠見，並加強溝通的能力和認真學習負責的工作態度。

(二) 學校及企業的培訓

1. 加強課程的充實及師資的培育

對於「遊戲」與「電競」課程的師資，與一般的專業領域有所不同。所需的師資能力和課程規劃不只是學歷及理論而已，應多與企業實務界合作，強化專業師資及課程內容，配合國家政策，選擇發展重點，改進課程、學程與設備，推動產學合作，加強學生設計及應用的能力，並常舉辦校園電競產學講座等，才能吸收更廣泛的知識，培育更優秀的選手和相關產業的人才。

2. 鼓勵高中職，大專院校成立電競相關系所

由學校成立遊戲、電競相關系所及專班，培養專業選手，經由專業基礎學科以培育軟體設計，產品行銷等周邊產業人才。如要成為電競頂尖優秀的選手不容易，除了自身的天分和努力之外，有計畫的培訓是非常重要的，電競人才的栽培，並非只專注在電競選手身上而已，一場賽事的完整性包含了職業選手、教練、領隊及賽事規劃的行銷、企劃、執行人員及轉播單位的實況主、講評等各層級的人才，這些都需要計畫栽培，所以，在各高中職及大專院校設立電競專班，有些同學如不能成為專業的頂尖選手，就選擇就讀相關系所，以目前相關產業的蓬勃發展及前景可期，可進入周邊產業經由企業培訓，透過產學合作，讓學生累積相關工作的實習經驗，對於未來職業生涯的規劃也是很好的選擇。（如圖2-30、2-31所示）

圖2-30　培養專業電競選手及電競相關產業人才

資料來源：私立遠東科技大學提供，https://www.feu.edu.tw/web/

圖2-31　台灣大德工商職業學校2018年成立電競專班

資料來源：私立大德工商職業學校提供，http://www.ddvs.ylc.edu.tw/

3. 藉由產學合作積極培育電競職業戰隊的優秀人才，為國家爭光

　　學校可透過產學攜手合作，並發展3+4的產學合作學程的學習，使得高職、大學、產業界三方面密切的結合，共同培訓電競職業戰隊，為國爭光。例如：遠東科技大學與國內知名的蜂鳥電競公司，於2019年2月簽約，正式成立職業電競戰隊HGT，是台灣首例由學校校隊轉型成職業戰隊的隊伍，並將代表台灣進軍2019

CMEL職業賽。2019年4月，大德工商與遠東科技大學亦完成策略聯盟簽約，以發展高職、大學及產學三方面合作，培育優秀的電競人才。（如圖2-32、2-33所示）

圖2-32　遠東科技大學與蜂鳥電競公司合作，成立電競戰隊HTG簽約儀式

資料來源：私立遠東科技大學提供，https://www.feu.edu.tw/web/

(三) 加強辦理國內外電競交流並善用海外資源

　　創意和創新是「遊戲」及「電競」產業生存的重點，除了辦理電競相互學習交流之外，善用海外的資源加強行銷以創造舞台更是重要的工作，例如：時常辦理國、內外高中職及大專院校的電競交流及比賽。韓國為了讓電競選手及相關產業能累積實戰經驗，在2000年創立世界電玩大賽（World Cyber Game, WCG），從2001年舉辦賽事到2014年宣佈停辦之前，都是全球規模最大的電玩大賽之一，WCG每年由世界各地的負責單位辦理預賽，選出優秀的選手角逐世界冠軍寶座，不僅幫助玩家創建出世界矚目的電競舞台，更吸引很多企業相關廠商大力投入，透過電競職業化的作法培養出很多優秀的選手和團隊，帶動廣大的觀眾收看和創造經濟的產值。（如圖2-34、2-35所示）

圖2-33 遠東科技大學HGT電競戰隊及大德蜂鳥電競戰隊

資料來源：私立遠東科技大學提供，https://www.feu.edu.tw/web/
私立大德工商職業學校提供，http://www.ddvs.ylc.edu.tw/

圖2-34　台灣11所大學前往中國參與兩岸大學電子競技大賽

資料來源：私立遠東科技大學提供，https://www.feu.edu.tw/web/

圖2-35　2018年參加大唐文娛盃海峽兩岸院校電競友誼賽

資料來源：台灣蜂鳥電競公司提供，https://opengovtw.com/ban/59120038

(四) 政府政策和民間企業團體的協助

　　產業發展的成功，除了業者自己努力和市場機會之配合之外，政府和民間團體所扮演的協助角色，是不可忽視的一環，目前TESL（台灣電競聯盟）和CTESA（中華民國電子競技運動協會）也攜手推動電競教育，目前已和超過60所院校進行產學合作，再加上台灣電競協會（TCAA）等，這三個民間團體常配合教育部體育署、商業發展研究院及資策會，定期舉辦電競產業國際趨勢研討會及論壇，同時為配合海峽兩岸電競的交流，台灣蜂鳥電競公司洪偉哲執行長，不遺餘力推動兩岸文化及賽事的交流活動，成效卓越。另外，政府方面為了完善整體遊戲及電競產業的生態系統，除了需要協助產業：包括研發計畫、培育人才及產業政策和制度性的協調，也協助產業突破市場的障礙，以增加產業的競爭力，並協助電競產業發展以「電競遊戲內容、競技賽事的舉辦及設立專班培育人才」為核心的工作，尤其在多元方面跨領域的人才培育上，包括：遊戲軟體開發，選手的培訓、傳播媒體、賽事舉辦、主播賽評、商業代言、運動行銷、硬體平台、數位內容、出版刊物、流行娛樂及創意文化等項目，在政府協助建置完備的環境，連動周邊產業的成長，以發展電競新興產業的藍海市場。（如圖2-36、2-37、2-38所示）

圖2-36　推動海峽兩岸院校電競文化交流會議

資料來源：台灣蜂鳥電競公司提供，https://opengovtw.com/ban/59120038

圖2-37　2018年海峽兩岸院校電競文化交流活動

資料來源：台灣蜂鳥電競公司提供，https://opengovtw.com/ban/59120038

圖2-38　開展兩岸文化交流，推動電競產業發展

資料來源：台灣蜂鳥電競公司提供，https://opengovtw.com/ban/59120038

2.3 電子競技與數位貨幣結合

2.3.1 迎接數位貨幣的時代來臨

　　21世紀是邁入商務電子化的時代，透過網際網路應用技術所創造出來的虛擬世界，也正一步步超越空間障礙，配合晶片卡的發展與應用，在安控機制的成熟及付款系統的多元化下，造就了今日電子貨幣〔亦稱數位貨幣（Digital Currency）〕的發展。數位貨幣包括電子貨幣及虛擬通貨二類，前者是載具（如晶片卡、手機及電腦等）儲存法償貨幣價值，需要透過電子方式啟動或傳輸交易資料，以替代實體現金而完成款項支付手續，此電子貨幣係經主管機關所許可，而虛擬通貨多由私人所發行。

　　數位貨幣是「電玩」與「電競」的重要元素之一，參與者在各個線上遊戲的虛擬世界所擁有的虛擬財貨或是虛擬寶物都會一筆筆詳細記錄在遊戲公司伺服器內的電磁資料中，但是在現實生活中不具任何價值。線上遊戲中的數位貨幣、虛擬貨幣更是占有重要地位，在迎接數位貨幣時代的來臨之時，我們先來了解貨幣制度的演進流程。當通貨緊縮時，則會發生市場交易停頓，商業窒息的情況出現，不得不慎。如今數位貨幣的出現，對這個建立在政府信用上的貨幣制度，將會受到很大的挑戰。

2.3.2 數位化科技

　　談到未來貨幣的數位化，則先要了解什麼是數位化（digitalize）？數位（digital）即是由電腦資料的定型符「0」與「1」（即是電子學上依電位差或稱「Low」及「High」）所代表的文數字（alphanumeric）資料。在未數位化之前的資料則稱為類比（analog）資料，它是一種連續性的正弦波（sine wave）符號，是一種較容易失真的資料表示法，如將資料由類比訊號轉化為數位訊號時則有下列優點：

　　1. 資料可以隨意處理：如使用數位化科技可以改變資料的原始面貌，如畫面、色彩、聲音及形狀等，許多電影即是靠電腦數位科技所合成的，例如：Jurassic Park裡的恐龍。

　　2. 資料可以加以壓縮（compress）：壓縮技術（如Winzip、WinRAR）就是發展多媒體（multimedia）應用上所不可或缺的，經過壓縮後的資料才可在網路上高速的傳遞，得以建立大型的資料庫。

3. 通訊時不失眞：類比式的傳輸較容易遇到干擾而失眞，就以行動電話（mobile phone）爲喻，比較之下，類比式的行動電話其通訊品質就不如數位式的清晰，而且容易遇到竊聽，數位式行動電話則沒有此缺點，數位式的電視系統也不會如類比電視那樣常發生影像重疊（鬼影，ghostliness）現象。

以目前漸漸普及商業應用的GSM（Global System of Mobile Phone）系統而言，移動式的傳眞（Mobile FAX）、移動式檔案傳輸（Mobile Data）、行動銀行系統（Mobile Banking System），皆爲數位化科技的產物（廖啓泰，2000），中國人民銀行總裁周小川認爲「紙幣技術含量低，從安全及成本等的角度視之，被新技術、新產品取代是大勢所趨。」因此，自2014年成立了發行法定數位貨幣的專門研究小組，在2016年宣佈考慮發行數位貨幣，在2017年2月初，由中國人民銀行推動基於區塊鏈技術的數位票據交易平台已測試成功，而且由中國人民銀行的法定數位貨幣已在該平台試運行。

一、電子貨幣的型態

電子貨幣（electronic money）又稱爲數位貨幣或是電子錢，它與電子金融（electronic financial system）及電子商務（electronic commerce）有密不可分的關係存在，它可以是一種虛擬（virtual）的概念，對於發行權及幣值而言，也是一種眞實的貨幣（real money）。國際結算銀行（Bank for International Settlements,BIS）對電子貨幣的定義：「以電子形式儲存於消費者持有的電子設備，並依現行貨幣單位計算的貨幣價值」。而電子貨幣產品是指能夠儲值或預付的產品，因此電子貨幣是將傳統貨幣等值的資料以電力、磁力或光學形式儲存於電子裝置上的一種貨幣形式（李榮謙，1998）。

電子貨幣型態可分爲三大類：

(一) 網路型電子貨幣

爲一種能即時連線處理的支付系統，使用者只須利用PC上網，即可消費購物，網路商店（cyber store）則再利用銀行或是網路公司收取貨款，其最具代表性的公司是荷蘭Digicash公司所發行的ECash，及CyberCash公司所發行的Cyber-Cash。

(二) 卡片型電子貨幣

卡片型電子貨幣其發展應追溯信用卡的發展，信用卡屬於塑膠貨幣，是一種磁條卡，雖然它的使用可以帶給消費者便利性及延期付款的優點，但是其容

量及安全皆有限制，無法廣泛地商業應用，但隨著科技進展，出現晶片（IC）卡，其容量、處理速度及安全性比信用卡更為彈性，因此就有了所謂電子錢包（electronic purse）的設計，所謂的電子錢包就是將晶片上的某一個區塊的記憶體，設計為存放金額的欄位，在每次消費時，IC讀卡機（validator）就會將消費金額由電子錢包欄位中扣除，若是電子錢包用盡時，就會利用加值設備（Value-added machine）將款項加入電子錢包中，如Visa International的Visa Cash就屬於該類型的電子貨幣，亦稱為智慧卡（Smart Card）。

(三) 綜合型電子貨幣

此一類型的電子貨幣，一般都由特定的廠商所發行，它結合了網路及智慧卡的方式，將智慧卡儲放電子錢包，安控的軟體和參數，在使用時把智慧卡插入並且連接於PC的讀卡機（reader）上，再載入參數後，即可上網購物，在消費時輸入個人密碼，此密碼會結合智慧卡的參數並透過電腦的演算法作為判斷真偽的依據，使用上較為安全，目前各機關都朝向綜合型電子貨幣方向去研發。

以上三種電子貨幣型態，在商業應用上各有所不同，以卡片型電子貨幣來說，主要是使用小額消費（約20美元以下），如大眾運輸、及便利商店等；網路型電子貨幣則使用在較高額消費（約10至100美元），主要原因是安控系統較弱，消費者較有疑慮；綜合型的電子貨幣，則較為安全又便利，高額的網路消費透過認證中心（CA）的認證，每次的消費皆可獲得保障，由於是使用智慧卡的方式，所以使用者可隨時攜帶智慧卡到任何一台擁有browser軟體的PC直接上網，各次消費電子交易訊息的押碼（MAC）都依智慧卡的安全機制及消費者的密碼來運行，所以在使用上相當便利。

由於線上遊戲虛擬財產的獲得，都必須透過虛擬貨幣才能得到，因此，未來電競產業的成長速度除了取決於「電競手遊的發展」、「新遊戲的推陳出新」，「加密貨幣和區塊鏈」等技術的革新，將發揮最大的作用。目前數位貨幣在電子遊戲及電子競技中扮演著重要的媒介功能，也緊密結合在一起，其中若有一個環節出現問題，將會造成極大的風險和損失，導致支付制度失去公信力，要如何保護個人隱私、如何防範偽造、盜拷、失竊及現金互換的問題，政府除了深入評估所帶來的影響之外，包括法規的檢討與修訂、政府貨幣政策的執行能力、電子貨幣系統的選擇、發行機構的管理，及金融市場國際化的問題等，都必須要加以重視和規範才能避免數位貨幣成為高科技犯罪的目標。

2.4 完善電競產業相關法令

2.4.1 科技與法律

　　人類在邁入21世紀後，幾乎脫離不了各式各樣科技的滲透與影響，當科技與我們日常生活難以分離，同時意味著，它是具有特定社會意涵行為的存在，自然具備生活的規範及準則，所謂的科技法學（technology and law），也必然會隨著科技的演變，快速跟隨時代潮流改變。

　　從電子競技的發展歷程中可以發現，國家的政策具有影響電子競技發展的方向，如果國家沒有制定一套電子競技的標準法令，則在發展上將產生嚴重的制約效果，例如：電子競技如果定位在「灰色地帶」，政府部門在遇到問題或是民情反彈時，往往相互推託責任，或是採取「嚴禁」的措施，將會使得電子競技的產業發展空間受到擠壓而影響其發展，因此政府應該為電子競技制定完善的規章，使得該產業在推動時，能夠有章法可以依循辦理。

　　中國在2003年將電子競技列為第99項運動，2004年再由國家體育總局授權，在北京成立中國電子競技運動發展中心（簡稱CESPC），並建立電子競技專業場館，在2008年，國家體育總局整合現有體育的項目，將電子競技重新定義為第78號體育運動，並於2006～2009年由中國官方辦了四屆電子競技選手聯賽，隨後中斷因而導致許多優秀選手流失，相當可惜，可見，政府的法令政策對電子競技的發展影響甚鉅。

2.4.2 法律法規

　　有關電子競技的法規，各國規定不同，因地域性及文化習俗的差異而有所不同，例如：日本在千禧年之前，因為受到「景品表示法」（這是用來規範獎品／贈品廣告不實之法案）等法條的限制，在無法頒發高額獎金之下，使得電子競技在日本推廣困難重重。另外，韓國為發展電子競技產業成為具有高價值文化的內容產業，也曾因缺乏法律依據而受阻，如今於2009年所提的「電子競技振興法」順利於2011年12月30日獲得國會正式通過，此法案通過，將成為韓國文化觀光部電競運動發展、長期計畫及宣導的基礎，加速電子競技產業的發展，未來，如公共機構、電子競技組織及電子競技領域相關的廠商可依據法令，募集資金以強化電子競技產業的競爭力。由此可知，政府的政策支持，以及法令的制定對電競產業的發展性甚為重要。

2.4.3 台灣電競法規

　　早期台灣因受社會、學校及家庭整體環境對電玩的刻板印象影響，加上政府無明定的法規來保障這些選手和產業，因此，電競的選手及產業的發展也連帶受到限制，一直到2012年台灣的「台北暗殺星」隊（Taipei Assassins，TPA，現為J Team）在《英雄聯盟》（League of Legends）世界錦標賽勇奪冠軍，並贏得100萬美元獎金光榮歸國，接著又有台灣選手向玉麟在國際賽事榮獲優異的成績表現之後，開始受到政府關注，並且帶動整個台灣的電競風氣。台灣在這短短的幾年間，許多電競隊伍及選手在國際賽事中奪得亮麗的成績，也證明了台灣不論在硬體設備及人才的培育上，都深具發展電子競技的實力。台灣在2002年經行政院核定通過「加強數位內容產業發展推動方案」後，在這幾年當中，政府積極推動數位內容產業，其中數位遊戲項目就包含電競及遊戲的產業，同時鼓勵國內大專院校成立電競遊戲的相關科系，以培育專業人才，這些政策對於台灣未來電競的發展上，也奠定了良好的基礎。在2016年11月16日，教育部發佈傾向將電競認定為「技藝」，屬於智育層面，而非「體育類別」，未來技術學校也可以開設電競專班及申請補助並發展電競的產業。到了2017年11月7日，台灣立法院院會總算三讀通過「運動產業發展條例」部分條文，首度把電子競技業、運動經紀業納入運動產業，未來電競選手將會比照運動項目，並享有國家隊培訓、選拔、賽事及國光獎章等資源。同時，文化部亦公佈2017年文化獎項及電子競技專長類別替代役評選的作業規定等，也特別增設了「電競替代役」這項名額。

　　綜合新聞報導，三讀通過的「運動產業發展條例」修正條文包括有下列七個重點：

　　1. 電子競技業、運動經紀業等將納入運動產業項目中。

　　2. 電競選手將會比照運動項目，享有國家隊培訓、選拔、賽事以及國光獎章等資源。

　　3. 電競業、運動經紀業等運動產業項目，將擁有稅法的優惠、產業項目補助，包括參與賽事、觀看賽事及台灣自製運動商品消費支出等，每年計有新台幣2萬元以內綜合所得稅扣除額，以鼓勵民眾能積極的參與。

　　4. 為促進職業運動產業發展，各級政府與公營事業得配合國家體育政策進行投資，但所投資股份不得超過一半，以給予電競產業發展的養分。

　　5. 經中央主管機關列入培育的運動員，得設置專戶，接收個人對運動員的捐贈，申報所得稅時，依相關的規定可以作為列舉扣除額。

6. 爲培養國民運動的習慣，以振興運動產業，主管機關得編列預算優先補助高中以下學生參與或觀賞運動競技或表演。

7. 若有運動產業以強暴、脅迫、詐術或其他非法的方法，影響運動賽事的公平性時，主管機關應停止一定期間的補助、獎勵及租稅優惠條件，以減少體育賽事的弊病。

台灣在2017年已成爲全世界第六個承認「電子競技爲正式運動項目」的國家，這是一項進步的修法，由於政府的支持協助及法令的制定政策之下，除了對電競選手的保障外，可望帶動產業一條龍的發展，在上、下游產業的發展及整合下，帶動整個電競產業的新希望。

2.4.4 中國電競法規

中國在2003年將電子競技列爲第99個運動項目之後，其法律法規的體系就應與體育法的體系基本上相同，但因缺乏完整的制度法令規範的約束，使得各遊戲廠商對版權不重視及抄襲情形非常嚴重，造成社會上很多的問題，因此，中國政府相關單位才開始進行下列幾個階段制定電競相關的法令規範。（如表2-6所示）

一、第一階段

2004年4月廣電總局發佈了《關於禁止播出電腦網路遊戲類節目的通知》，這也造成電子競技必須找尋新的發展模式——「互聯網+電子競技」，這也是成了未來「直播」的發展方式。在2005年因中國李曉峰（SKY）榮獲世界電子競技大賽（WCG）冠軍，這是第一位中國人第一次獲得此項殊榮，所以，大部分的人才開始注意到電子競技，在2006年，國家體育總局爲了發展電競產業，也開始訂定相關法規，分別是《全國電子競技競賽管理辦法》、《全國電子競技裁判員管理辦法》、《全國電子競技競賽規則》、《全國電子競技運動員註冊與交流管理辦法》、《全國電子競技運動員積分制度實施辦法》等五項法令。

二、第二階段

國家體育總局於2013年3月成立電子競技國家隊，國務院於2014年10月發佈46號文件《關於加快發展體育產業促進體育消費的若干意見》以吸引更多企業承辦賽事，同年，中國國家體育總局發佈《關於推進體育賽事審批制度改革的若干意見》更是進一步落實了46號文件，由於遊戲版權不受重視，所以各遊戲抄襲之風盛行，直到2014年Steam進入中國之後，採付費方式，民衆才開始有版權的概念。

三、第三階段

　　2016年5月國家發改委發佈《關於印發促進消費帶動轉型升級行動方案的通知》並非常明確規範移動遊戲市場的秩序「開展電子競技遊戲藝賽事活動」，並於5月底由國家新聞出版廳電總局印發《關於移動遊戲出版服務管理通知》，要求移動遊戲分類審批管理，此工作落實到各部門，以提高工作效率。另外中國音像與數字出版協會下發《手機遊戲內容規範（2016年版）》也為手機遊戲研發和出版營運內容的審核提供重要的參考依據，2016年中國政府，實施很多對電子競技發展有利的相關方案，以及亞運總會於2022年也將電競列為亞運的正式比賽項目，這些都為電競產業的發展注入新希望。

表2-6　2003－2017年中國與電子競技有關的重大政策與法規

時間	名稱	頒佈部門	相關內容
2003年11月18日	－	國家體育總局	將電子競技列為第99個正式體育競賽項目。
2004年4月12日	－	國家新聞出版廣電總局	發佈《關於禁止播出電腦網路遊戲類節目的通知》，各級電視台的電子競技節目全都被停播。
2006年9月27日	－	中華全國體育總會	頒佈《全國電子競技競賽管理辦法》，其中有一條規定，參加電子競技比賽的運動員必須年滿18歲。
2008年	－	國家體育總局	國家體育總局整個現有體育項目，將電子競技運動列為第78號體育運動項目。
2016年4月15日	－	國家發改委	國家發改委發佈《關於印發促進消費帶動轉型升級行動方案的通知》，通知中第27項明確指出，在做好知識產權保護和對青少年引導的前提下，以企業為主體，舉辦全國性或國際性電子競技遊戲藝賽事活動。
6月27日	《民法總則》	－	《民法總則（草案）》第一百零四條規定，民事主體依法享有物權，並明確法律規定具體權力或者網絡虛擬財產作為物權客體的，依照其規定；第一百零八條第二款第八項規定，民事主體依法享有知識產權，同時列舉了作品、專利、商標等九種客體，其中包括「數據資訊」。並首次提請十二屆全國人大常委會第二十一次會議審議。
6月28日	《移動互聯網應用程序資訊服務管理規定》	國家互聯網資訊辦公室	明確強化資訊安全管理和實名制。促進行業健康的發展，以保護各方的合法權益不受損害。

時間	名稱	頒佈部門	相關內容
7月13日	—	國家體育總局	國家體育總局發佈《體育產業發展「十三五」規劃》，規劃指出，「以冰雪、山地戶外、水上、汽車、機車、航空、電子競技等運動項目為重點，引導具有消費引領性的健身休閒項目發展。」
2016年	—	文化部	文化部2016年26號文件提出，鼓勵遊戲遊藝設備生產企業積極引入體感，立體特效，虛擬現實、增加現實等技術；全面放開遊戲遊藝設備的生產和銷售，全面取消遊藝娛樂場所總量和佈局要求；各省、自治區，直轄市應當確定本地至少3個轉型升級重點城市（區），各重點城市（區）應當分別發展3～5家歌舞娛樂轉型升級示範場所和遊戲遊藝轉型示範場所；示範場所優先享受文化產業優惠政策和政府扶持基金，優先承擔政府購買公共文化服務項目，優先享受政府、協會等提供的培訓機會。對示範場所開設符合條件的新場所，提供行政審批便利。
2016年 9月6日	—	教育部	教育部公佈《普通高等學校高等職業教育（專科）專業目錄》，該目錄增補了13個專業，其中包括「電子競技運動與管理」，該專業屬於體育類，有資質的學校可以從2017年開始正式招生。
9月10日	《關於加強網絡視聽節目直播服務管理有關問題的通知》	國家新聞出版廣電總局	重申廣電總局的有關規定，即直播平台必須持有《資訊網絡傳播視聽節目許可證》，未取得許可證的機構和個人不能從事直播業務。
9月18日	《2016年虛擬現實產業發展白皮書》	工信部下屬中國電子技術標準化研究院	我國虛擬現實產業目前處於爆發前夕，即將進入持續高速發展的窗口期。在報告中，工信部給出建議，中國應提前謀劃佈局做好頂層設計，推進產業化和行業應用，加強文化和品牌建設。
9月19日	《關於順延（關於移動遊戲出版服務管理的通知）有關工作時限的通知》	國家新聞出版廣電總局辦公廳	鑒於2016年7月1日前已經在網絡上出版營運的移動遊戲數量眾多、遊戲出版服務單位及相關遊戲企業人力有限等實際情況，根據部分行業企業的工作建議，將補辦相關審批手續的時限順延至2016年12月31日。
9月26日	《關於加快動漫遊戲產業發展的意見》	廣州市人民政府	廣州審議、通過、出台多項針對動漫遊戲產業的鼓勵政策。
10月13日	—	—	阿里遊戲、金立遊戲等多家移動遊戲發行平台開始向開發者發出提醒，為了貫徹落實國家新聞出版廣電總局《關於移動遊戲出版服務管理的通知》的要求，開發者需盡快向平台提交總局的出版批文或受理通知單，以免對遊戲的發佈更新及營運造成影響。

時間	名稱	頒佈部門	相關內容
10月14日	－	國務院常務會議	國務院總理李克強主持招開國務院常務會議，會議指出：「要出台加快發展健身休閒產業指導意見，因地制宜發展冰雪、山地、水上、汽車、機車、航空等戶外運動和電子競技等。」
11月4日	《互聯網直播服務管理規定》	國家互聯網資訊辦公室	該規定至2016年12月1日起施行，旨在促進互聯網直播行業健康有續發展，弘揚社會主義核心價值觀，維護國家利益和公共利益，爲廣大網民特別是青少年成長營造風清氣正的網路空間。
11月4日	《關於實施「中國原創遊戲精品出版工程」的通知》	國家新聞出版廣電總局辦公廳	進一步引導遊戲企業培育精益求精的工匠精神，增強創新能力，提高遊戲品質，創建優質品牌，擴大原創遊戲精品市場供給，提升民族遊戲產業競爭力，促進民族遊戲產業持續健康繁榮發展，滿足廣大人民群眾特別是青少年不斷提升的精神文化需求。
2017年	－	文化部	發佈《網絡表演經營活動管理辦法》對正值當紅的直播業做出明確的指示。
2017年	－	網信辦	發佈《互聯網直播服務管理規定》對正值當紅的直播業做出明確的指示。

政策及法規來源：
1.董小龍、郭春玲主編：體育法學，北京：法律出版社，2006年版，第7頁。
2.中國音數協辦遊戲工委（GPC）、伽馬數據（CNG中心遊戲研究）：2016年中國電競產業報告，第23頁。
3.中國音數協辦遊戲工委（GPC）、伽馬數據（CNG中心遊戲研究）、國際數據公司（IDC）編寫：2016年遊戲產業報告，北京：中國書籍出版社，2016年11月版，第41頁。
4.Analsys易觀：中國電子競技年度綜合分析2017，2017年2月16日，第9頁。
5.中金公司研究部：體育產業報告(五)電子競技—體育與遊戲密不可分，2016年4月5日，第17頁。
6.恒一主編：電子競技概要，江蘇人民出版社，2017年版，第38、54、55頁。

2.4.5 結論

　　隨著電競納入運動產業，政府除了對推展電競產業採取適當的輔導和獎勵措施之外，更應該建立一套完善的電競產業相關法令。在制定法令時，應重視下列幾點：

　　一、從教育政策著手，樹立電競選手正面形象，扭轉社會觀感。
　　二、對「網咖」及「電競館」要分流管理和制定不同法令規範。
　　三、加強電競團隊的管理並建立有效的管理制度。
　　四、制定獎勵制度，發展「賽事規模」至「國際級規模」。
　　五、培育電競產業選手及周邊產業的人才，實施和制訂產、學、官三方的合作制度和法令。
　　六、藉由電子競技進行相關產業的整合行銷並制定相關法規，協助周邊產業

的發展。

(一) 企業的品牌與電子競技文化做整合。

(二) 企業內部資源做整合再配合電子競技為行銷媒介。

(三) 塑造企業產品與電子競技明星間的關聯。

(四) 在電子競技的活動中，以現場活動、網路廣告和產品體驗區等方式進行行銷。

七、電子競技相關單位與地方政府合作，建設競技相關措施，長期規劃，以促進當地居民電競的休閒活動與交流。

八、政府制定相關法令協助電子競技組織、電競周邊相關產業等，募集資金、設立培訓機構訓練專業人才、海外交流及推廣本國的產品等以協助產業提升競爭力。

2.5 電競粉絲經濟

2.5.1 粉絲的多重身分

粉絲普遍存在於我們的文化生活裡，不論是媒體報導或是日常生活中的對話，都經常出現「粉絲」一詞，粉絲所指的是對特定人或事情有著強烈的興趣或崇拜的人，他們是一群特殊用戶，關注某一種產品或品牌偶像人物，不只是想了解，還有可能是潛在消費者，更是忠實的消費者及崇拜者，許多學者認為粉絲是一種重複、情感性的消費形式，他們具有多重的身分，是觀賞者、崇拜者也是表演者，是消費者也是生產者。經營粉絲，就是一種有效的管理方式，我們能培養出多少粉絲，也就決定了我們未來的發展空間和競爭力有多大。

2.5.2 從粉絲消費到火紅的粉絲經濟

隨著科技的發達與進步，粉絲經濟的運作實為一個動態的社會過程，粉絲的群體數量大，蘊含著十分龐大的經濟能量，Jenkins（2006）強調粉絲的愛，所造成的非意圖後果，他以美國偶像的研究案例說明，當觀眾形成粉絲社群，並集體展現能動性時，足以改變商業運作，也就是粉絲的「愛」和「情感」不只能夠影響商業機制，也有可能「傷害」到商業公司。在以情感和互動為核心的商業機制中，為使觀眾從潛在消費者轉變為消費者，商業公司也希望觀眾可以對品牌偶像或產品投入情感，進而形成一個品牌社群，以建立持續性的交易。在美國偶像的

案例中，美國的粉絲可以由投票選出下一位美國偶像，粉絲可以掌握某種權力，這也讓粉絲們相當興奮。所以，Jenkins強調粉絲的情感實踐可以被轉換爲消費動機，同時粉絲的情感實踐也可能成爲抗議商業公司的動能。

　　在行動網際網路的時代，主流經濟就是粉絲經濟，人們透過資訊消費的力量倍數成長，更加便捷和主動，誰能夠掌握粉絲的心理，誰就能占有市場一席之地，擁有的粉絲人數越多，市場占有率就越大，則企業的商品或品牌就能夠繼續發展下去。目前，粉絲經濟的運作核心，在於商業公司賦予消費者更多的參與空間，讓消費者參與主導商品的發展，及重視消費者的社群經營，所以，生產端的商業公司透過消費者的參與及情感投入，長期建立對其品牌的認同，以達到商業公司營利的最終目的，例如：商業公司舉辦偶像與明星的粉絲見面會及簽唱會等活動，以增加與粉絲的交流。

　　這個時代可稱爲粉絲經濟的時代，粉絲情感體驗與社群情感共同產生了強大的經濟創造動力，由於電子競技產業是電玩產業中最具有潛力和前景的明星項目，它結合了運動、資訊科技和娛樂產業等新興數位娛樂產業，電子競技產業鏈上游爲電腦硬體供應商、遊戲開發商及營運商、網路服務商和賽事營運商，下游爲傳媒產業、博彩業及遊戲衍生品的銷售和個人用戶等。爲拓展「電競粉絲經濟」，賽事的養成極爲關鍵，需要選手、賽事系統、競賽場地、電腦、媒體轉播或直播平台、攝影棚、主播與賽評和各種周邊軟、硬體等發展，其中最重要的是能延續「粉絲經濟」的經營，當前不少藝人、歌手及球員紛紛成立電競俱樂部。金曲歌王「JJ」林俊傑（SMG戰隊）、蕭敬騰（「The Jams」戰隊）、林書豪（「VGJ」戰隊）、周杰倫（「J」戰隊）等全都宣佈進軍電競市場。其中，林俊傑所成立的台灣電競戰隊SMG，於2017年在南韓首爾贏得《傳說對決》國際賽世界冠軍，並贏得20萬美元，這也是台灣電競隊相隔5年後，再次拿下世界冠軍。

　　在電子競技行業中職業選手、遊戲賽評和平台主播備受關注，龐大的觀看用戶帶來無限的商機，其中直播平台猶如電競開展的指標，目前台灣最大的直播平台是成立於2011年的Twitch，台灣也是Twitch全球前5大流量的市場。在2017年「Yahoo奇摩電競」也正式上線，中國在2014年「直播平台」才開始崛起，目前有鬥魚、虎牙、龍珠、熊貓等直播商，粉絲們會藉由平台給予喜愛的選手及實況主播回饋。這些平台也會將資金灌注給電競的俱樂部，同時讓雙方互助成長，擴大電競市場。在中國的直播平台功能還有：「主播競猜」，可以開放主播於直播時發起二選一的賭局，讓死忠的粉絲下注，其中也有真實貨幣的交易系統，鬥魚TV所開放的粉絲徽章系統，更讓粉絲刷卡刷紅了眼，因此，電競網路媒體Esports

Observer也認為這種博弈性質的功能在中國能成功，其實根基於中國的文化，不但廣為消費者接受，也完全合法（如表2-7所示）。

表2-7　粉絲經濟裡，粉絲與藝人新的關係說明

粉絲與藝人的新關係類型	定義	說明
贊助商	粉絲和藝術家的互惠關係	歌手在網上免費釋出產品，由粉絲自行決定贊助價格。粉絲違反經濟理性人的預設，因為享受免費才是利益最大的決策。
價值共同創造	同樣植基於粉絲和藝術家的禮物經濟。但是更強粉絲的免費勞動和創造藝人的價值。	藝術家允許粉絲在合理範圍內重製音樂產品，粉絲重製的音樂並散播，可以為藝術家帶來宣傳效益和收入。
利益相關者	粉絲作為利益相關者，邁向商業關係。	傳統的錄製產業模式裡，商業公司提供資本以及協助藝人進入市場。但是，現在粉絲本身即是資本提供者，也是市場本身。因此，藝人的生涯便更依賴粉絲的金錢付出。
投資者	粉絲成為商品的投資者，分擔歌手原本的風險。	許多歌手透過群眾募資的網路平台，向粉絲們募款。粉絲貢獻的動機是複雜的。雖然幫助音樂家錄製唱片是粉絲的最主要動機。但是，有些粉絲也希望做出正確、會賺錢的募資計畫。
過濾器	粉絲創立個人網路品牌。	粉絲即是「唱片廠商」。粉絲收集網路上免費的音樂，並且依照自身品味「發行」至社交網站或部落格。並且也會從事撰寫樂評和宣傳。

資料來源：廖明中（2017）

2.5.3 電競行業的粉絲經濟效益

電競產業已成為現代國際風靡的產業，正在世界各地蓬勃發展，其中粉絲經濟是支持電競行業的核心力量，不論是賽事產生的粉絲商業價值或是透過競賽表演、虛擬的增值服務、廣告服務及電商衍生品等多種盈利收益，都形成了以粉絲經濟為主體的經濟模式，此效益也正快速增加中。下列為粉絲經濟的經濟效益：

一、粉絲經濟的虛擬增值服務效益

因為在電子競技項目中，都是以公平公正的方式進行，消費並無法提高參與者的能力，因此遊戲開發商就推出創新的獎金募集方式，例如：2014年開發商Valve舉辦DOTA2國際邀請賽時，公司以每售出一本虛擬觀賽指南（售價10美

元），會把25%的金額投入比賽獎金，以此吸引玩家的熱情，2015年，單單虛擬觀賽指南這一項，就爲Valve公司帶來超過5,000萬美元的收入。

另外一項收益，由於主播平台多是秀場模式，粉絲如免費觀看直播時，必須要花費購買道具，當粉絲購買虛擬禮物或道具時，網站將會從中進行利潤抽成，如果主播的粉絲魅力高，觀賽人數流量高時，則公司所抽佣金將帶來更高的收益。例如：《英雄聯盟》的主播若風，所帶來的觀賽流量驚人，因此給公司帶來更高的效益。

二、粉絲經濟的競賽表演效益

網路直播平台是電子競技比賽及電子遊戲中非常重要的一環，是一種由主播解說自己或他人的遊戲過程及內容的服務。在所有觀看過電子競技的用戶中，大約有40%的用戶從未玩過此遊戲，只是喜愛觀賞賽事，這反映電子競技已成爲觀賞性的運動之一，全球觀賞電競比賽的人口正逐年增加，而與電子競技相關的收入，包括遊戲發行，贊助、授權、門票及廣告收入也逐年顯現效益。

三、粉絲經濟的廣告服務效益

電子競技廣告的傳播媒介主要以網路爲主，例如：網路遊戲媒體廣告、賽事與賽場的廣告、知名個人或團體代言、遊戲影片廣告，政府支持大型賽事也會以非商業性質的廣告出現，成爲其主要的廣告商。

四、粉絲經濟的電商上、下游產業效益

在電競產業的上游，賽事主辦方、遊戲開發商與電商合作推出各種紀念品。在產業的下游有電競明星，當他們累積了一定人氣後，最常使用的方式就是透過網路商店將流量變現金，部分電商只以主播買賣產品和公司宣傳，其他一切事情則由供應商負責。

五、粉絲經濟的遊戲營運商效益

知名的電子競技賽事蘊含著巨大的品牌效益，在2015年《英雄聯盟》全球總決賽的收視人數達3,000萬人以上，而當年NBA總決賽的收視人數只有2,700萬人左右，所以，作爲賽場製造者的遊戲營運商受益很大。

六、粉絲經濟博彩業的效益

在中國，競猜型彩券中，傳統的籃球競彩和足球競彩，根據統計全年銷售額

約有615億元左右，若未來電子競技賽事競彩能夠開放，預計將有可觀的收益。而台灣於2018年因亞運之故，台灣運彩特別允許開啓「電競投注」專案，銷售金額躍居第5名，僅次於籃球、足球、棒球等傳統體育競賽，收益成果不容小覷。

總之，在網際網路及大數據時代下，「粉絲經濟」最大的資源是消費者及忠誠的粉絲族群，優質的賽事資源和獨特的增值服務，才能吸引粉絲的「關注」和「情感」，所以，粉絲經濟是支撐電子競技行業的核心力量，忠實的粉絲在電競生態中具有舉足輕重的地位，「電競粉絲經濟」新風潮正在快速崛起，成為電子競技發展的重要推手。

習作題

一、何謂產業生命週期？包括哪幾個階段？其特點為何？

二、何謂應用成熟度（AMC）曲線模型？此模型是用於哪種產業或市場？

三、請畫出電競行業產業鏈圖，並寫出各工作項目內容。

四、粉絲經濟有哪些經濟效益？請簡要說明之。

參考文獻

1. Nielsen Sports, 2017. *"The Esports Playbook: Maximizing Your Investment Through Understanding The Fans,"* Nielsen Sports, October 3, 2017, p. 6.

2. Osterwalder, A., 2004,The Business Model Ontology-a proposition in a design science approach.University of Lausanne, Switzerland.

3. Porter, M.E., *"The Competitive Advantage of Nations"* The Free New York,1990.

4. 兔玩網，2016。職業電競人李亞鶴：未來電子競技發展趨好。網址：https://kknews. cc/game/a8k6bj.html

5. 鍾憲瑞，2012。產業分析精論：多元觀點與策略思維。前程文化：台灣。

6. 徐作聖、陳仁帥，2006，產業分析。全華科技圖書公司：台灣。

7. 廖恒偉，2017。電競產業的大未來。台北：大是文化。

8. 恒一，2017。電子競技概要。江蘇人民出版社。

9. 易觀智庫，https://www.jianshu.com/p/2faa7856ab9b

10. 搜狐網站，http://sports.sohu.com/20160116/n434723026.shtml

11. 格隆匯作者，李抑揚祝進https://www.gelonghui.com/p/86428

12. Baidu文庫，https://wenku.baidu.com/view/30758c74a7c30c22590102020740be1e650ecc 8c. html

13. 格隆匯，https://www.gelonghui.com/p/86428

14. 鏡週刊，https://game.ettoday.net/article/1025028.htm#ixzz5Fcy5MC55

15. 廖明中，2017。遊戲實況的粉絲經濟及其矛盾。碩士論文。

16. 黃姿綺，2014。電競玩家經營遊戲實況台之成功因素分析。碩士論文。

17. 周正曉，1993。電子競技行業中的粉絲經濟產業經紀商屆論壇。

18. 李沃牆，迎接數位貨幣時代來臨會計研究月刊。

19. 蔡傑，台灣電子競技產業現況初探──以台灣電子競技聯盟（TeSL）為例。

20. Baidu 文庫網，https://wenku.baidu.com/view/30758c74a7c30c22590102020740be1e650ecc8c. html

21. 程式人雜誌，2013年12月，陳鍾誠，http://programmermagazine.github.io/201312/htm/message1.html

22. 賀誠，我國電子競技職業化發展研究，遼寧師範大學，體育教育訓練學，2016，碩士。

23. 財團法人國家政策研究基金會研究報告，台灣電子競技產業的發展策略研析，https://www.npf.org.tw/2/16859

24. Newzoo網站。

25. 台灣蜂鳥電競公司，https://opengovtw.com/ban/59120038

26. 私立遠東科技大學提供，https://www.feu.edu.tw/web/

27. 私立大德工商職業學校學校提供，http://www.ddvs.ylc.edu.tw/

28. 數位時代，王郁倫，2018，https://www.bnext.com.tw/article/50354/asus-acer-msi-build-gaming-class-for-ecosystem

29. 科技報橘，2018，https://buzzorange.com/techorange/2018/07/12/taiwan-game/

30. 今周刊（特刊），2018，https://udn.com/news/story/6929/3489468

第三章
電子競技遊戲產業與商業模式

楊明宗

　　科技在人類發展文明歷史中，一直是產業經濟價值體系最有影響力的因素，而且科技技術經常促進不同商業革命的發展。進入21世紀的時代，以網路新興科技為主的商業性，不斷置入全球化的產業系統，且涵蓋層面廣而深遠。這個過程醞釀出資訊技術、大數據技術、電子商務等多種技術的整合，其中，產業物聯網中最具成長性的行業，莫過於電子競技產業。

　　網路遊戲和電子競技無論在台灣或是中國，目前已形成一股巨大的社群文化經濟，從社會技術體制的綜觀角度，這種創新型態的產業得利於網際網路的技術載體，各種傳播管道快速推進，也促進行業內發展出各種不同的商業模式態樣，成為文化娛樂產業分支中新經濟型態的資優生。因此，「網際網路+投資活動」熱潮湧入，兩岸的電子競技產業也開始從成長期過渡至成熟期。

　　目前全世界有四十多個國家，包括南韓、中國、馬來西亞等國都將電競列為正式運動項目（Buzz Orange, 2017），台灣在2017年已將電競納入「運動產業發展條例」中的運動休閒教育服務業的適用範圍，而中國從2003年起，國家體育總局早已將電子競技規劃為正式的體育專案。迄今，全球各國在電子競技專案的體育管理走向體制化發展。因此，電競產業化、電競體育職業化，從宏觀角度，先進國家正努力調整電競產業結構和產業組織形式，從而提高增長速度，使供需結構能夠有效地適應與平衡，以促進產業良性的發展。從微觀角度，每個國家的政策都希望幫助投入電競的企業在創業發展上，得到更健全的資源，從而發展優質的商業模式。

　　隨著遊戲的人口變化增長趨勢，持續造就電子競技市場的疆域擴大，眾多的企業投入電競相關的商業策劃行動，目前行業內營運的主體，供應鏈成員包含遊戲軟硬體、營運環節、賽事營運，以及電競傳媒和周邊等。而電競經常以「內容」作為產出價值要素的經濟活動，並且環繞在遊戲、文化、娛樂、體育四種產業活動的內容範疇，這些產業生態的成員也多數利用「賽事內容+商品」的輸出方式進行變現的盈利設計，成員充分創造與利用賽事價值素材，進行商業模式的設計。

　　整體來說，近年來全球電競市場的發展，以中國成長速度最快，並已經歷「探索期→發展期→平台期→爆發期」，如圖3-1所示。然而目前各國電競的商業模式發展尚在探索階段，台灣、歐美、韓國等區域皆有不同的商業態樣。無論如何，基於商業模式創新的本質是需要不斷地追求創造價值。因此，如何打造一個成熟的電競產業價值體系，發展電競體育化，以實現產業經濟的最大價值，是許

多國家努力的目標。

　　在本章節中，我們將對目前電競產業的商業模式進行學理分析，並提供認識商業模式操作的原理初探。包含商業模式本質、盈利模式、策略與商業設計、設計思維與顧客需求，以及不同國家之間的商業模式差異。

圖3-1　中國電競市場的發展

資料來源：本研究彙整

3.1 商業模式的本質

　　西方管理學大師彼得・杜拉克（Peter Drucker）曾說：「當今企業之間的競爭，不是產品之間的競爭，而是商業模式之間的競爭」（Drucker, 1995）。所以如何設計出好的商業模式，儼然成為企業成功與否的代名詞。過去商業模式一詞首次出現於1970年代，被用來描寫資料與流程之間的關聯與結構（Konczal, 1975）。而且自1990年代起，以期刊學術雜誌的形式出現在不同的標題與文章中（Ghaziani & Ventresca, 2005）。2001年以後，《財富》雜誌（*Fortune*）列出五百大企業時，商業報表已出現商業模式字眼，就趨勢而言，使用商業模式的分析工具已成為營運企業的重要觀念。

　　商業模式學術研究先鋒始於1998年Timmers，當時他以電子商務的個案進行研究，首先提出商業模式的概念，認為商業模式是由企業產品流、服務流和資訊流構成的一個系統流程，並需要描繪商業各種參與者及其所扮演的角色，分析參與者潛在利益及收入來源的方法。Timmers首次為商業模式概念提出明確定義，隨後諸多學者在電子商務背景下，提出有關商業模式的定義與分類（Mahadevan, 2000; Zott & Amit, 2001），也開始被許多學者廣泛的討論（Osterwalder, Pigneur &

Tucci, 2005）。

　　眾多學者對於商業模式的概念並無統一說法與定義（George & Bock, 2011; Johnson, Christensen, & Kagermann, 2008; Shafer, Smith, & Linder, 2005），但整體而言，商業模式的概念與定義都圍繞在解釋企業如何在競爭環境中創造價值並賺取利潤的一種方法或一組假設（Lumpkin ,G. & Dess, G., 2004），並需要透過確定它在價值鏈中的位置來賺錢。簡單來說，商業模式即「解釋企業如何運作的故事」，是描述公司如何賺錢並持續獲利的過程，本質上亦是一套持續接受市場考驗的理論與分析的工具。

　　儘管，企業商業模式的行為特徵十分複雜，為了能夠了解商業模式的概念與定義，我們可以從本質上來解答以下幾個基本問題：首先，企業賺誰的錢？其核心就是企業的價值主張必須包含提供產品與服務，並滿足顧客所需要的價值；其次，如何賺錢？企業須透過梳理一套「盈利－成本」之間的關係，建構特定的盈利模式；另外，能賺多少錢？這是指企業獨特的業務系統，以及參與商業活動中價值活動的廠商，做出利益分配；再者，企業憑藉什麼賺錢？他們必須藉由獨特的知識體系、能力以及稟賦去開發相對應的價值創造活動；最後，可否持續賺錢？這是企業建構所有的業務過程中，所有關鍵要素之間相互影響的力量，需要成為有效創造價值的連結，以持續保障交易結構與現金流的效率等活動。所以商業模式的本質，就是一種商業策劃的治理思想，從現實運作方面來說，需要一套經營機制與手段。

一、商業模式概念的興起

　　商業模式（Business Model, BM），是一種商業經營模式的簡稱，此概念早在1950年代就被提出，直到1990年代中期，隨著網路衍生出不同的電子商務發展模式，「商業模式」一詞逐漸成為企業界的用語。維基百科對商業模式的定義為：「商業模式描述的是一個大範圍內正式或非正式的模型，這些模型被公司用來描述商業行為中的不同方面，如操作流程、服務活動、組織結構、利潤設計及金融預測等。」因此，企業使用商業模式一詞，隱含表達為一種業務模式、商務模式的策劃行動。然而各種行業中都存在不同的商業模式，傳統最基本的商業模式就是「店鋪模式」（Shopkeeper Model），具體來說，就是在具有潛在消費者群的地方開設店鋪並展示其產品或服務。所以一個商業模式，是對一個組織如何行使其功能的描述，是對其主要活動提綱挈領的概括。它定義了公司的顧客、產品和服務，還提供了有關公司如何組織、創收，以及盈利的資訊。

　　每個時代商業模式都會出現不同的商業典範，在1950年代，新的商業模式是由麥當勞（McDonald's）和豐田汽車（Toyota）創造的；1960年代的創新者則是沃爾瑪（Wal-Mart）和混合式超市（Hypermarkets，指超市和倉儲式銷售合二為一的超級商場）；到了1970年代，新的商業模式出現在聯邦快遞（FedEx）和玩具反斗城（Toys "R" us）的經營裡；1980年代是百視達（Blockbuster）、家得寶（Home Depot）、英特爾（Intel）和戴爾（Dell）；1990年代則是西南航空（Southwest Airlines）、網飛（Netflix）、eBay、亞馬遜（Amazon）和星巴克咖啡（Starbucks）。隨著時代進步，商業模式也變得越來越活躍，「剃刀與刀片」（Razor and Blades）模式，或是「搭售」（Tied Products）模式也是一種商業模式的盈利方法，例如：手機和通話時間，印表機和墨水匣，相機和照片等模式，都是用「搭售」方式來呈現的一種商業模式特徵。另外，軟體發展商，免費發放他們文字閱讀器，但是對其文字編輯器的定價卻高達幾百美元，例如：Adobe公司的PDF閱讀器Adobe Reader和編輯器Adobe Acrobat。由此可知多樣的商業模式隨著時代發展層出不窮。

　　今日世界與過去明顯的不同，在於技術變革的速度賦予世界新的型態，諸如大數據資料、AI等趨勢科技提供當前經濟成長的動力，商業技術的轉換、市場需求與社會需求的水準提升，不僅改變人類的生活方式，還改變了政府組織運作、全球企業、私人企業以及個人的發展。而全球商業領域在2008年金融海嘯後已穩定發展數年，近年網際網路新興科技的出現，對商業管理的模式以及社會的發展帶來相當大的影響力，並且創造各種新形態的商業模式蜂擁出現，目前傳統的商業策劃不斷導入網際網路科技行為，以支援企業的持續改造與創新，因此大量的企業家、研究人員、投資顧問、技術人員等將「商業模式」一詞表達在各種經營行動中。

　　毫無疑問，企業如何檢視與發展獨特的商業策劃行動，才能獲得經營致勝關鍵（Ghaziani, A. & Ventresca, M., 2005），因此企業對於商業模式的實踐成為重要的研究課題，不論學術界與實務界都視為一門管理科學重要的方法論，此觀念擴散在各種領域，2009年起有關商業模式的學術界研究也以驚人的速度遞增，研究關注度已進入成長態勢（Zott, C. & Amit, R., 2009）。

二、商業模式的定義

　　商業模式的概念與定義存在顯著差異，諸多學者們以不同視角來測試商業模式的概念發展（Zott, C. & Amit, R., Massa, L., 2011），因此，商業模式的概念化

有很多版本。它們之間有著不同程度的相似和差異，是因為過去在眾多領域中研究商業模式，包括電子商務、行銷、策略、物流等不同領域專家的探索結果。儘管這些定義與概念來自不同的觀點（如表3-1），但近年來商業模式定義下的核心內容以共同的核心要素不斷發展，學者Osterwalder在綜合了各種概念共性的基礎上，於2005年提出了一個包含九個要素的參考模型。這些要素特徵包括：

1. **價值主張**（Value Proposition）：即公司透過其產品和服務所能向消費者提供的價值。價值主張確認了公司對消費者的實用意義。

2. **消費者目標群體**（Target Customer Segments）：即公司所瞄準的消費者群體。這些群體具有某些共性，從而使公司能夠針對這些共性創造價值。定義消費者群體的過程也被稱為市場劃分（Market Segmentation）。

3. **分銷管道**（Distribution Channels）：即公司用來接觸消費者的各種途徑。這裡闡述了公司如何開拓市場。它涉及公司的市場和分銷策略。

4. **顧客關係**（Customer Relationships）：即公司同其消費者群體之間所建立的聯繫。我們所說的顧客關係管理（Customer Relationship Management）即與此相關。

5. **價值配置**（Value Configurations）：即資源和活動的配置。

6. **核心能力**（Core Capabilities）：即公司執行其商業模式所需的能力和資格。

7. **合作夥伴網路**（Partner Network）：即公司同其他公司之間為有效地提供價值並實現其商業化而形成的合作關係網路。這也描述了公司的商業聯盟（Business Alliances）範圍。

8. **成本結構**（Cost Structure）：即所使用的工具和方法的貨幣描述。

9. **收入模型**（Revenue Model）：即公司透過各種收益流（Revenue Flow）來創造財富的途徑。

表3-1　商業模式的定義觀點

作者及年份	定義
技術創新觀點 Chesbrough & Rosenbloom,2002	商業模式是將技術創新轉換成顧客的需求，而技術商業化是商業模式的核心，將技術與其本身所蘊含的經濟價值聯繫起來，將技術轉換成商品的價值創造過程。
機會觀點 Afuah, 2003; Zott & Amit,2001,2008	商業模式是為了開拓商業機會而設計的交易活動，認知與利用機會進行價值創造的機制。

作者及年份	定義
價值創造觀點 Amit & Zott,2007,2008,2010; Teece, 2010; Timmers, 1998; Ammar, 2006	商業模式價值創造是商業模式核心的議題，涵蓋產品、服務與資訊流的架構設計模型，價值設計與利潤模式需要圍繞價值主張擴張。而價值網路企業參與者所扮演的角色，是需要進行創造價值並同時分享價值利益的機制。
資源觀點 Wernerfelt,1984; Barney,1991; Eisenhardt & Schoonhoven,1996	企業或組織必須有能力去識別差異化、稀有或難以被仿效的資源，唯有如此才能厚植競爭實力並建構難以取代的商業模式。
競爭觀點 Gambardella & McGahan, 2010 Chesbrough, 2003; 2010	價值創造要素是將價值主張用合理的成本轉換爲商品以獲取利益，企業必須發展相關價值活動並累積資源，不僅使收益大於成本，更要比競爭者有效率。 商業模式詳細要素包含提供何種商品給顧客的價值主張、在何種細分市場、如何創造與傳遞價值的價值連結構、收益產生機制、企業在價值網路中的定位、及讓他人不易模仿的競爭策略。

資料來源：本研究彙整

　　整體來說，商業模式所關心的內容，也圍繞在企業與顧客之間價值回應的問題上，它是一套企業提供價值主張、價值創造、價值傳遞與價值獲取的邏輯系統，此系統必須持續接受市場考驗，目的是讓顧客的需求具體實現且有能力購買，企業能準確回應顧客需求，並設計與運作不同的價值活動，然後把價值傳遞給顧客，最後將收益轉換成利潤。因此商業模式的定義都包含在以下的三個問題上，也是商業模式必須處理的問題。

1. 企業的商業模式提供什麼價值給顧客？
2. 企業的商業設計，如何傳遞這些價值？
3. 企業的商業模式如何持續共創價值，顧客認知價值提升？企業持續盈利？

三、商業模式的核心要素與利潤鏈

　　商業模式的定義觀點與概念，不同的學者存在差異，但商業模式組成的核心要素，都有共同的特徵，這些核心要素分別爲：1.價值主張；2.顧客價值；3.資源、合作夥伴、活動流程；4.收入來源、成本結構。然而，利潤價值鏈中也包含知識、能力、稟賦以及價值流。以上價值創造的要素是商業模式中不可或缺的探討內容。

(一) 價值主張

　　企業進行商業策劃時，首先必須了解顧客期待可以從你的產品與服務中得到什麼利益，這個利益的傳遞便是企業價值主張的一種行爲，然而，價值主張的概

念及特徵是什麼？重要性又是什麼？從經濟分析的思維中，價值主張可以說是顧客認知產品與服務價值的起點，價值主張讓顧客對產品與服務的概念、特性及要求有所了解，同時在心中產生價值的判斷，或是一個交易價格。所以價值主張也是一種「顧客價值增值」的能力，其內涵可以整理成以下問題：

1. 什麼是重要的顧客與市場需求？
2. 什麼是解決此需求的獨特途徑？
3. 這個途徑或是解決方案有哪些明確的成本效益？
4. 成本效益如何比競爭者具有優勢？

簡單來說，企業體現價值主張需要透過產品或服務向消費者提供價值、要解決消費者什麼樣的問題、要滿足消費者什麼需求、解決此需求的途徑方案是什麼、解決方案的經濟價值又是什麼。

在具體操作上，企業的價值主張更可拆解為產品、服務、痛點解決方案與滿足期望，與顧客的需求、痛點與期望相呼應即達到所謂的價值匹配（Alex Osterwalder, Yves Pigneur, Alan Smith & Greg Bernarda, 2015）。所以，成功的價值主張，需要讓目標顧客在接收到資訊之後，立即認知到商品與服務所提供的價值所在，藉以提升最終的交易價值，而且，當價值主張越能獲得顧客認同，交易價格區間就會越高。雖然最終的交易價格仍須由市場競爭來決定，但如果顧客有越高的價值認知，則有利於企業創造超額利潤，故企業的價值主張與顧客的價值共創有著相當密切的關聯性，其重要性不言而喻。

(二) 顧客價值

商業模式是企業如何為顧客創造價值，維持企業運轉的一系列設想與作法，並且是對公司的顧客、供應商等相關利益者其角色與關係的一種描述。所以顧客價值的創造是企業與其他組織競爭優勢的主要來源，當企業以顧客為中心，為顧客認知價值提供創造活動時，便形成一種良好的企業價值主張行為。

具體來說，企業必須根據消費者目標群體，進行市場劃分，透過各種分銷途徑接觸消費者，開拓市場和制訂分銷策略，並且進行消費群體之間各種顧客關係管理。最終達成顧客對產品或服務認知的偏好，且呈現的績效與結果，要能符合顧客的需求與目標。因此，商業模式的核心內容，在於如何設計顧客價值主張的焦點，並且企業需要不斷以顧客需求為考慮來追求創新、創造與設計商品及服務流程。

(三) 資源、合作夥伴、活動流程

「資源」是價值創造的核心，組織管理領域的學者大衛・泰斯（David J. Teece）認為，企業策略可聚焦於資源的特殊性，以建構難以仿效的商業模式（Teece et al., 2010）。在特定行業中，為了創造卓越的顧客價值，企業會將自己推到獲取價值最有利的位置上，運用其資源執行活動。因此企業或組織必須有能力去識別差異化、稀有或難以被仿效的資源，唯有如此，才能厚植競爭實力並建構難以取代的商業模式。

商業模式系統必須是一個相互依賴價值活動的系統，此系統可以讓企業超越區域其他企業並擴展範圍，企業與顧客、夥伴及供應商之間的互動關係，成為網路資源夥伴，讓企業有能力在創造價值的同時分享價值利益。

根據商業模式的價值創造邏輯，需要說明企業的商業設計，如何傳遞這些價值，還有所依賴的關鍵資源、合作夥伴以及內部活動流程，生產過程則需要考慮以下幾個問題：

1. 實現業務需要展開哪些關鍵活動？
2. 需要什麼關鍵事物來創造和交付產品？
3. 主要合作夥伴（partners）是誰？想要和誰成為合作夥伴？能提供什麼樣的資源？
4. 實現價值需要哪些關鍵資源？
5. 創造和交付的產品需要利用到哪些資產？

(四) 收入來源、成本結構

商業模式是企業為了獲取利潤，所作得一連串核心業務的決定與取捨之集合，並以收入來源、成本驅動、投資規模及關鍵成功因素來決定。因此，策劃企業的收益與獲利是商業模式能否成功的關鍵指標。商業模式邏輯，須提供證據說明企業如何創造及傳遞價值給顧客，同時概述企業在傳遞價值時的收益、成本及利潤結構。而且企業利用合理的成本轉換成價值創造以獲取價值利益的機制，不僅使收益大於成本，更要比競爭者有盈利優勢。簡單來說，企業組織要滿足目標顧客並從中獲取利益，商業設計收益流與創造利潤來源，是商業模式關鍵目標。

(五) 知識、能力、稟賦

商業模式中的價值創造與價值掌握，都是在說明組織如何維持績效。成功的企業會創造出持續性的競爭優勢，並且公司都應該要發展自己的核心能力、能

耐與優勢，然而這些核心能力是有別於其他的競爭者，公司可以使用這些核心能力，表現獨特的活動或是將這些活動與公司流程相結合，創造出不同於競爭者的服務，以持續、生存創造利潤。艾倫·阿富（Allan Afuah）在《創新管理》（*Innovation Management*，徐作聖、邱奕嘉譯）一書中提出創新的利潤鏈模式，如圖3-2所示。他認為企業的利潤來自提供比競爭者成本更低的服務及產品，或以較高的價格出售異質化產品，且該價格能彌補因提供異質化產品所產生的額外成本。為供應這些產品，企業必須從事比競爭者更好的活動，有兩個要素決定企業提供「低成本」及「差異化」產品的能力。首先是企業的能力，指的是設計、製造、行銷及整體運作體系；另外是稟賦，指的是除了能力以外的本領，如商標、專利權、商譽、地理位置、顧客關係及配銷管道等。能力與稟賦是相輔相成的，二者同時影響公司的獲利，且受到技術知識及市場知識所影響，而這些皆受到企業策略、組織結構、系統、人員、當地環境及時機所影響。

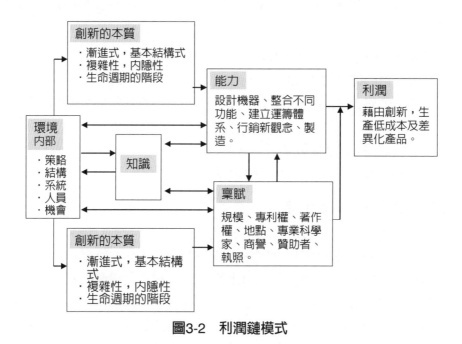

圖3-2 利潤鏈模式

資料來源：Afuah, *Innovation Management*, 1998；徐作聖、邱奕嘉譯，創新管理，2000，頁5

　　企業必須同時擁有能力和稟賦，擬定妥善的策略，加上隨時吸收知識、分析環境變化、掌握機會，才能在產品上有漸進式或突破式的創新；採取適當的組織結構、適合組織結構的系統、聘請或致力於培植優秀員工，掌握時機以創造企業

的利潤。良好的內、外部環境，增強公司在技術及市場的知識、創新文化，增進和強化公司能力，同時增強公司有形或無形的資產，吸引優秀的人才投入公司，如此，則形成良性的循環模式。

(六) 價值流

一個公司的商業模式之所以能生存，並持續創造利潤，其中的核心內涵就是價值要素，它們之間的相互作用與影響非常重要，攸關商業模式運作的優劣與能否持續賺錢。例如：獲得好的合作夥伴，可以間接取得好的稀有資源，也可能產生優勢成本，而得到商品低價的競爭能力，並帶來顧客價值的提升。所以要素之間的相互影響持續創造獲利來源，將顧客價值、範圍、價格、收入管道、相關活動、執行能力之間的關聯，經由策略、資源、顧客介面進行搭配設計。這種概念是企業將產品和服務、顧客、供應商和分銷商、合作夥伴、行銷策略、流程和組織等要素，整合至商業模式的結構系統中，持續創造影響力及發揮價值。所以，價值要素彼此配合的重要性不可忽視。

四、商業模式的價值設計

近年來，商業模式的價值設計主題，不論管理學界與實務界皆視為重要的討論方向。商業模式所陳述的內容，主要描述組織與顧客之間如何創造共同價值的一連串行為（Auha et al., 2007; Skjølsvik et al., 2007），其中，包含企業的價值主張、顧客價值創造、傳遞顧客價值、解決方案、營收模式、關鍵流程與資源等構面上的設計研究（Afuah & Tucci, 2001; Bossidy & Charan, 2004; Ostenwalder et al., 2005; Chesbrough, 2006; Johnson.et al., 2008）。而且商業模式創新的本質是需要不斷地追求創造價值，因此商業模式的價值設計目標需要符合一套能夠吸引顧客的利益。這種利益的組合包含顧客價值、企業價值、夥伴價值等，並且需要經過價值主張、價值傳遞、價值獲取等方式進行設計。所以無論如何都需要與「價值設計」密切關聯，因為「價值」是商業模式設計的最基本核心議題。

什麼是商業模式有關的價值設計核心？綜合來說，是由價值主張、價值設計、利潤生成與財務三方面構成（Ammar, 2006），價值主張是提供給顧客價值的特徵；價值設計則包含外部價值鏈的價值網絡，以及內部價值鏈基礎的結構設計與企業資源與能力的組合；而利潤的角度則需要解釋公司如何將價值轉換成獲利。整體而言，商業模式中的價值設計與利潤模式，需要環繞企業的價值主張展開。因此，如何進行價值設計，便是企業非常重要的工作。商業模式的研究學者Zoot和Amit認為，商業模式設計需要包含「設計要素」和「設計主題」兩種參數

（Zoot & Amit, 2007, 2008, 2010），因為價值設計不外乎將營運系統的構成要素統整起來，包含選擇產品與服務的內容、還有企業內容活動的連結與系統性的結構設計、治理制度有關的設計。而設計主題則是價值創造的驅動力，也代表一種目標，包含創造產品與服務的新穎性、鎖定協力廠商客群、互補性資源結合，或能回應顧客與成本的效率結合。簡單來說，由商業模式價值設計的品質，直接影響企業價值創造並攸關經營的成敗。

3.2 電子競技產業價值活動

一、價值鏈觀念

所謂價值鏈，指企業創造有價值的產品或勞務予顧客的一連串「價值創造活動」，向上溯及原料來源的供應商，向下追至產品或勞務的最終購買者，描述顧客價值在每一作業活動累積的情況。麥克‧波特（Porter, 1985）在《競爭優勢》（*Competitive Advantage*）一書中，提出「價值鏈」（Value Chain）的概念，強調價值鏈可幫助企業在產業競爭環境中，利用價值活動提升成本地位，並作為創造差異化的基礎，也是競爭優勢的來源。簡單來說，價值鏈所呈現的總價值，是由各種價值作業活動（Value Activities）和利潤（Margin）所構成，價值活動是一個相互依存的系統，經常需要藉著價值鏈內的各種連結相互聯繫；因此，連結（Linkages）為一項活動的進行方式。連結關係其一形式為價值鏈內部連結，價值活動之間的連結散佈在整個價值鏈內；另一形式為「垂直連結」（Vertical Linkages），與價值鏈內部連結相似，主要為企業、供應商、通路廠商所進行的價值活動，垂直連結將影響企業內價值活動的成本或績效；反映企業活動與供應商、通路價值鏈間的內在依存關係。整體來說，價值作業活動為企業進行各種物質和技術上的具體連結活動，也是企業為顧客創造有價值產品的基礎，目標即在追求利潤的最大化。

另外Porter指出，產業價值鏈為一個龐大的價值體系，企業價值鏈附屬於此體系之下，企業價值鏈活動與供應商、通路與顧客之價值鏈連結，稱之為「價值系統」（Value System）或「產業價值鏈」。因此，產業價值鏈的觀念可指產品在產生價值的過程中，透過不同廠商一連串的價值活動組成，提供企業經營與產品目標的選擇。所以價值活動一方面提供了產品附加價值，一方面也建立對手進入的障礙，是企業競爭優勢的潛在來源。所以競爭優勢的創造與維持，不僅繫於企業

對自身價值鏈的了解，更要了解企業如何因應與配合整個價值系統。因此價值鏈的觀念經常可用於企業內部價值活動的分析，也可以與競爭者各項主要價值活動之比較，更可運用於整個產業競爭分析的層次上。

電子競技產業的成員有不同的價值作業方式與行為，從產業價值鏈與企業價值鏈的層次觀察，不同價值鏈的廠商運作，本節主要可區分為幾個部分，包含：遊戲授權、賽事執行、賽事參與、內容製作、內容傳播、使用端等價值活動，以及政府與民間相關單位，它們參與及監管產業價值活動的設計。（如圖3-3所示）

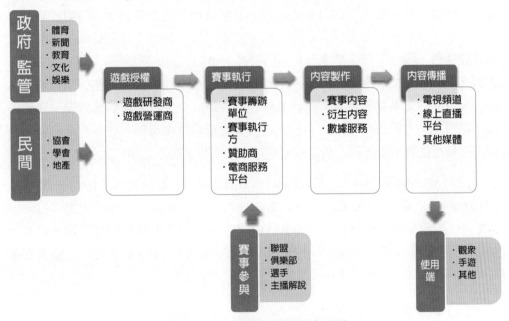

圖3-3　電子競技產業價值活動

資料來源：本研究彙整

二、主要價值活動

(一) 遊戲授權

長期以來，遊戲發行商經常將最重要的遊戲產品，利用電競項目與市場開發，延續產品生命週期。而遊戲開發商與遊戲代理商，通常也以授權方式進行市場的交易設計。這些授權活動包含電競遊戲品牌的代理、周邊商品代理、硬體方面的代理等。遊戲發行商也可能是出版和發行電子遊戲的公司，由遊戲開發商發展而來，電子遊戲發行商負責其產品的製造和市場行銷，包括市場研究和廣告的

各個方面。他們通常投資開發，有時投資給遊戲外部開發人員，有時候投資給內部開發人員。大型電子遊戲發行商還需要分包他們發佈的遊戲，而較小的發行商卻是租用分包方公司來分包他們要發佈的遊戲。按目前一般現況經營，遊戲電競分有設計跟營運兩大部分，設計不外乎就是美術設計、3D建模、劇情企劃等，而營運的部分則分為客服、行銷企劃、翻譯、研發商溝通等較為推廣面的工作，但基本上，遊戲發行商比較偏向營運的部分。

在非韓國地區，電子競技俱樂部之間的賽訓主要圍繞賽會的賽制展開，近十年當中，俱樂部規範選手的需要性與實現利益的共用資源配置，都依賴於聯盟的運作。因此，在2000年至2011年的時間，遊戲發行商的盈利設計遵循傳統聯盟運作的規則，鮮少參與聯盟或賽事的運作。但2011年至2018年這段時期，遊戲發行商意識到電子競技對市場推廣有更大的意義，舉例來說，遊戲發行商Valve體系下的T1，另一個是Riot體系下的S系列賽事，他們都強化參與電競活動，以辦理賽事增加玩家的認知與黏著度，來保證其產品的活躍度與生命週期的延伸期，逐漸形成了絕對控制力，遊戲發行商不再把電競單純視為推廣行為，更多的是希望利用自己的發行優勢，發展核心利益，漸漸進入聯盟賽事體系之中。

目前全球著名的發行商有Activision Blizzard——動視暴雪、EA——藝電、UBISOFT——育碧、2K Games、EPIC GAMES、Nintendo——任天堂（日）、SCE——索尼電腦娛樂（日）、SQUARE-ENIX——史克威爾艾尼克斯（日）、SEGA——世嘉（日）、Nexon（韓）、NC Soft（韓）、大宇（台）、盛大遊戲（中）、網易（中）、完美世界（中）、騰訊（中）。

(二) 賽事執行

1. 聯盟

賽事執行的活動通常仰賴聯盟、俱樂部、選手以及觀眾的參與。聯盟主要是由多個俱樂部構成的組織，傳統體育職業化依賴聯盟，諸如北美四大職業體育聯盟，由NFL（National Football League，美國職業橄欖球大聯盟）、MLB（Major League Baseball，美國職業棒球大聯盟）、NBA（National Basketball Association，美國籃球職業聯賽）和NHL（National Hockey League，國家冰球聯盟）組成。

職業電子競技聯盟（Cyberathlete Professional League, CPL），創立於1997年。CPL的比賽在美國、亞洲和歐洲都有出現，目前主要的聯盟機構包含有台灣電子競技聯盟（TESL），於2008年1月成立，籌辦電競聯賽先驅，並將電競比賽搬至電視播放。而韓國職業電子競技協會（Korea eSports Association,

KeSPA）、日本電子競技聯盟（JESU）、歐洲著名電子競技組織──電子競技聯盟（Electronic Sports League, ESL）、中國電子競技俱樂部聯盟（Association of China E-sports, ACE）。

過去無論各種賽事，諸如LSPL、LPL、全球總決賽等，都需要電競聯盟的運作。而電子競技世界盃（ESWC）的賽事起源於法國，早期它與CPL和WCG並稱當今世界三大電子競技賽事。然而，當今現況是各種聯盟導向校園的高校聯賽、校際精英賽，面向大眾的城市爭霸賽，以及更多高校和民間的自發賽事，構成整個賽事體系根基。以中國為例，目前《英雄聯盟》呈現成熟且完整的聯盟賽事體系，諸如LPL、LDL聯賽等皆是以聯盟的方式進行賽事操作，同時連結至S系列的世界總決賽、季中冠軍賽、洲際賽等國際大賽。

2. 俱樂部

俱樂部可以是一個集多功能於一體的遊戲行銷機構，擁有職業的專業玩家隊伍，能夠舉辦電子競技賽事，營運自己的影音轉播服務，提供玩家有趣的服務以及經營瑣碎的商業專案。

北歐泰坦的SK-GAMING俱樂部曾是歐洲最成功、最老牌且最知名的俱樂部，成立於1997年，同期傳奇俱樂部4Kings。而歐洲的俱樂部大多起源於CS時期，最具代表性的還屬Fnatic和SK了。他們生存的時間更長，從CS戰隊開始，擁有War3分部一直到現在的LOL和DOTA2分部。然而韓國的俱樂部大部分都是SC時代的產物，分成體制內和體制外的俱樂部。體制內的俱樂部指的是KeSPA旗下的幾家俱樂部，俱樂部名字就是大家耳熟能詳的幾家韓國大企業，三星、KT、CJ、SKT等等。在CS期間，中國的俱樂部層出不窮，其中最具代表性的還是WNV。另外，中國電競歷史上，WNV是一支商業化程度極高的俱樂部。到了War3時代，WE是當時最成功的War3俱樂部，培養了SKY、INFI等世界冠軍。DOTA時代最成功的是EHOME，之外，LGD也是知名的俱樂部之一。

俱樂部經營範圍與規模，視俱樂部具體的營運策略而定，每家俱樂部之間的內部結構差異頗大。整體而言，一家電子競技俱樂部按職能大致可以分為賽訓、業務和行政三個部門。賽訓部門是最基礎的部門，通常被稱為戰隊。能參加比賽的正式隊員是一支戰隊的核心，圍繞這些隊員，俱樂部會相應配置不同功能的人員，主要包括：領隊、教練、替補隊員、資料／錄影分析師等。俱樂部可能會根據選手個人特點與需求，配備相應的專業人員，例如：心理輔導師、營養師，或者針對外援設置翻譯、語言教師等。在實際營運中，各俱樂部之間，甚至同一俱

樂部同一項目的不同戰隊之間，人員配備都是存在差異性的。整體來說，規模較高的俱樂部、等級較高的戰隊，需要的專業人員及配備會相對齊全完善一些。

業務部門負責俱樂部的營運，專業業務部門的產生是草根戰隊發展為成熟電子競技俱樂部的標誌。俱樂部營運業務主要包括戰隊業務、媒體業務、商業業務三個方面，戰隊業務與戰隊直接掛鉤，包括項目分部的組建，戰隊的組建與解散，選手合同的簽約、續約與解約，不同俱樂部之間選手轉會事宜的洽談與操作等。簡單地說，就是決定是否要在某專案上設立分部，每個項目要組幾個隊，各個隊伍需要招募哪些隊員，預期目標與成績是什麼，並進行具體操作。這是一份決策權重很高的工作，所以一般由俱樂部管理層負責，但具體職位是總經理、營運長，還是專案經理、戰隊經理，視俱樂部設置。

媒體業務即對外宣傳推廣俱樂部形象，最基礎也是最重要的內容就是俱樂部即時動態與資訊的發佈，例如：賽事資訊、隊伍與人員調整、俱樂部官方公告與聲明等，隨後是粉絲喜聞樂見的俱樂部內部花絮、選手日常生活等周邊內容，例如：人物專訪、官方海報、集錦動圖與影片、選手表情包、花絮秒拍等等。在此基礎上，部分俱樂部還會製作一些電子競技、遊戲或體育等相關內容。

俱樂部通常需要商業業務活動，包括贊助事宜的洽談，如直播平台的贊助與直播合約的簽訂、代言與廣告等商務合作事宜的洽談，如粉絲見面會的策劃與組織，這些職能一般由專門的營運長或商務經理負責。另外，有些俱樂部會售賣俱樂部周邊產品，比如官方隊服、戰隊定制款外設或其他簽名周邊等，涉及產品的設計與整個售賣流程，諸如在電商上的營運。

3. 選手

傳統的體育選手都是在賽事賽場的成績之下進行競賽，電競選手與傳統體育選手的規則存在不同的差異，導致有不同的收入機制，但共同特徵都是遵循匯聚觀賞流量，所以目前國、內外電競選手的收入基礎，是一種選手參與「體育+娛樂」的設計活動，選手必須吸引觀賞端強大的注意力，藉由產生不同個人特質的價值，吸引轉播、吸引粉絲觀眾的參與。因此透過賽事贏得比賽創造知名度，便是選手的重要目標之一。

4. 使用端

觀察趨勢而言，目前電競已衍生為一種青年文化形態，包含新型職業、商業包裝、粉絲經濟等諸多維度，有關歡樂、內在補償、人際關係等的價值活動。使

用端的價值取向以滿足個人娛樂性、社交性為主，但在亞洲地區甚至有個人英雄主義的認同，產生追星的行為。而歐美參與電競的消費行為，不同於亞洲地區，較多滿足個人體育文化性及生活興趣的精神認同，並重視賽事現場及過程的感受度。綜合來說，使用端推播了文化、娛樂、競賽的價值擴散。

(三) 內容製作與轉播

電競直播平台對遊戲比賽進行直播，和原有電視直播賽事的形式相同，具有即時性的特點。直播的形式與各垂直領域都有結合，在新聞、影片、電商、社交領域應用最廣，而體育、教育培訓、即時監控等也有很大的空間。網路直播是近年來隨著線上影音平台的興起，是一種在網路上公開播出即時影像的娛樂形式，參與網路直播的人一般稱之為直播主、主播或實況主。隨著寬頻網路日趨普及，電腦運算能力增加，原本只有電子媒體和企業才可進行的直播，目前已擴展到一般網路使用者和家庭。網路直播現今最常應用於轉播遊戲內容，諸如一般實況主經常利用Twitch直播平台轉播遊戲過程、生活瑣事與商業活動，並與觀眾即時互動。

目前台灣的知名平台有17直播，中國著名的有愛奇藝、騰訊視頻、鬥魚、虎牙、YY、映客。美國遊戲直播平台Twitch、英國live.ly、Twitter的periscope、Facebook，以及直播鼻祖Meerka。另外，經由電視轉播體育競賽，例如：ESPN（Entertainment Sports Programming Network，娛樂與體育節目電視網），一間24小時專門播放體育節目的美國有線電視聯播網，是美國最早的電競傳播主要媒體。2015年起，大量與遊戲發行商合作，從事直播與廣告業大量連結。

以電競賽事直播起家的遊戲直播及轉播平台，目前正逐步從單一的電競明星秀場，發展為更加多元化的遊戲內容和主播展示平台。遊戲直播平台作為遊戲的延伸，成為更多玩家聚集，與主播互動的網路場所，而且不僅限於電競遊戲用戶，還包括大量手遊使用者，使用者規模持續增長。所以遊戲直播平台是新興的流量入口和內容分發平台，也是電競內容和遊戲內容最佳的新興傳播管道。

三、價值設計

電競交易是具有多樣性的商業活動，但整體而言，是來自「遊戲+電競」為主的產業供應鏈成員，構成一種互為依存的產製網路。產製網路就像是提供零組件及產品服務等各部分企業所組成的網路（鐘瑞憲，2012）。它們呈現上下游供應關係，上下游的企業為一種產製關係，同一層級的供應方式也為一種產製關係。目前電子競技產業衍生的商品，是架構在遊戲硬體、軟體、周邊、內容服務

等多項產製活動內，也就是當電競產品涉及一項完整的商品與服務時，需要經由價值鏈生產眾多的零件組成，其中遊戲內容、活動賽事、賽事製作以及轉播都視為產製網路的零件。無論如何，維繫產製關係需要依賴每個成員的價值達到交換、交易的目的。而每個成員的活動與創造，依賴一套價值設計與利益交換的方式。因此，產業內成員進行商業模式價值設計的管理是必要的。

電子競技產業是需要環繞在有利的產業資源條件下進行發展，產業內成員如何進行價值設計、如何掌握生產要素的創造，對成員進行商業模式設計是非常重要的。整體來說，電競產業活動的範疇，分別來自電子遊戲、文化、娛樂、體育這四種價值活動的內容，目前電競成員的價值設計方案也多數環繞這四種行業進行商業設計。簡單來說，這四種行業的產製網路（產品、服務等），對電競商品的開發設計具有擴散性與外溢性。其特徵如表3-2所示。

(一) 電競文化活動

聯合國科教文組織的定義，文化產業指按照工業標準生產、再生產、儲存以及分配文化產品和文化服務的一系列活動，西方「文化產業」概念通常包括：大眾文化或流行藝術，如流行音樂、商業設計、電視劇、大眾傳播媒介、文化藝術生產等，可按照一般商品生產模式來生產的產業模式，與其他產業一樣，按資本運行邏輯生產，追求利潤最大化和資本增值。電競產業的經濟活動現象亦移轉成文化活動。當前電競已衍生為一種青年文化形態，包含新型職業、商業包裝、粉絲經濟等諸多文化現象，亞運比賽項目中，電子競技被列入示範項目之一，透過電競比賽，產出電競遊戲內容的戰略，是一種文化角度的呈現，有別於傳統文化內容的創造方式。

(二) 電競娛樂活動

娛樂是一項能吸引受眾的注意並讓受眾感到愉悅與滿足的活動。它既可以是一個想法，也可以是一項任務。現已發展出專業性，如職業性體育運動。娛樂的常見形式可以跨越不同媒體，透過創意融合展現出無限潛能。眾多娛樂主題、形象和結構可以保持一致性和持久性。目前「電競」的眼光是電玩遊戲的一部分，觀眾群擴大，成為娛樂項目，本身存在許多娛樂方式的特徵，如心理性的觀賞、刺激等。而電競的本質具有來自遊戲娛樂強大的消費特點，所以電競活動有強烈的娛樂特徵，包含滿足個人情緒性、生活興趣或探險的狀態、並且有競賽的刺激效果，這些因素都是電競娛樂的動機效果。

表3-2　電子競技四種價值設計的活動來源

文化內容	個人計算機、工作站、網路
	電視
	多媒體系統建構
	數位影像處理、影像訊號發送
	文學
	錄影軟體
	音樂錄製
	書籍雜誌
娛樂內容	體育賽事
	電影
	藝術
	舞蹈
	冒險遊戲
	網路遊戲
	歌唱競賽
體育內容	游泳
	田徑
	電競
	棒球
	體操
	舉重
遊戲內容	尋寶
	音樂
	戰手
	學習
	社交
	比賽

資料來源：本研究彙整

(三) 電競體育活動

體育（Physical Education, PE）是促進參與者在身體活動的過程中獲得身心全

面發展的活動。體育也有競賽的精神要素，競賽是由一群相關競爭者參與的比賽項目。因此競賽特徵上具有勝負原則，汰弱留強，重視智慧、智商與記憶力。體育競賽活動包括多種，諸如水上運動、體操、單人或雙人運動、團體運動、律動和舞蹈等多種。當前電競體育化為全球趨勢潮流，在定義上電子競技（eSports）是採用電子遊戲來比賽的體育項目。隨著遊戲對經濟和社會的影響力不斷壯大，電子競技正式成為運動競技的一種，利用電子遊戲比賽達到競技層面的體育化活動，已蔚為風潮。所以電競體育化、職業化，已成為每個國家重要推動的新政策。

(四) 電競遊戲活動

電子遊戲或稱為電玩遊戲，簡稱電玩（video game）是指所依託於電子媒體平台而運行的交互遊戲。電子遊戲按照遊戲的載體劃分，可分為街機遊戲、掌機遊戲、電視遊戲，或稱家用機遊戲、電腦遊戲和手機遊戲，是指人透過電子設備（如電腦、遊戲機及手機等）進行的遊戲。西方遊戲往往將電子遊戲（Electronic games）細分為影像遊戲（Video game）和聽覺遊戲（Audio game）。綜合來說，電子遊戲為一種互動娛樂，涉及電子遊戲的開發、市場行銷和銷售的經濟領域，包含了幾十種職業，其運作類似其他娛樂產業，如音樂產業。

從宏觀的產業生態發展而言，電子競技行業是被包含在遊戲、體育、娛樂、文化產業鏈架構所演化而來的新形態市場，目前加入電競行業內的成員高度依靠以上四種行業的運作基礎。諸如產業鏈的經營主軸是在遊戲賽事架構下進行的，包括有賽事、選手、企業戰隊、廣告贊助商、設備、影音平台等商業型態。以上這些成員，都分別在此四種產業情境中，進行不同電競市場的商業設計。當前典型的商業模式價值設計是建立在文化娛樂的產業活動，並以體育競賽的推廣方式，進行活動設計。成員透過網路媒體市場、網路影片、網路廣告等領域高速發展，融合先進技術，娛樂和媒體並行設計，從而在各種電競項目的產品內容或服務，進行消費需求與供給交換，滲透到娛樂滿足的層面。簡單的說，電競產業內成員根據這四種行業模組的價值活動，進行商業設計，並以「賽事內容+商品」進行創造；另外，成員也著重生產要素的轉換機制，即是「賽事內容+商品」的再加工與創造的設計。（如圖3-4所示）

由於，電子競技新形態商業模式，是建立在相對於網際網路技術體制下的基礎，因此遊戲電競開發的規則運作，所構成的商業活動，從供應、生產、配銷、使用者，如遊戲生產營運商環節、電競賽事營運商環節、電競傳媒商環節、使用者環節等，所有過程幾乎綑綁在網際網路的架構下運作。所以參與電競價值活動

成員，實現不同的產品與服務滿足交換、交易需求與利潤，非常依賴網際網路技術的基礎。因此，商業價值設計的方法都以網際網路、內容兩種方式呈現，如圖3-5所示。這種設計制度與治理方式是電子競技商業模式的重要特徵。

圖3-4　電競產業的價值要素的來源

圖3-5　電競產業的價值設計

　　綜合來說，電子競技即是以「內容」作為產出價值要素的經營活動。環繞在內容等於資源的條件下，成員的盈利行為是採取對文化、娛樂、遊戲、體育資源內容的素材，充分利用與創造，並進行直接或間接的變現設計。當前就遊戲競賽的電競項目而言，從文學領域獲取設計來源是一個重要的方向。以當前網路文學作品為例，它的創造一直是影視題材、遊戲題材的重要來源，也是跨界互動娛樂化運作的源頭以及IP生態的核心。因為網路文學具有易改編的特性，且改編後的作品也更易為原有核心用戶支持，形成粉絲經濟效應。在2015年，中國手機遊戲題材的主要來源包含影視、文學、家機或PC遊戲、動漫、綜藝等，其中有23.1%來源於影視作品，19.9%為文學作品，如圖3-6所示。遊戲開發商對價值要素的設計充分將不同產業的資源，進行生產共用、市場共用的連結，不但具備資源互補性，也擴大產業經濟的影響範疇。

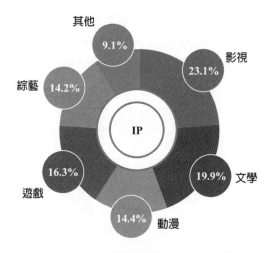

圖3-6　2015年手機遊戲典型IP類型構成

資料來源：i黑馬網，http://www.iheima.com/zixun/2017/0301/161582.shtml

四、價值設計主題

　　電子競技產業在商業模式中如何定義價值設計的「主題」是非常重要的觀念，因為設計主題與盈利設計是需要創造績效的關聯。然而，電子競技商業型態本質上是「電子遊戲」＋「體育競賽」，為刺激使用端的消費行為，通常依靠文化及娛樂作為管道，如體育賽事主題是通過門票收入；娛樂主題是透過觀賞收入、互動收入；文化主題則透過書籍、收藏品收入。簡單來說，電競商業是經常組合不同的產業內容、遊戲內容、賽事內容，及衍生內容進行設計的策略活動。諸如網路遊戲電競化直播推進市場，行業圍繞明星選手、遊戲主播、賽事活動等設計組合。

　　電競直播平台是一種典型的設計主題，透過賽事主題活動，將賽事內容進行直播活動，並達到第二次內容的轉換並創造價值，賽事直播內容主題，衍生粉絲主題，不斷拓寬內容變現的管道，成員之間不斷追求規模經濟與範疇經濟來維持生存。所以遊戲發行商以及賽事聯盟成員，經常利用重要的電競賽事項目，透過給直播平台商內容製作、轉播授權，將內容版權的收入規模持續放大。

　　賽事主題設計是持續刺激市場與使用端參與的重要方式。目前以不同的電競賽事為設計主題，包含《英雄聯盟》、《絕對武力》、《鐵拳》等聯賽，經常利用賽事活動的主題綁綁多元化內容商品，而直播平台活動多數藉由這些賽事內容的再製轉換，包裝選手、俱樂部成員，擴大實現消費端的參與。這些商業設計顯

示出成員從不同的競賽項目爲主題，採取低的轉換成本並加以吸引第三方消費市場，整體來說，這個行業成員充分採取賽事內容發展活動的衍生系統、低素材成本，以及創造新穎性的設計邏輯。

　　遊戲與電競賽事的市場持續演化，遊戲內容來源的設計要素，圍繞不同的文學、社交、娛樂、競賽，整體上擴大了電競內容設計的格局，而電競又與賽事內容息息相關，因此創造出賽事相關的內容，包含觀賞、故事、互動、角色等內容設計，並衍生內容再製，諸如版權、IP、直播、電競場館。綜合來說，電子競技產業的價值設計主題包含產業、遊戲、賽事、衍生等策略方向，產業成員依此進行業務系統設計與盈利設計。如圖3-7所示。

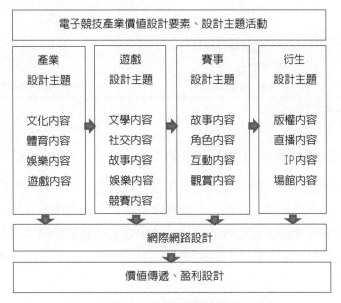

圖3-7　電子競技產業價值設計活動

資料來源：楊明宗（2018）

3.3 電競產業盈利模式設計

　　盈利模式就是企業賺錢的管道，盈利是按照利益相關者劃分的企業收入結構、成本結構以及相應目標利潤，在業務系統中，滿足各價值鏈所有權的成員，進行利益相關者之間利益分配格局的表現。企業能否進行盈利，宏觀來看，受產業市場外部結構環境的影響非常重大，其次，受產業內供應鏈體成員之間的交易

成本限制，也受成員之間的交易機制影響；微觀來看，也攸關個別企業商業模式的盈利設計是否有獨特性。綜合來說，一般的盈利模式有很多不同的設計概念，如表3-3所示。

表3-3　一般盈利模式

盈利模式	舉例	收入來源
廣告	Google.com	透過提供廣告來收取費用
訂閱	WSJ.com Consumerreports.org Sportsline.com	透過提供資訊內容和服務來獲取訂閱者的費用
交易費	eBay.com E-Trade.com Amazon.com	透過授權交易或進行交易收取費用（佣金）
銷售	Amazon.com DoubleClick.net	銷售產品、資訊或服務
會員制	MyPoints.com	透過業務推薦收取費用

資料來源：本研究彙整

一、網際網路的盈利設計特徵

網際網路價值活動的商業系統是架構在網際網路技術平台中，將產品、內容或服務等，進行商業設計。因此，網際網路經常是內容的傳遞載體，可用來將產品、服務與內容等商品，進行傳遞價值以及為需求端獲取價值。目前利用網際網路盈利設計的現象，綜合來說，盈利模式有以下不同的方法，如表3-4所示。

表3-4　網際網路一般盈利設計(一)

廣告	盈利設計
網頁廣告	網頁廣告是一種主流的廣告形式，在流量巨大的網站掛個廣告，透過展現廣告內容來收費，網頁廣告的模式有很多種，可按照展示、點擊等形式收費。網頁廣告按照廣告的來源，可分為自營廣告、廣告聯盟兩種模式，其中，自營廣告網站向廣告主收取費用並展示廣告。廣告聯盟則是由網站銷售給廣告聯盟一個地址，由廣告聯盟決定播放廣告內容。
搜尋廣告	搜尋廣告的代表產品是Google搜尋以及百度搜尋。搜尋廣告可以根據使用者的搜尋關鍵字來精準化展示用戶更感興趣的廣告。搜尋廣告的主要形式是競價廣告，廣告主透過購買關鍵字的方式，當使用者搜尋該關鍵字的時候，優先展示廣告主投放的廣告，之後並可搜尋結果。

廣告	盈利設計
影音廣告	影音廣告常見於各大影音網站，強制播放以影音形式的廣告。影音廣告相對於圖片或者文字形式的廣告，展示效果更佳。
增值服務	對免費使用者提供基本功能，能夠完成產品的全流程體驗。增值服務的主要形式有：會員、遊戲道具、虛擬貨幣及虛擬物品。而「免費」是網際網路的核心精神，透過免費模式積聚使用者，形成生態環境，這是網際網路行業相對於傳統行業的差異。
傭金	一般指平台型產品根據入駐商家現金流比例收取的費用。模式常見於電商平台、團購平台以及遊戲、應用分發市場。例如：天貓商城、美團、App Store等。
銷售	銷售實物商品和網路產品，實際上只是把店鋪搬到了網站，透過售賣商品盈利。
付費學習	透過網路進行課程內容的學習形式，互動的網際網路教學的方式。

資料來源：本研究彙整

另外，網際網路盈利方式還包含使用者服務一般付費，平台型業者盈利，用戶、廣告主、協力廠商業者之間付費，這些都是典型的盈利方式。如表3-5所示。

表3-5　網際網路一般盈利設計(二)

盈利方式	盈利設計	說明
使用者服務一般付費交易	付費內容／服務	App store中的付費應用，閱讀軟體中的付費電子書，影音網站中的付費視頻。
	免費內容／服務	免費影音，基礎社交功能，分類資訊服務等。
	交易服務	如電商平台、團購、O2O服務等。
平台型業者交易（廣告主、協力廠商商家／開發者等產業鏈合作者，如應用商店連接的協力廠商開發者，O2O產品連接的協力廠商商家／服務者）	廣告服務	基礎的廣告投放，廣告監測和區隔行銷等高級服務。
	產業鏈合作支援服務	團購網站對商家開網路商店的培養和支援服務，Google對智慧硬體企業的雲端服務、開放API服務，華碩對智慧硬體的產業鏈支援服務。
使用者、廣告主、協力廠商業者交易	針對產品／服務收費	通常基礎內容和服務免費，而增值內容收費。增值內容收費形式，例如：使用者直接購買內容（購買App、視頻等），使用者購買會員服務，享受更多許可權等。
	針對發行／廣告收費	發行包括視頻發行、應用發行、點評網站中的商家發行等類型。收費物件是廣告主和協力廠商／開發者。
	收取交易傭金	電商以及O2O網站針對交易提成。
	針對廣告服務收費	廣告服務指的是廣告監測挖掘、區隔行銷等增值服務。

盈利方式	盈利設計	說明
使用者、廣告主、協力廠商業者交易	產業鏈支援服務收費	適合複雜的平台類產品。例如：應用寶對手遊產業鏈的支援，宏碁產品對智慧硬體產業鏈的支援。
	營運商分成	網際網路公司和營運商達成協議，對簡訊、流量費用分成。

資料來源：本研究彙整

二、電子競技主要利害關係人的盈利特徵

因為網路具有開放的特性，這種特性會影響特定產製網路成員的利潤來源與分配。其中電競行業的產製網路結構，如圖3-8所示，主要包括硬體周邊商、遊戲發行商、電競聯盟、電競俱樂部、電競直播平台、選手及觀眾等。

電子競技是以「內容」作為產出價值要素的經營活動其中每一個成員，主要都以內容輸出的方式進行變現盈利，在「內容=資源」的條件下，產業生態的成員，對價值素材充分利用與創造，進行直接或間接的變現行為。產業內的廠商有不同形態的價值活動範圍，不同價值鏈的成員其盈利設計也不盡相同。概括上，包含遊戲授權的價值活動：硬體周邊商、遊戲發行商；賽事執行價值活動：電競聯盟、電競俱樂部、選手、觀眾；內容製作與轉播價值活動：內容、數據服務商、電競直播平台、電視頻道商、其他媒體商。

(一) 硬體周邊遊戲商

目前硬體周邊的遊戲商主要以出售商品資產，藉由銷售一個實體的產品所有權得到收益。另外也有使用授權，這項營收型態是透過授權顧客使用受保護的智慧財產權，使權利擁有者從其財產獲得收益。電子競技的快速發展帶動了硬體周邊產品的發展，不僅是滑鼠、鍵盤、滑鼠墊、耳機，而今的電競周邊產品已呈現出多種類型，周邊產製網路的現象逐漸擴大，電腦遊戲從獨立機台、電視遊樂器，發展到掌上機、桌機，直到現在的手遊，與先進的AR/VR遊戲，遊戲電競產業一直在進化。

電競產業相關硬體企業有品牌商微星、宏碁、華碩及周邊品牌，相關零組件有晶圓代工廠台積電，散熱模組企業雙鴻、超眾、動力-KY、建準；另包括主機板技嘉、顯示卡的撼訊、鍵盤的群光、電源相關的台達電、群電。另外，以電競為產品線設計的相關硬體出現多樣化，如電競顯示器、電競椅、電競眼鏡、電競包、電競服裝、電競主機、電競硬體等產品。

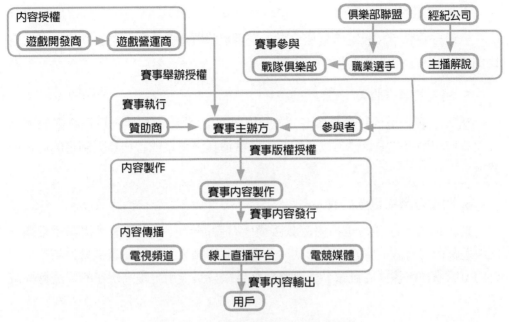

圖3-8　電子競技產業的網路組織

資料來源：本研究彙整

(二) 遊戲發行商

　　根據開發者的職能，發行商可決定授予許可和相關報酬，通常包括遊戲所涉及的：當地語系化；排版、印刷、用戶手冊的編寫；產品的平面設計，如包裝盒設計，這些都是一種代理業務。過去多數遊戲研發商還是以依賴發行商的方式省去最直接的成本，而其代價就是被抽取佣金。諸如中國的網遊營運商是獲得網路遊戲代理權，並開設伺服器供玩家遊玩而從中盈利。具體來說，這類的成員有以下幾種方式的盈利設計：

1. 合作分成

　　與電信部門合作，將遊戲服務費與電信的網際網路上網費捆綁在一起，與電信達成上網費分成協定。

2. 會員收入

　　收費用戶透過支付一定的會費，可以獲得營運商提供的特定增值服務。

3. 增值服務

　　用綑綁銷售商品的增值服務，可設計為主要的盈利模式。

4. 計費卡收入

一般分為點卡和包時卡兩種。點卡是玩家購買遊戲點數，然後將點數按一定比例轉換成線上遊戲時間來進行消費。

5. 植入式廣告收入

植入式廣告是依託遊戲本身娛樂性帶來的黏性和互動性，可結合遊戲產品文化背景和內容的獨特性，以及相應的遊戲道具、場景或者任務而制定的廣告形式。

6. 開發遊戲周邊產品收入

遊戲周邊產品通常是指由遊戲版權所有者開發的，或者透過相關授權開發之與遊戲內容有關的實物表現形式。周邊產品的開發不但能為遊戲營運商帶來額外的市場價值，還能對玩家參與網路遊戲帶來成長作用，提高玩家的經濟轉換成本。

(三) 電競聯盟

職業聯盟在體育產業中是非常重要的一環，聯盟包含上游廠商、俱樂部、流量埠、經紀公司等行業主體，這種結構決定聯盟可以從內容生產到內容變現的全部範疇。當前電競行業變現高度依賴粉絲經濟，從直播平台賺取收入，以及衍生品收入。另外贊助商的投入也是聯盟不可忽略的收入。

電競聯盟作為俱樂部的集合體，是利益共同體的進化。電競聯盟會考慮俱樂部的整體需求，對外提供平均價格，再按各戰隊與選手的人氣進行調整，聯盟的收入可以部分保留，透過再分配來平衡俱樂部成員。聯盟扣除營運以及其他需求後分配給行業主體。所以聯盟存在的經營目標，便是盡可能透過收益的分配，縮小俱樂部之間的差異。

(四) 電競俱樂部

傳統的體育中，俱樂部具有相對成熟的職業化體制，除了選手本身職業化，俱樂部的自主盈利也發揮很大作用，戰隊可透過自己的商業運作，出售本地轉播權和銷售周邊商品。俱樂部的營運管理多數以粉絲與賽訓推動為中心。另外，成功的聯盟都會將整體利益轉播權銷售、商業贊助的收入按照一定比例分配給聯盟的俱樂部。近年來粉絲經濟作為電競直播平台的主要收入，進而成為俱樂部收入，現已成為盈利設計的重要方式。

(五) 電競直播平台

電競聯盟經常以直播平台為合作對象，直播平台需要向聯盟支付版權費，但通常費用是低於市場價，聯盟也會根據不同直播平台提供不同的直、轉播支援。由於俱樂部的自主營利，以賽事、選手的素材為主，所以直播平台以俱樂部提供的內容，包含選手、主播，作為產品與服務的輸出，與使用端互動獲得贊助收入，再進行利益分配。

直播平台的盈利設計亦可透過行銷、互動式贊助廣告、虛擬商品銷售等方式實現收入。電競直播行業的變現方式以虛擬道具購買為主，在遊戲聯運、廣告及會員訂閱的帶動下，電競直播市場規模迅速增長。如2015年末開始，大量社交網站涉入電競直播題材，Facebook開放線上直播功能，初期使用者可從行動裝置（智慧手機、平板電腦）直接進行實況轉播，後期可以於電腦上進行轉播。因此近年來亞洲地區開始流行各種直播軟體，使用行動裝置錄影與直播，專業的電競直播平台也大量出現，其商業設計都強調用戶與主播之間的互動，延續影音網站一般的商業路徑，創造主播打賞抽成的盈利模式。

(六) 選手

電競選手與傳統體育選手職業化的規則存在差異性，具備不同的收入機制，但都是遵循匯聚觀賞流量來變現的邏輯進行收入活動。傳統的體育選手以賽事成績為基礎，並在聯盟收入分配的運作上，受到工資帽（Salary Cap，薪資上限，指每支球隊每個賽季可用於支付球員薪資的總和）的限制。目前國內外電競選手的收入基礎，大多屬於「體育+娛樂」的設計活動，選手必須吸引觀賞端強大的注意力，藉由不同個人特質的價值，吸引轉播，產生內容的變現。將「成績+媒體」的操作轉換成「工資+獎金+平台分成」的收入機制，充分使用粉絲經濟的運作邏輯。

亞洲國家電競選手，目前收入主要來源是俱樂部薪水、比賽獎金、直播平台分紅及代言，同時各大直播平台每年都與眾多電競戰隊簽約，定期將比賽放置直播平台，邀請選手擔任賽評。

(七) 觀眾

作為電子競技的觀賞端、用戶端，是生態池中重要的資源來源地，透過付費活動交換的顧客價值即為一種收入，這是一種非理性支出所換取的精神層次滿足價值。簡單來說，即是綜合文化、娛樂、體育、遊戲的享樂價值。

3.4 模式創新與商業設計

一、商業模式創新與觀點

商業模式的界定存在許多不同的觀點，但基本意義是一種企業的商業經營思維。所以廣泛地說，商業經營的構成有兩個重點，首先需要思考進行哪種治理？其次需要進行哪種經營機制與手段？但由於企業的商業模式行為，構成特徵具有不確定性與複雜性。因此，什麼是一個商業模式創新的定義？什麼是實際操作的設計思維？關於這種問題，學術界和產業界普遍存在差異性觀點。

商業模式創新在研究學者中有不同的觀點及定義，最初由策略管理（Zoot & Amit, 2001; Hamel,1998; Kim & Mauborgne, 1999a; Markides, 2006; Teece, 2010）與產業經濟學（Chesbrough & Rosenbloom, 2002; Christensen C.M., et al., 2002）提出，爾後，行銷學、商業模式本身也有所關注（Aspara, 2010; Eisenmann T.,et al., 2006）。因此，在這些研究指出的商業模式創新，從不同的研究觀點出發，就有不同的特徵。

另外，過去「創新」一詞是技術創新管理的核心議題，因此技術創新研究的學者都從創新的角度來理解商業模式創新的概念，如「開放式創新」認為企業需要建構相匹配的核心技術商業模式，從技術的角度建立一個企業內部能聯繫經濟價值的過程，然後產生利益。因此，商業模式創新，解決的是技術商品化的問題，而非技術角度的創新邏輯（Chesbrough, 2006）。

策略觀點是以「變革」為核心議題，他們關注打破遊戲規則（Markides, 2006），或是採取一種戰略性創新，顛覆產業規則和改變競爭的本質，對商業模式經常根本性的重構。因此，策略必須為商業模式的設計帶來價值，而策略學者新的商業模式概念，是認為企業經由打破規則的策略創新來改變市場占有率，並且認為「策略創新」（Strategic Innovation），就是企業重新概念化事業的定義，改變產業的競爭的法則（Markides, 1999）。本質上是透過打破產業遊戲規則與改變產業競爭生態，重新概念化其事業模式並改變現有市場，為顧客達到卓越的價值創造（Schlegelmilch., et al., 2003）。

行銷學觀點是從「驅動市場」的導向來界定，認為是一種重構市場結構、闡明顧客潛在需求的創造，創造顧客價值獨特的商業系統、開發通路，從顧客端改變遊戲規則的創新（Aspara, 2010）。另一方面，顧客重新細分區隔也是一種商業

模式創新的前端，從顧客的角度，探討雙邊市場的價值鏈形式，突破傳統單邊市場的思考。雙邊市場中企業經常需要面對兩類截然不同的顧客（Eisenmann T., et al., 2006），如同Google的搜尋服務面臨使用者與廣告戶，兩邊皆出現收入與成本。從行銷學觀點，揭示企業在挖掘顧客需求上的主動性，並強調雙邊市場成為商業模式創新的典範。

另外，從商業模式本身的結構邏輯改變，也是一種商業模式創新（王雪冬，董大海，2013）。包含收入模式的創新（Afuah, 2003）、營運系統的結構創新（Zott & Amit, 2010）、價值創造的系統（Osterwalder, 2005, 2015）、角色模型（Baden-Fuller 1995; Baden-Fuller & Morgan, 2010），這些學者認為商業模式創新需對價值主張、目標顧客、提供的產品與服務、資源、收入模式、成本結構、規則，進行價值創造邏輯化的設計（Johnson, 2008; Osterwalder, 2015）。綜合這些學者對於商業模式創新的概念與傳統創新的差異有明顯不同。

商業創新的系統需要產生新的運作方式、新的設計思維、新的價值設計目標與行動。因此在觀念上，企業需要策略目標與行動引導運作規則，並建立商業模式的運作系統，將價值從概念化轉為具體的利益交換。所以價值設計的思維，如何應用在商業模式創新設計的概念，以進行電競行業的商業設計，是本章探討的重點。整體而言，商業模式創新的價值設計可透過四種方式進行。包含：(1)市場與顧客的界定；(2)活動、途徑設計；(3)資源、夥伴；(4)策略創新。透過利害關係人、活動、途徑、策略、推動資源、利益分配，達到生態價值共同成長的模式。根據以上這種設計概念，可用於推動未來電子競技商業創新設計思維的參考。

市場與顧客的界定是創新設計的首要工作。探索市場並塑造顧客價值主張的步驟是探索商業模式創新的前期工作與最佳機會，企業創造商品與服務需要驅動顧客的交易互動性，所以商業交易需要滿足與自己定位相符的顧客群。由於商業形態中有不同類型的顧客定義，傳統的競爭強調從公司內部的創新以形成優勢，但創新的商業思維則強調利用市場顧客開發機會，然後真正滿足需要的定位顧客並解決需求。所以商業模式創新的目的即要參考市場外部顧客與公司內部條件，進行價值主張與顧客認知價值的匹配。也就是說，市場與顧客的界定設計它是對應於公司內部探索能力與資源開發的一種思維。

活動、途徑設計對於價值設計是一個重要元素。執行的設計商業模式時要考慮的活動，包含：哪些資源、資產、技術和能力、由誰提供、活動的順序如何決定、是誰負責哪些活動，以及誰提供執行活動中所需的資產與能力、收益流、定

價、付款機制如何串聯，需要透過活動、途徑的設計根本性重構，提升價值，作為創造差異化的基礎，競爭優勢的來源。

　　資源、夥伴的系統可以讓企業超越區域內競爭對手並擴展範圍，使企業與顧客、夥伴及供應商之間的關係成為網路資源夥伴，讓企業有能力創造價值並同時分享價值利益。所以企業在特定行業中，為了創造卓越的顧客價值，會將自己推到獲取價值最有利的位置上，運用資源執行活動。企業或組織必須有能力識別差異化、稀有或難以被仿效的資源，唯有如此，才能厚植競爭實力並建構難以取代的商業模式。因此，利用資源、夥伴的設計，進行價值創造的活動也是重要的設計思維。

　　策略創新的設計思維，是成為現代經濟結構勝利者之關鍵點。如何打造策略，藉由商業模式設計進行成長，不只是憑藉傳統低成本與差異化策略與他人競爭，而是兼顧顧客、公司、生態系統的標準，追求共創價值的經濟原則，妥善利用策略創新帶來的機會與市場。綜合來說，改變商業模式的價值設計可強調在三個設計概念上。如圖3-9所示。

- 以顧客為主體創造新的認知價值，構思企業新商業模式的能力。
- 公司內部價值鏈、財物及策略方面，必須為公司價值帶來盈利。
- 價值設計必須以生態系統與供應商、合作夥伴和利益關係者，共創價值。

圖3-9　商業模式的共創價值策略創新概念

二、商業設計思維

到底商業模式創新思維是什麼涵義呢？如何落實新的商業設計？馬克・史努卡斯、派克・李、麥特・莫拉斯基（Marc Sniukas, Parker Lee, Matt Morasky）在《下一波商業創新模式》一書中也提到，商業模式創新應尋覓具成長機會的新路徑，需要了解如何利用顧客導向的機會來打造商業策略，並設計產品、服務、商業模式與營收模式，為顧客、公司和產業生態創造價值。這個概念是建立在從利害關係人的角度創造價值，公司才有持續成功的可能。簡單來說，創造價值並不只有提供低價商品及與眾不同的新商品這些途徑，必須考慮產品、服務、整體顧客體驗、盈利方式等環節，這也是眾多學者對商業模式創新的綜合看法。

商業模式實務的運作設計，以下提供四個主要流程來進行操作討論。包含：(1)市場探索──塑造顧客價值主張；(2)描繪藍圖──設計新事業商業模式；(3)建立商業模式原型與測試；(4)商業模式評估與成長。

(一) 市場探索──塑造顧客價值主張

如何闡明顧客潛在需求，從而由顧客端改變市場重構的規則，是行銷觀點商業模式創新的重要邏輯，因此市場探索的步驟是重要工作。包含以下幾個過程，如圖3-10所示：

- 定義目標顧客群
- 識別目標群體所需要完成的工作
- 盤點目標群體需要
- 評估目標群體
- 識別顧客需求的機會

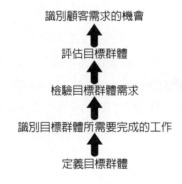

圖3-10　商業模式創新的市場探索

1. 定義目標群體

識別什麼顧客是公司未來要經營的顧客群體，這是一件非常重要的事情，商業形態需要設計不同類型的顧客定義，如以下四種類型，這四種顧客可以用客觀的方法與工具加以開發，了解顧客選擇背後的動機、有什麼需求，以及希望得到什麼方案。

第一類是準顧客，對公司商品與服務感到有興趣。
第二類是不滿意的顧客，即對商品與服務感到不滿意。
第三類是拒絕型顧客，即可能知道你的商品與服務，但不願意購買和消費。
第四類是未被鎖定的顧客，是潛在顧客，在業界可能沒被提及過的群體。

2. 識別目標群體所需要完成的工作

顧客其實是雇用（hire）產品與服務以執行他們生活中需要完成的工作。哈佛商學院行銷學權威李維特（Theodore Levitt）提出「需要完成的工作」概念簡單明瞭，指的是以顧客必須解決的問題，或是必須完成的任務為目標。顧客需求不僅來源於想擁有某個商品與服務才去購買，重點是使用該商品與服務之後可以得到什麼利益，商品與服務只是通往目標的路徑而已。

為了解顧客欲完成的工作，就需要進一步分析是否有不同的使用情境與限制，還有對顧客的重要性等，如以下盤點的問題：

(1) 顧客試圖解決什麼根本問題？顧客想要在什麼境況下解決什麼問題？

(2) 顧客的目的是什麼？目的跟顧客如何使用產品或服務有關。

(3) 有什麼障礙限制了解決方案？障礙也可能限制消費的場合，例如：被其他工作占用的情況下，無法打行動電話。

(4) 顧客考慮哪些解決方案？檢驗並查看顧客可用以完成工作的不同方法，例如：觀察家庭主婦炒菜的工作方式。

(5) 存在什麼提供創新解決方案的機會？識別顧客想要的解決方案和現有方案之間的落差。能夠識別出顧客尚未適應執行的工作，創新的機會點就得以增加。

(6) 在顧客想要完成的工作之中，最好能識別在特定情況下，顧客真正想完成的「一項」工作，不過，顧客多半有許多想完成的工作。面對一系列的顧客工作，最簡單的方法就是繪製工作樹（jobs tree），工作樹的最頂層就是顧客面臨的基本問題。

3. 評估目標群體

根據盤點目標群體的需要，定位顧客群，評估目標群體需要完成的工作，目的是找出最有可能的機會點，判斷顧客必須解決的問題，或是必須完成的任務，且判斷這些問題，對於顧客是否實際或迫切。

4. 識別顧客需求機會

歸類各種顧客類型，找出他們的需求，先確定目標顧客為何無法用產品與服務來滿足他們需要完成的工作或任務，了解無法獲得顧客正面體驗的原因。找出消費障礙和滿足限制，以識別市場機會。

發掘顧客交易前、交易中、交易後整體的過程，為何無法購買或接觸產品，或無法順利使用產品等，才能有機會發到新顧客與潛在顧客。另外，滿足限制是一種顧客不滿意的起因，比如無法理解一款電競遊戲內容，即是一種不滿意的概念。

(1)消除障礙典型的例子

• 財務障礙：單純買不起產品或服務。

• 時間障礙：沒有足夠的時間完成整個顧客購買過程，比如時間搜尋的浪費、處理貨品服務的延遲時間等。

• 資源障礙：沒有特定可利用的資源來完成顧客的交易，例如：顧客的車子無法載重或體積過大的貨品、顧客家中無法儲藏過多的產品。

• 技術障礙：顧客無法用簡易的方式操作產品或服務。

• 管道：顧客無法便捷取得產品或服務。

• 風險：顧客無法在有限的知識下，判斷其產品使用後的效益。

• 專業知識：顧客可能不懂此項產品，或不具備產品服務的相關知識。

(2)滿足限制典型例子

• 認知挑選：顧客購買產品服務時無法比較，或產品或服務太複雜，或太多無法選擇。

• 購買過程：無法找到購買點、購買程式複雜、付款不方便、配送不方便。

• 使用：產品服務因為設計複雜，造成顧客耗費太多心力與遷就才能使用。

‧輔助與維護：產品或服務需要輔助物才能使用，維護成本可能很高。

‧丟棄：使用產品過後造成的處理成本很高，或無法處理使用後的產品。

綜合來說，透過顧客的價值主張重塑與發掘，注重消費行為需求端的設計，了解顧客真正的需求動機與認知、改變市場與顧客的界定設計創造，對市場重新定義，驅動新的市場結構的商業架構，根據這種概念，操作透過進行市場探索，利用分析顧客群體的需求特徵，進行外部機會的識別。才能精準選擇目標顧客群，並對公司價值主張與顧客價值的匹配進行設計。

(二) 描繪藍圖——設計新事業商業模式

價值主張的設計，需要創造一套能夠吸引顧客、解決顧客問題的思維，透過描述顧客期待可以從產品或服務得到的收益，便是一種價值主張的定義與操作。所以利用價值地圖的描繪可進一步拆解為產品、服務、痛點與期望，如圖3-11所示。價值匹配需要包含企業提供的價值圖與顧客描述的設計來執行。在後續的章節有完整操作說明。

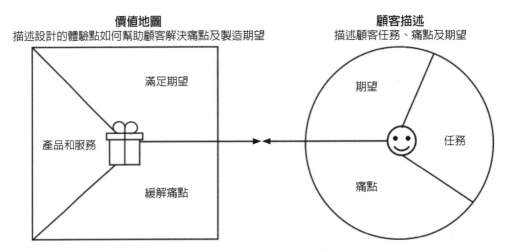

圖3-11　價值地圖與顧客描述

(三) 顧客描述

顧客描述包括顧客任務、期望及痛點。

1. 顧客任務（Customer Jobs）

是指需要努力完成的工作或生活事項，或許是必須設法履行或圓滿完成的既

定任務，或是要盡全力解決的問題。

這個概念是由幾位管理思想家，以及破壞式創新大師──克里斯汀生（Clayton M. Christensen）和他的策略顧問公司Innosight所發展出來。包括以下內容：

(1) 功能性任務（Functional Jobs）：顧客想要完成的某項工作或是想要解決的問題。

(2) 社交性任務（Social Jobs）：顧客想要在他人眼中呈現的形象，想要得到面子、權力、地位的象徵。

(3) 個人／情緒性任務（Personal/emotional Jobs）：顧客想要獲得情緒的改善狀態，例如得到一項服務後能舒服、安心、愉快。

(4) 輔助性任務（Supporting Jobs）：顧客在消費過程中，也需要完成的輔助工作，分別為：採購性任務，包括比價、決定購買什麼產品、排隊結帳、完成交易、提貨商品、取得服務。

(5) 共同創造任務：包含可以參與產品或服務的設計、產品評價。

(6) 移轉任務：商品生命週期末端，包含取消訂閱、丟棄、轉送、轉售商品。

2. 顧客痛點（Customer Pains）

是指完成一項目標型任務之前、之中、之後的干擾因素或障礙，也指因辦事不力或未執行某項任務而帶來不良結果的潛在風險。痛點的特徵有不同的程度，如下所述：

(1) 結果不符：這些痛點可能包含社交性痛點，如損失面子；功能性痛點，如方案無法解決問題；情緒性問題，如未獲得愉悅的心情。

(2) 障礙：顧客根本無法執行任務或交易，或是拖累延遲任務。如無足夠金錢無法負擔、沒有時間處理等。

(3) 風險：完成任務或交易的所有風險，或是考慮的嚴重後果。如安全性漏洞的損失。

(4) 痛點的不同程度：顧客心理與生理綜合的實際感受程度，如任務的重要程度。

3. 顧客期望（Customer Gains）

是指顧客想要的結果和收益，有些是顧客要求、期待、渴望的，有些卻是他們意料之外的。包括使用功能、社會收益、正面情感和成本節約等，內容如下：

(1) 必要期望：在解決方案中必定出現的功能，不可或缺。如遊戲競賽中CPU的效能、競賽選手的工資。

(2) 預期期望：不一定必要，但顧客期待解決方案中可以有這些。如電競硬體設備的造型更符合亮麗、個性的外表。

(3) 渴求期望：基本期待之外的收益，而且注重心理性層面的想法。如競賽選手對賽事冠軍的追求、一般競賽遊戲手遊組隊的團體，能打勝任何一方贏得勝利。

(4) 意外期望：超越顧客預期的收益。如電競直播平台中粉絲送選手的禮物、VR的發明應用，給予電競選手或一般使用者不同的體驗與獲益。

(5) 期望的不同程度：顧客實際感受從不可或缺、可有可無，到無關緊要等態度。

4. 顧客任務、痛點、期望的排序

顧客有各種不同的偏好，提前了解顧客心中的優先順序，清楚大多數人認定哪些任務重要、哪些無關緊要，包含顧客任務、痛點及期望的排序，請見圖3-12。

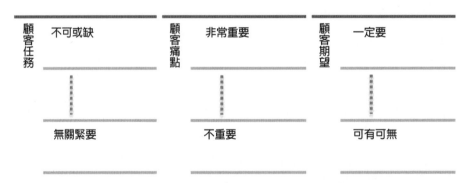

圖3-12　顧客任務、痛點、期望的排序概念

(四) 價值地圖

價值地圖包括產品與服務、緩解痛點及滿足期望。

1. 產品與服務

是指企業能提供的產品與服務清單，其中必須列出公司的價值主張，包含功能性事務、社交性事務、情緒性事務的整套解決方案。產品與服務不能概括描述價值，而是必須透過切合顧客群的任務、痛點、期望才能產生價值創造。總之，

設計價值地圖需要了解顧客對產品與服務的必要性程度。

2. 緩解痛點

即產品與服務到底該如何消除顧客痛點。具體來說，是指如何降低或消除顧客交易前、交易中、交易後的所有困擾，或者減少顧客無法進行任務的因素。需要拆解解決方法的重要程度，判斷究竟是不可或缺，還是無關緊要。

3. 滿足期望

是指產品與服務如何為顧客創造利益。具體來說，即是公司如何創造顧客期待、渴望、意外效果與利益，包括實用、社交、情緒、成本等期望。判斷期望的重要程度，需要區分是不可缺少抑或可有可無。

(五) 價值匹配

當顧客的重要任務、在意的痛點、期望的感受，與公司價值主張所帶來的商品服務、解決方案、收益效果相符，那就達到了所謂的「價值匹配」。因此，無論產品還是服務所帶來的期望，必須建立在顧客不可或缺的期望和深切體會的痛點上，才能符合商業模式圖的設計原則，如圖3-13。

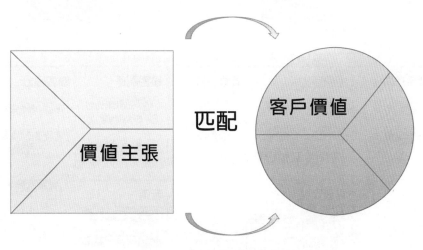

圖3-13　價值匹配設計

價值匹配的任務是根據產品與服務價值主張，與顧客認知價值進行匹配、檢驗兩者之間的落差，這是商業模式圖設計的主要步驟。另外，價值傳遞的配置過程，包含如何運作、使用何種知識、能力、稟賦的連結；連結需要透過何種活

動、何種組成要件、順序、角色等，開啓價值創造與價值傳遞的設計思維。具體如《獲利世代》（*Business Model Generation,* Alexander Osterwalder, Yves Pigneur, 2012）一書中描繪商業模式圖。如圖3-14所示。

傳統的策略注重產品與服務的創新，然而商業模式策略創新經常運用不同的要素來打造新的能力，帶來新的價值創造。具體來說，從打破規則的重組活動，

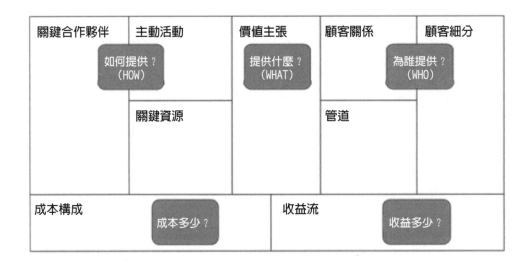

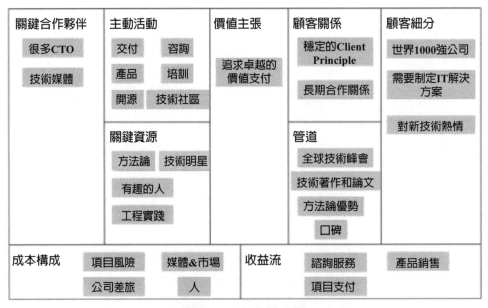

圖3-14　商業模式圖

透過企業內部價值鏈的改造能力、重新改變自身在產業價值鏈的定位，並創造截然不同的競爭方式，有別於傳統創新的作法。以下介紹描繪商業模式設計的三種策略方式：

1. 設計商品、服務、顧客體驗的整體組合

傳統對商品的概念是「用於交換的勞動產品」，隨著經濟的發展，許多自然資源以及非勞動產品也進入交換領域，因此現代經濟學家在原定義的基礎上對商品定義進行擴展，即「商品是用於交換的使用價值」，其中強調「必須透過交換過程，實現使用價值的轉移才叫商品」。商品必須要能體現顧客的使用價值，所以顧客體驗不僅涉及產品與服務的交換，還涉及顧客每次與公司互動時所產生的感受，從評估、購買、配送、使用情形、維修、最終丟棄，這些顧客體驗旅程，就是預測顧客「知道商品」→「購入商品」→「購入商品後」的行動過程。公司在這三方面都要滿足新的需求，才能達到成長目標。如加強商品或服務、修改商品、推出新商品，或重新設計顧客體驗。另外，服務業有其內在因素，提供的商品及服務，是無形的，無法觸摸，也不容易檢驗，服務不論在生產與管理方面，均與一般商品有基本差異，特性上其生產與消費過程同時進行，所以不容許將剩餘的服務儲存，基於服務無法被運送至其他需求地方的特性，服務所呈現的績效與結果，不易掌握與控制，當價值傳遞給顧客的時候，最終要能符合顧客的要求與目標。綜合而言，利用商品、服務、顧客體驗的整體組合，打造策略並開發，將市場與顧客的界定，產生新的運作方式。

2. 資源、角色、順序重組活動

從活動、途徑設計創造價值是另一種商業模式創新的方式亦表示如何從傳遞價值的商業設計，利用資源、夥伴、打造策略創造卓越的顧客價值，此方式經常可以建立難以取代的商業模式。所以商業模式中需要執行哪些關鍵活動？又該如何執行？考慮到經營業務所需的各種策劃活動，執行方案由誰來進行？便是很重要的設計思維。Porter（1985）在《競爭優勢》（*Competitive Advantage*）一書中，提出「價值鏈」（Value Chain）的概念，強調價值鏈可幫助企業在產業競爭環境中，利用價值活動提升成本地位，作為創造差異化的基礎，也是競爭優勢的來源。所以，設計商業模式時，應要考慮以下問題：

(1) 需要哪些資源、資產、技術和能力？由誰提供？

(2) 商業模式中活動的順序如何決定？執行這些活動的順序是什麼？

(3) 商業模式中誰負責哪些活動？

(4) 誰提供執行活動中所需的資產與能力？

3. 設計收益流、定價、付款機制的串聯

商業模式如何改善企業與顧客之間具體的利益交換機制？如何產生極大化的因應方式？重構收益流、定價，付款機制的串聯與組合，打造快速的效率市場，便是改變規則的競爭邏輯。因此收益流是一種管道，意指顧客付錢買什麼、生產上或商業上得到的收益、獲取收益的方法。一般收益途徑有以下幾種方式：

(1) 使用費：使用特定服務而產生，使用越多服務，顧客支付越多。

(2) 會員費：出售持續的服務而產生。

(3) 借貸／租賃／出租：藉由暫時性的某段時間，將某資產的權利，給予獨家的人使用。

(4) 出售資產：藉由實體商品的所有權給予出售的型態。

(5) 授權：透過許可的各種給予使用保護的智慧財產權。

(6) 經紀費：企業或個人可以對於交易兩方或多方，提供仲介服務、撮合服務，換取收費。

(7) 廣告費：透過特定產商品或服務，進行登廣告收取的費用。

(8) 贊助：協力廠商支持某活動所提供的財貨。

而定價機制是商品或服務的交易過程，廠商需要透過不同的定價方式，吸引所屬定位客群或潛在客群，這些定價手段可以滿足廠商收益，並維持顧客關係。一般的定價機制如下：

(1) 固定售價：由賣方對產品制定固定價格。

(2) 彈性定價：定價依不同因素浮動，如季節。

(3) 產品功能定價：依功能性定價。

(4) 顧客特性定價：依不同客群的利益定價。

(5) 拍賣定價：競價的方式。

(6) 溢價定價：依需求彈性不同定價。

另外付款機制會決定買方何時付款、付款地點、何種方式完成付款。一般有以下類型：預付款、使用後付款、分期、預收再扣款等。

綜合打造重組策略的方式，進行商業模式的創新設計，如根據顧客的體驗，將商品與服務的交易組合，制定不同的商品線決策，包含商品深度、廣度。然後依不同的商品服務，設計定價方式、付款機制，產生不同的收益流動。簡單來

說，不同商品與服務推動不同的定價組合，結合符合消費者便利的付款機制，串聯不同商品與服務的收入模式是打造另一種商業模式創新設計的方式，如圖3-15所示。

4. 描繪原型藍圖

根據發展商業模式的價值匹配、價值傳遞、價值獲取思維，描繪原型製作視覺化思考，讓抽象的計畫與概念具體化。原型設計源自於設計界與工程界，他們廣泛運用於產品設計、互動式設計，及建築設計等。所以如何以原型製作的方式設計商業模式，是重要的過程。它是一種歸納企業商業模式創新的雛形工具，用來檢視價值要素、價值創造組合、價值傳遞過程，並進行圖示化、視覺化的歸納，讓商業設計的分析更具邏輯性及科學性。

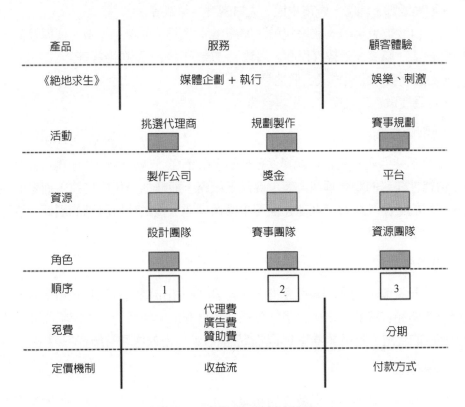

圖3-15　商業模式設計邏輯

本書提出描繪原型藍圖，採用九宮格的分析方式進行，《獲利世代》一書指出商業模式圖是一種分析企業價值的工具，透過將商業模式中的要素標準化，引

導思維。包含顧客細分、顧客關係、通路、價值主張、關鍵業務、核心資源、合作夥伴、成本結構、收入來源。綜合而言，九宮格的內容構面，可供實務上更具視覺化的思考呈現。如以下分述說明：

(1)顧客細分

行銷領域經常使用STP理論作爲引導市場的決策，包含：市場細分（Segmentation）、目標市場選擇（Targeting）和定位（Positioning），即公司瞄準的目標消費群體具有某些共同性，使公司針對這些特性創造價值。定義消費者群體的過程又被稱爲市場區隔（Market Segmentation）。

這種區別方式能有效針對顧客加以管理，而細分消費者市場的基礎，包括以下變數：

- 地理變數：地區、城市規模、人口密度、氣候等。
- 人口變數：年齡、家庭規模、家庭生命週期（單身、已婚、喪偶等）、性別、年收入、職業、受教育程度、宗教、種族、國籍、社會階級等。
- 心理變數：生活方式、個性等。
- 行爲變數：忠誠度、使用場合等。

(2)價值主張

即公司透過產品及服務能提供給消費者的價值，包含功能性任務、社交性任務、情緒性任務的整套解決方案。商品與服務不能概括價值的描述，而是必須切入顧客群的任務、痛點、期望才能產生價值創造。提供什麼特別的價值，說明解決顧客什麼樣的問題。

(3)通路

即公司接觸消費者的各種途徑，包含公司開拓市場的方法及配銷策略。透過什麼方式讓顧客接觸到價值主張？可能爲銷售管道或傳播管道。商業設計中必須利用不同的管道，將企業價值主張的產品與服務，有效傳遞給顧客。

(4)顧客關係

即公司與消費者群體間建立的聯繫。透過怎樣的方式保持良好的顧客互動與持續交易關係。

(5)收入來源

即公司透過各種收益流（Revenue Flow）來創造財富的途徑。爲誰服務以及

服務類型，明確收入模式的設計。

(6)核心資源

有哪些資源，可以讓自己在競爭中實現突圍成功？關鍵資源包括：資本、智慧財產權、人力資源、人脈。具體而言，像是員工、技術、產品、設施、現金，皆可協助公司實現顧客的價值主張。

(7)關鍵業務

成功營運所必須實施的重要活動，在價值鏈中，附加值更多體現在兩端：研發（設計）和行銷（銷售）。

(8)合作夥伴

即公司同其他公司之間，為有效提供價值並實現商業化，而形成的合作關係網路。這也描述了公司的商業聯盟（Business Alliances）範圍，具體包含哪些上下游夥伴關係。

(9)成本結構

即產品成本中各項費用所占比例，主要來自固定成本、可變成本。具體行業分析，如土地費用、前期費用、土地建設投資、政府收費、管理費用、財務費用、銷售費用等。

(10) 財務分析框架

商業模式圖主要是建立在公司分析自身的角度，根據它的財務報表，分析其資產品質、成長能力、償債能力、盈利能力等情況。

(六) 建立商業模式原型與測試

建立商業模式原型與測試，可提高商業模式的成功機率，目的是要完成調整後的商業模式草圖，以便進行實際的發展計畫。主要工作是透過測試關鍵的假設，反覆檢驗，來降低新商業模式的風險。具體操作，即是對商業模式的基礎假設提出質疑。

所以當探索商業模式原型的新構想，即是進入到不確定的階段，設計出的構想需要檢驗，這個階段必須從企劃測試實驗開始完成。因此可能針對價值主張圖和商業模式中的每個環節架構進行測試修正，並傳訊每個顧客及夥伴。

試驗商業模式中的每個環節架構，可根據建構、評量、學習的迴圈機制來進

行原型測試（Marc Sniukas, Parker Lee & Matt Morasky, 2017），首先針對商業模式概念性原型的設計，將構想具體化，明確要執行哪些構想，以及哪些假設必須成立，用這些原型清楚畫出地圖，追蹤並反覆修改，如圖3-16所示。

其次，安排場域進行實驗，測試哪些假設必須成立，公司的企劃構想才有成功的可能，然後選擇出最有可能的假設，找到關鍵假設的順序，做出初步選擇。最後，建立簡單可行的商品或服務，測試公司的價值主張，並且設計專門的操作學習，以利未來新的商業模式發展，縮短操作與測試風險。

整體而言，從以上商業模式原型測試的概念，基於管理與具體操作的方式，可以分成以下操作流程：

Step1 尋找新商業模式的假設與風險。
Step2 識別重大的假設，進行優先順序的選擇。
Step3 擬定新商業模式的測試計畫與測試。
Step4 設計新商業模式的原型設計。
Step5 調整新商業模式。

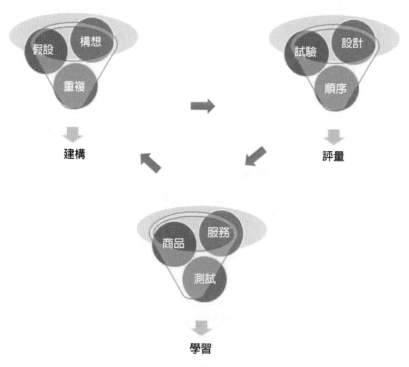

圖3-16　建構、評量、學習的商業模式原型測試

(七) 商業模式評估與成長

1. 商業模式創新評估

　　商業模式創新之時所衍生出的組織運作，如何發揮效用？對於成長方式的界定？產生的風險？這些都對如何評估初期商業模式至關重要。

　　首先，要了解公司的價值創造模式，是否有效針對顧客最重要的任務、痛點、期望，找出價值主張與設計可獲利的盈利模式。

　　其次，團隊成員的經驗與技能。是否符合當前商業模式的治理能力，如團隊溝通共同的語言，或更多策略性對話與創意發展，更快聚焦在商品、功能、技術等方面，創造顧客與公司的價值。

　　最後，團隊必須將訂定的假設進行嚴格測試，以降低失敗風險，並充分利用有限資源塑造新構想的流程，符合任務的特性，策劃運作順序。

　　根據以上的概念，學者Osterwalder提出評估價值主張，落實商業模式的七項參考原則，如以下說明。

(1) 轉換成本：顧客轉換到另一家公司的難易程度。

(2) 經常性營收：每一筆銷售都是新的開始嗎？還是可以保證有後續營收？

(3) 收入vs.支出：能在成本發生前，就創造營收嗎？

(4) 改變遊戲規則的成本結構：成本結構和競爭對手截然不同，而且更好？

(5) 借力使力：你的商業模式，可讓顧客或協力廠商為你免費創造價值嗎？

(6) 規模化：能輕易避開障礙（如基礎建設、客服、招募）、追求成長嗎？

(7) 免於競爭：商業模式可保護你免於競爭嗎？

2. 商業模式創新成長方向

　　一個好的創新商業模式必須能持續成長，為生態系統與供應商、合作夥伴和利益關係者共創價值。因此，兼顧以顧客、公司、生態系統的成員，追求共創價值的經濟原則，考慮一個產業經濟結構下的共用機制，這是商業模式創新成長的基本方向，如圖3-17所示。簡單來說，透過企業內部價值鏈與外部產業價值鏈，在競爭定位上的密切分析、修正商業模式與管理監控，使企業得以在產業生態系統上具有差異化地位，並能在生態系統上與其他夥伴持續競合。

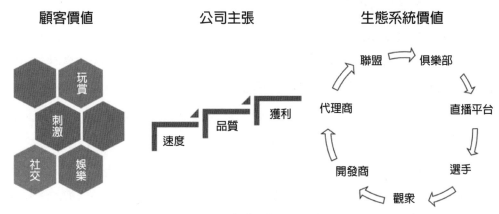

圖3-17　商業模式創新成長思維

3.5 全球電競市場及商業模式比較

　　電子競技的發展在互聯技術體制下快速滲透，歐美與亞洲地區急速發展。由於產業發展背景存在不同的差異，所以，各區域產業生態鏈價值體系的發展，在每個供應鏈環節中，體現出不同的態樣。本節整理全球電競市場的發展趨勢，並引用商業模式的理論基礎概念，針對中國、歐美、韓國三個地區的電競產業進行分析，提供讀者觀察不同國家商業模式設計的參考。

一、全球電競市場發展

　　根據市場分析公司Newzoo的2018年電競報告顯示，從2015年到2017年，全球電競市場規模增長了103%，2017年全球電競市場收入為6.6億美元，預測2020年成長至15.04億美元，如圖3-18。在全球化市場，中國與美國兩個地區在2017年，為全球創造了3.44億美元收入，在全球範圍內，占比達52%。

　　Newzoo顯示，2017年全球遊戲市場收入規模為1,160億美元，其中手遊收入規模為504億美元，占比44%，包括平板遊戲在內，主機遊戲占比29%，盒裝以及可下載PC遊戲收入占比23%，如圖3-19，Newzoo預測2018年全球遊戲收入將達到1,254億美元，到2020年有望增至1,435億美元。

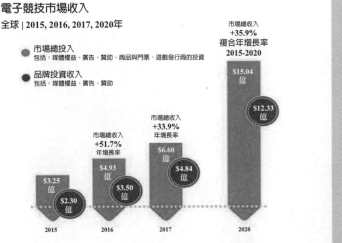

圖3-18 2017全球電競市場收入預測

資料來源：Newzoo

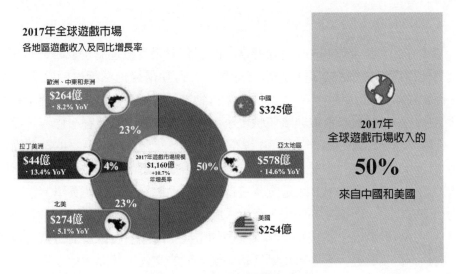

圖3-19 2017全球遊戲市場

資料來源：Newzoo

　　根據區域的不同發展，2017年亞太地區遊戲收入578億美元，占比50%；北美收入274億美元，占比23%；歐洲、中東和非洲收入264億美元，占比23%。中國和美國占據了全球遊戲市場收入的50%。整體遊戲市場，電競仍屬於相對規模較小的領域，但電競使用者的成長規模卻十分驚人。其中51%的電競愛好者都來自亞

太地區，如圖3-20。

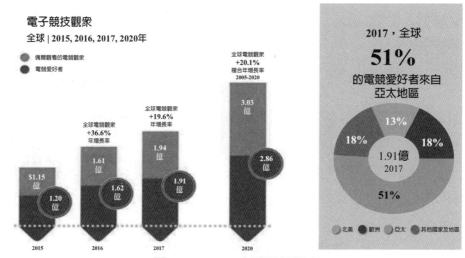

圖3-20　2017全球電競觀眾

資料來源：Newzoo

　　過去在2017年全球Top 50電競賽事，PC仍然是最受歡迎的遊戲娛樂形式。目前全球使用者量最多的還是以遊戲終端為主，行動電競仍然落後於PC和遊戲主機。而2017年歐美市場共舉行了33場大型行動電競賽事，在《虛榮》賽事的亞洲觀眾當中，63%的觀看者並非該遊戲玩家，但仍喜歡觀看電競賽事內容，而《球球大作戰》是全球排名第一的休閒行動電競品牌。從電競消費行為的改變而言，行動電競的消費板塊有增長的趨勢明顯體現在競技手遊數量的激增。以《球球大作戰》為例，其職業聯賽BPL是全球首位休閒類手遊的職業競技賽事。從電競市場的快速變化中，產業生態變化，產生「PC電子競技」以及「手遊電子競技」生態圈不同的方向發展，構成相似卻又不同的電競生態圈。所以當前行動電競在亞洲比在西方更受歡迎，在中國地區「行動至上」的文化，休閒手遊在亞洲的電競場景中占有重要的地位，中國最熱門的行動電競品牌也相繼競爭。目前遊戲產品帶來大型賽事，社交功能也常見於亞洲熱門的行動遊戲，為遊戲玩家建立了強大的社交紐帶。而基於產品賽事，則衍生出了多種電競商業公司化運作。當前亞洲地區，呈現行動電競遵循PC電競的發展模式，多數開發商遊戲帶來大型線下賽事和高收視率。

一、中國電子競技產業與商業模式

中國第一批電子競技遊戲是在1998年開始。2003年電子競技被正式確定為體育項目，期間受政策因素影響2004年至2008年之間電子競技發展進入低潮期。2008年，國家體育總局將電子競技重新定義為第78號體育運動，隨後電子競技的地位逐步獲得官方認可。2014年起，隨著電競賽事的發展和直播平台的興起，中國電子競技進入了快速發展時期。2016年，「電子競技運動與管理」被教育部增補為高校專業，同年，國家體育總局體育資訊中心主辦了中國首次面向國際的電子競技頂級官方賽事——「國家盃電子競技大賽」，因此隨著中國電競產業與教育政策的推動，目前朝向高速成長。

2013年，中國國家體育總局在國家廣電系統和體育系統的支援下，電子競技的體育屬性被廣泛推廣。2016年後進入爆發，中國電競市場實際銷售收入達到504.6億元，占遊戲市場銷售總額的30.5%，此時中國已成為全球第一大電子競技市場。在2015年中國電競行業收入構成中，電競遊戲收入占到90%以上，2017年1月發佈的第39次《中國互聯網路發展狀況統計報告》中顯示，截止到2016年6月，中國網路遊戲使用者規模達到3.91億人，成為世界上網路遊戲使用者最多的國家，連續十年持續高速增長，並在近三年呈現加速增長的態勢。

目前中國電子競技已發展成為了囊括遊戲製作與發行、賽事競技、內容傳播、互動娛樂化內容的綜合性產業。據《2017年中國遊戲產業報告》資料顯示，2017年中國電子競技遊戲市場實際銷售收入達730.5億元，同比增長44.8%，其中，用戶端電子競技遊戲市場實際銷售收入達到384.0億元，同比增長15.2%；行動電子競技遊戲市場實際銷售收入達到346.5億元，同比增長102.2%。

過去2012年到2015年間，中國網路遊戲市場規模一直保持20%以上的增長率，如圖3-21；而從遊戲類型細分來看，行動端遊戲占比高速增長並即將超越PC端遊戲，網遊則逐步冷卻。目前行動端遊戲成為推動網路遊戲增長的主要動力，向重度化、細分化、電競化進一步發展。

由於網路遊戲電競化新生業態快速改變，直播推進市場多元化成長，電子競技行業，圍繞明星選手、遊戲主播、賽事活動等新生業態逐漸成熟，競技遊戲和賽事觀賞內容的豐富，助推電競使用者規模成長。而且賽事體系越來越完備，2015年起，賽事主辦方數量增長50%，規模級賽事的數量增幅高達85%。同時，職業戰隊和明星選手參加電競賽事的出場收入和獎金池也不斷再創新高。

圖3-21　2011-2018年，中國網路遊戲市場規模

資料來源：i黑馬網，http://www.iheima.com/zixun/2017/0301/161582.shtml

2017年為止，據新浪微輿情大資料分析顯示，電競項目在中國境內以《王者榮耀》和《英雄聯盟》所受輿論關注較高，網路傳播熱度指數領先其他電競遊戲，還有諸如《絕地求生》、《穿越火線》、《鬥陣特攻》、《荒野行動》、DOTA2、《球球大作戰》、《爐石戰記》、DOTA全年熱度分列三到十位。另外，電競遊戲發行商輿論傳播，騰訊遊戲成為最受輿論關注的電競遊戲發行商，接續網易遊戲、巨人網路、完美世界、盛大遊戲、Valve、英雄互娛、Supercell、暴雪娛樂、阿里遊戲全年熱度位列二到十位。在電競賽事方面，LPL是中國地區級別最高的《英雄聯盟》職業比賽，也是中國賽區通往每年《英雄聯盟》季中冠軍賽和全球總決賽的唯一管道，而KPL是《王者榮耀》官方體系中級別最高的全國性專業賽事，是行動電競行業中的頂級職業賽事。過去2017年LPL（英雄聯盟職業聯賽）和KPL（王者榮耀職業聯賽）所受輿論關注最高，其他電競賽事，如德瑪西亞盃、LSPL、TGA、CFPL、NEST、APAC、DAC亞洲邀請賽、LDL全年排名三到十位，也很受歡迎。

電競俱樂部是電競賽事的主要參與方，資料顯示，目前中國有超過一千家電子競技俱樂部。2017年，WE所受輿論關注最高，全年網路傳播熱度指數最高領先其他電競俱樂部，從WE成立於2005年起，旗下擁有英雄聯盟分部、英魂之刃分部等，截至2017年4月，WE獲得了俱樂部史上首個LPL聯賽冠軍。另外，知名俱樂部還包含RNG、EDG、iG、皇族、LGD、OMG、AG、VG、QG分列二到十位。

隨著中國電子競技的賽事體系革新全面開啟。以《英雄聯盟》、《王者榮耀》為首的國內主流電競專案，相繼開展了賽事聯盟化改革。其中，《英雄聯盟》LPL聯賽已正式對外公佈主客場制的具體實施方案並開始實施，而KPL聯賽的工資帽、選手轉會等一系列聯盟化制度也已實際展開。這一系列的措施是從電

圖3-22　2013-2018年，中國電子競技使用者規模及增長率

資料來源：i黑馬網，http://www.iheima.com/zixun/2017/0301/161582.shtml

子競技更向傳統體育靠攏，電競體育職業化的雛型推展，特別在四大聯賽模式，2015年中國舉行的亞洲邀請賽第一次嘗試，受益於中國主辦方的大力支持，透過高品質的比賽來吸引更多的玩家，四大聯賽的開啓代表比賽管理的內容，各方面都將迎來規範化。

　　目前中國著重以賽事策略發展商業模式的活動設計，這些設計面向校園的高校聯賽、校際精英賽，面向大眾的城市爭霸賽，以及更多高校和民間的自發賽事，因此可用金字塔來形容賽事體系。而且透過聯賽可讓重度電競玩家得以轉化為電競職業選手的最優晉級管道，諸如《英雄聯盟》LPL、LDL的重要賽事，從《英雄聯盟》職業聯賽的LPL則連結至金字塔尖的S系列世界總決賽、季中冠軍賽、洲際賽等國際大賽，《英雄聯盟》已建構的成熟且完整的賽事體系，隱約代表著中國電競產業鏈的骨架。

　　隨著電子競技的快速發展，電競直播也成為了中國電競周邊產業的重要組成內容。2017年鬥魚TV、虎牙直播全年熱度優勢明顯，領先其他電競直播平台，而熊貓直播、觸手直播、企鵝電競、龍珠直播、全民直播、戰旗直播、YY直播、火貓直播全年分列三到十位。電競直播化趨勢明顯增長，特別是在中國，電競是跟著PC和網路的普及成長起來的，年輕男性網友成為電競主要關注人群。另外電競遊戲與電競直播的關注人群重合度較高，都以90後的男性網友為主，該類人群較

為追求時尚，四成以上用戶使用iPhone手機，在關注電競遊戲的同時也比較關注動漫、搞笑等內容。所以整體而言，電競直播所產生的經濟效益持續增長中，特別在直播核心內容版權來源，對重要電競賽事的轉播授權是遊戲直播平台之間競爭的重要價值要素，透過授權轉播，是電競內容收入的專案之一。根據2018年內容版權收入規模預測突破1,000億；另外，電競賽事的發展路徑向體育賽事靠攏，因此，廣告冠名贊助和粉絲消費帶來極大的增長空間。

目前中國電競使用端的個別消費行為，許多玩家購買比賽「門票」除了對項目本身的支持之外，更大的原因在於獲得遊戲中虛擬寶物的獎勵，同時，購買得越多獎勵也就越多。這種缺乏物質獎勵方式的行為本身是種捐贈行為。雖然目前電子競技本身擁有低門檻的進入方式，很強的觀賞性，也有強大造神效應等特徵，這些特徵讓它很容易攏絡一大批用戶群，但不是正常的市場行為，缺乏內生性，不容易持續。這種商業模式的消費設計，強化在動機的補償，非價值認知的邏輯。由於中國的使用者偏好正加速轉變，網路媒體市場的另一個變化是70後、80後逐漸脫離消費黃金時代，而新一代的90後和00後在線上媒體消費的黃金消費時期可能會出現不同的偏好。

科技和媒體的變化改變了年輕一代對內容的體驗和購買。中國年輕族群在youku、愛奇藝、網易聽音樂和觀看視頻，而不是購買相冊、影碟，從weibo或wechat獲取免費消息，也不必訂閱報紙。他們透過一系列網路電視服務搜尋影片，不再購買昂貴的付費電視套餐。目前90後、00後人群占「無線族」的43%，其中有些人從來沒有買過有線電視，衛星電視或光纜服務，有些則不再使用這些服務。因此目前中國商業模式的設計重點，在如何實現消費增長和盈利方面受到很大的考驗。如何設計以粉絲和用戶體驗為核心，進行營利的轉換非常重要。隨著媒體市場和用戶體驗的改善，用戶支出和廣告成本效益提高，使用者不再支付音樂下載，而是購買串流媒體訂閱。概括來說，隨著中國電子競技市場特有的內生性商業模式跨地域、跨時間、跨空間的觀看方式加上消費行為多為文化娛樂性特徵，是非常不同於傳統體育的消費特點。

二、韓國電競產業及商業模式

韓國電競產業的現況，根據韓國文化體育觀光部與韓國文化產業振興院kocca共同發佈《2017韓國電競產業分析報告》。報告內容指出，2016年韓國電競產業規模為830億3千萬韓元，較前一年增長14.9%。韓國占全球電競市場的14.9%，在全世界範圍內逐漸擴大自身的影響力。韓國電競產業中，賽事直播占整體規模

的44.8%居冠，其他依序為俱樂部預算占25.6%，個人直播占16.4%，線上媒體占7.6%，獎金規模占5.5%等。在2017年韓國電競選手年薪平均為韓幣9,770萬元，比去年增長了52.5%。

　　韓國電子競技產業逐漸成為國民經濟的支柱產業之一。過去韓國的遊戲開發商和硬體生產商，在全球地位並不高，韓國主要是依靠電視媒體作為主要的平台進行操作。1999年初，OGN作為獨立專業遊戲電視臺成立，成為在韓國遊戲領域的傳播媒體。OGN堅持走促進職業化發展路線，在OGN爭取到贊助商強力資金支援後，以舉辦大型場館比賽為主，邀請世界上最優秀的玩家參加比賽，透過電視臺強勢媒體，呈現高水準最具有觀賞性的遊戲對抗。藉由電視臺舉辦的比賽賽制公平合理，同時還促進選手們相互競爭，提高了電視臺的收視率，實現了雙贏商業模式。在各種環節中利害關係人的平衡發展，贊助商看好這良好的商業機會，投入更多資金，形成職業化、生態化的良性循環。

　　韓國職業電子競技協會（KeSPA）2000年成立，目前隸屬於韓國文化體育觀光部，是一個在韓國建立的管理電子競技的機構。在KeSPA+職業戰隊+專業電視的組合下，韓國電競高速發展。制度化的KeSPA體系的商業模式，已經具備了良好的產出選手的能力。OGN與MBCTV電視臺，控制流量分發，保證了電競內容的傳播，也保證了賽事內容製作的專業性，在政府支持下，實現轉播權售賣、衍生品售賣等商業途徑。KeSPA除了推廣電競外，還協助選手的制定他們的職業生涯規劃。選手退休後會轉協助來延續職業生涯，例如：成為電競主播、賽評，或是轉為教練等，選手退休後，仍能持續在電競產業中發揮所長。另外，有專門電子競技專門培訓學校，並打造自己的明星活動，具有明顯的行銷性質。KeSPA體系掌握比賽監督、選手參賽、俱樂部參賽，並且與遊戲開發商分享比賽舉辦的權利以及電視轉播的權利等。

　　韓國電子競技商業模式在賽事組織和營運方面更為注重比賽的宣傳和選手個人的包裝，本質上是一種注意力、粉絲經濟、明星經濟和用演員知名度來吸引受眾關注，以此擴大比賽的知名度以及在廣大媒體受眾中的接受程度，除了賽事本身的精彩程度以外，在很大程度上，人們是因為某一個選手的表現出色，將其作為偶像，以使用選手的名氣來直接打響關注戰的商業操作，並把偶像的成就提高到國家高度。

　　韓國真正參與比賽的主要是少數的精英職業選手，職業選手透過比賽獎金實現自身的持續發展。韓國國內營造出來的崇尚電子競技的風氣也使得廣大民眾將

這項運動抬高到了國家級體育項目進行運作，與相關足球和圍棋體育競賽並列，同時吸引了大量潛在顧客群，使得很多非遊戲玩家也進入市場，造就成功的職業選手成為明星，提高了經濟地位和社會地位。

三、歐美電競產業及商業模式

體育產業高度發達的北美，在足球與籃球等傳統體育運動中累積了豐富的規模化賽事營運經驗，如賽程設定、贊助商機制、轉播權收益等。北美也是傳統電子競技體育的發源地。以遊戲行業建構傳統體育的精神，包括年輕化、全球化、數位化、多樣性的商業架構，北美擁有著電競體育化基礎較為完備的產業生態。

成熟的體育產業培養了觀眾的付費習慣，統計資料顯示，每位觀眾會為橄欖球職業大聯盟（NFL）貢獻15美元的營收。到電子競技產業，北美的粉絲同樣展現出更強的付費意願，2,500萬的電競粉絲平均每人每年要貢獻10.36美元的營收，與傳統賽事相比仍有提升空間（前瞻產業研究院，2008）。

在美國主要的電子競技贊助商是電腦軟硬體開發商，他們持續投入的主要動力在於，透過比賽可以提高自身產品在相關領域的知名度，提高其在高級遊戲市場上的占有率。因此，在歐美模式中，贊助商更在意擴大比賽在高級的軟硬體消費者及刺激市場遊戲玩家中的影響力。

歐美電子競技賽事組織模式主要是圍繞現場比賽來進行的，賽事管理是非常專業的。觀眾也可參與到攝影棚中，即時表達自己對該專案或話題的理解。而現場感則表現為大場景大製作，在歐美許多大場景都是實實在在的製作，很少依靠電腦技術，所以場景的真實感更容易吸引觀眾參與。所以歐美電子競技的商業模式主要針對的顧客是廣大的「業餘」電子競技愛好者，這是深層次的社會背景，相對而言的人口老齡化和貧富差距，讓絕大多數的人沒有時間精力，更支付不起昂貴的設備。但是業餘的電子競技愛好者，除了關注專業選手高超的技能之外，還十分關注現場比賽的公平性，且歐美人習慣親自參與運動和活動，並在其中尋找自身的文化價值，所以以吸引更多人到現場參與活動為主要設計，在賽事的組織上更側重現場賽事的公平性和專業性，以提高現場比賽過程中舒適性和感受度。美國是多元化的社會教育，美國高校已經開始將電子競技當作一項團隊體育運動，如美國政府也將職業電子競技選手視作移民的一項條件，因此對於電子競技的參與者而言，參與比賽本身就是一種價值的體現，這也是歐美電子競技基礎廣泛的根本原因。

培育導向體育職業化的設計，北美地區相對有較好的機制。自從2015年，

IMT加入《英雄聯盟》北美聯賽以來，國際明星選手流向北美賽區形成趨勢，薪酬不斷創新高，許多創投公司也將資金投入北美戰隊，目前聯盟商業化僅限於北美，但在巨大資金的支持下，聯盟商業化是北美聯賽整體增長的關鍵，組織機構的投資使得投入基礎設施的現金不斷增加，電競正在成長爲一個完整的產業。

四、中國、韓國、歐美電子競技商業模式比較

中國、韓國與歐美電競商業模式設計各有特點，本章節整理中國、韓國與歐美三個電競發展國家，他們商業創新的系統產生新的運作方式，各有不同背景，也各採取不同新的設計思維、設計邏輯。三個地區商業模式的特徵，本書進行分析與比較，如表3-6所示。

五、電競產業發展

電競產業的先行國家在商業模式的活動態樣，存在不同的背景與發展，國家政策與產業政策是最直接的影響因素。由於電競項目的推動，源於遊戲發行商開發市場的策略，且遊戲內容是依託在電子軟體工業中進行。因此，產業科技架構與網際網路應用的成熟度，成爲電競市場發展的關鍵因素。2017年起，網際網路全球化的科技技術，縮小國家間的差距，區域間的產業發展條件接近相同，電競全球化、電競體育化、電競文化娛樂化的觀念，蔓延在商業模式創新設計的發展中。目前電競產業在商業實現方面，北美市場在內容製作領域較爲成熟。2000年起，台灣電競發展即與歐美技術並行，有強大的周邊環境及資源基礎，但台灣受限人口市場的不足，電競產業規模成長動力趨緩，電競市場趨於小衆規模，目前產業政策落後於韓國、歐美、中國等區域。然而，中國人口紅利亦消失中，國際化佈局成爲大勢所趨，諸如中國騰訊、網易等遊戲巨頭均已開始到發達國家尋找具有內容製作能力的投資。所以全球資本擴增當中，文化娛樂、體育內容與電競市場正在實現跨國界的無縫匹配。電競全球化已逐漸形成商業模式的新趨勢，這個力量來自文化、娛樂產業的串聯，不同領域的廠商定制遊戲平台，舉辦遊戲競賽。電競領域內的玩家、發行商、遊戲主播和利益相關方建立密切關係，特別是媒體業已切入市場核心，媒體業具有強大的內容製作能力，利用資本打通產業鏈，在優質內容製作和活動舉辦領域進行戰略收購，搭建電競遊戲開發、發行、直播、賽事組織、賽事內容製作、遊戲賽事平台等整合性產業鏈。目前中國、北美地區的媒體企業，已整合業內核心資源，打造了包括賽事舉辦、資料分析、優質內容製作在內的垂直產業生態，帶動產業升級與商業模式轉型，成爲下一波電競主流市場的推動者。

表3-6　電子競技體育化的商業模式中國、韓國與歐美比較說明

電子競技體育化的商業模式設計比較			
使用端顧客價值	韓國	歐美	中國
使用端顧客價值	(1)滿足個人娛樂性、社交性、個人英雄主義認同等組成的核心價值。 (2)從遊戲競賽中獲得樂趣，增進娛樂範圍、探險心態的活動。 從遊戲競賽中獲得刺激感，增進情緒抒發。 (3)藉由遊戲競賽中獲得互動，滿足社交參與不足。 藉由遊戲競賽中獲得虛擬貨幣，滿足自我經濟交易利益。 從賽事參與獲得個人支持團體，獲得榮譽感，達到情緒利益。 (4)從衍生商品獲得別人眼中的認同，達到社交性的利益。 藉由電競直播平台的使用，解除參與電競互動的限制範圍，擴大社交互動利益。	(1)滿足個人文化性、生活興趣狀態、參與體育競賽，透過團隊體育運動精神的認同，組成核心價值。 (2)從遊戲競賽中獲得樂趣，增進自身娛樂興趣、探險心態的活動。 (3)從遊戲競賽過程中，獲得舒適性和感受度。 從電競賽事，實際現場參與活動，重視過程，獲得樂趣。	(1)滿足個人娛樂性、社交性、個人英雄主義認同等較為追求時尚，90後的男性網友為主的文化娛樂核心價值。 (2)玩家購買比賽「門票」與獲得虛擬物品的獎勵，獎勵方式的行為本身是種捐贈行為，重視個人情緒利益。 (3)強大的電競粉絲內容效應，使用者多數重視社交利益。 (4)網際網路效應內生性商業模式跨地域、跨時間、跨空間的觀看方式有強大觀賞性，強大造神效應等特徵的用戶群行為。
價值傳遞（資源、夥伴、活動）	(1)政府政策性指導、依託於發達的娛樂產業資源。 (2)主要以傳播媒體促進職業化局面。 (3)以KeSPA體系作為官方主導，建構產業分工制度和相關活動。 (4)OGN與MBCTV掌握電競傳播、宣傳、分流活動。 (5)電子競技視頻商操作。 (6)注重賽事的宣傳活動、流程。 打造選手個人包裝，明星經濟串聯活動。 (7)專門電子競技專門培訓學校。 (8)創造比賽的關注度的流程。 (9)用戶黏著度設計。	(1)聯盟的運作注重體育化精神，注重設計生態價值為導向。 (2)電腦軟硬體開發商贊助，是持續擴大的主要動力。 (3)重視賽事組織模式，圍繞現場比賽為主要活動設計，賽事管理專業，以電視轉播為輔助。 (4)打造實際場景的真實感受活動吸引觀眾參與。 (5)設計電子競技為一項團隊體育運動。 (6)電競體育聯盟化組織設計。	(1)政府政策性指導，但依託於電競媒體，娛樂背景串聯產業。 (2)以賽事策略賽事體系革新全面開啟，創造賽事內容，中國電子競技俱樂部聯盟（ACE）推動。 (3)媒體業策略行動切入電競市場，強大的內容製作能力，利用資本收購打通產業鏈。 (4)近年中國高等教育強力推波，電競學院化風潮，高教投入專門電子競技專門培訓。 電子競技發行商、直播、賽事組織、賽事內容製作、遊戲賽事平台等成員成長快速。 (5)俱樂部活動打造選手個人包裝，明星經濟、品牌和贊助商大量湧入。
盈利設計	(1)KeSPA體系官方主導盈利設計分配。 (2)競技主辦方主要收入來自於轉播和廣告。 (3)競技主辦方或聯盟、俱樂部、平台等，盈利設計方向上以創造選手或賽事的注意力吸引粉絲，產生明星經濟效果。 (4)衍生產品的銷售。	(1)贊助商贊助賽事，擴大比賽在高級的軟硬體消費人群。 (2)觀眾的付費習慣觀賞賽事。 (3)選手高薪設計。	(1)贊助商贊助賽事，擴大比賽在高級軟硬體的消費人群。 (2)競技主辦方主要收入來自於轉播和廣告。 (3)競技主辦方或聯盟、俱樂部、平台等，盈利設計方向上以創造選手或賽事的注意力吸引粉絲，產生明星經濟收入。 (4)衍生產品的銷售。 (5)媒體業整合供應鏈的營利模式興起。

資料來源：本研究彙整

　　整體來說，兩岸目前電競行業在傳統體育產業體制化的進程尚未成熟，經營體系的生態正在演化，產業內的利益分配機制，出現許多挑戰，從任何角度來看，電競的利益分流必獨立於遊戲產業的運作規則。傳統NBA聯盟、英超STTC與韓國KeSPA的官方角色主導的運作機制，為走向傳統體育職業化提供借鑑。無論如何，台灣如何朝向健全的電競體育職業化、產業化發展，建立社會技術體制的環境，促進產業成員間的良性發展，在產業政策、教育政策的角度，皆面臨許多挑戰。

習作題

一、電子競技產業內有不同產製方面的供應鏈成員，試想一下，選擇其中一個成員，嘗試描繪個案商業模式的草圖。

二、全球電子競技體育化的思維，台灣與其他地區的作法有哪些不同，試比較其差異，有何優劣？

三、電子競技產業內廠商，進行商業模式創新、創造，其中與哪些行業可以進行合作、聯盟，彼此之間價值創造的要素是什麼？

參考文獻

1. Afuah, A. 2003, *Business Models: A Strategic Management Approach*, New York, NY: McGrawHill.

2. Afuha, S., Bell, S. B., McLeod, C. S., and Shih, E. 2007,Co-production and customer loyalty in financial services. *Journal of Retailing, vol. 83*, no. 3, pp. 359-380.

3. Afuah, Tucci. 2001, *Internet Business Models and Strategies: Text and Case.* New York: McGraw Hill.

4. Alexander Osterwalder; Yves Pigneur; Patricia Papadakos; Gregory Bernarda; Alan Smith,Value Proposition Design　How to Create Products and Services Customers Want, John Wiley & Sons Inc..

5. Aspara J, Hietanen J,Tikkanen H.2010,Business model innovation vs. replication：financial performance implications of strategic emphases, *Journal of Strategic Marketing, 18(1)*: 39-56.

6. Ammar O. 2006, *Strategy and business models: Between confusion and complementarities.* -22th EGOS Colloquium in Bergen, Norway, 1-27.

7. Bossidy, L., & Charan, R. 2004, *Confronting Reality:Doing What Matters to Get Things Right.* New York: Crown Business.

8. Bodo B. Schlegelmilch,Adamantios Diamantopoulos,Peter Kreuz.2003, Strategic innovation: the construct, its drivers and its strategic outcomes, *Journal of strategic Marketing*, (11): 117-132.

9. Baden Fuller C.1995,Strategic Innovation, Corporate Entrepreneurship and Matching Outside in to Inside out Approaches to Strategy Research, *British Journal of Management,*

(6): S3-S16.

10. B Mahadevan.2000, *Business models for Internet-based e-commerce: An anatomy*, California management review, - journals.sagepub.com

11. Chesbrough .2006, *Open Business Model-How to thrive in the new innovation landscape*, Harvard Business School Press.

12. Chesbrough, H. and Rosenbloom, R.S. 2002, "The role of the business model in capturing value from innovation: Evidence from Xerox Corporation's technology spin-off firms," *Industrial and Corporate Change.11*(3): 529-555.

13. Christensen C.M, Johnson M.W, Rigby D.K.2002, Foundations for growth：How to identify and build disruptive new businesses,[J]. *Sloan Management Review*, (43): 22-31.

14. C Baden-Fuller, MS Morgan.2010, Business Models as Models. *Long Range Planning, 43(2-3)*, pp. 156-171.

15. Drucker,Porter.1995,Managing in a Time of Great Change.NY:Persues Distribution.

16. Eisenhardt, K. M.1989, "Building theories from case study research", *Academy of Management Research*, Vol.41(4), 532-550.

17. Ghaziani A., Ventresca .2005,Keywords and Cultural Change：Frame Analysis of *Business Model* Public Talk, 1975-2000. *Sociological Forum, Vol. 20*, No. 4,523-559.

18. G George, AJ Bock.2011,The business model in practice and its implications for entrepreneurship research, *Entrepreneurship theory and practice, 2011, 35* (1), pp. 83-111.

19. Hamel,Gary. 1998,Strategy innovation and the quest for value[J]. *Sloan Management Review*, (39): 7-14

20. Johnson, M. W., Christensen, C. M., & Kagermann, H. 2008, Reinventing your business model. *Harvard Business Review, vol.86*, No.12,pp. 50-59.

21. Kim W.C., Mauborgne R.1999, Creating new market space, *Harvard business review*, (77): 83-93.

22. Konczal E.F. 1975, Models are for managers, not mathematicians, *Journal of Systems Management, 26*(1): 12-14.

23. Lumpkin, G. T., and Dess, G. G.2004,.E-business strategies and Internet business models:How the Internet adds value. Organizational Dynamics, vol.33, No.2, pp. 161-173.

24. Markides C. 2006, Disruptive Innovation：In Need of Better Theory, *Journal of product innovation management, 23*(1): 19-25.

25. Markides C. 1999, A dynamic view of strategy, *Sloan Management Review[J] 40*(3): 55-63.

26. Ming Chang Lee, Ming Chung Yang , Wen Goang Yang.2014, A Pattern Study of the

Entrepreneurship for a New Venturing Technology-based Business at Start-up Stage: A Perspective from the Socio-technical Regimes of the Niche.Annual Quality Congress Transactions, January 3.

27. Osterwalder, A. 2004, *The Business Model Ontology -a proposition in a design science approach. University of Lausanne*, Switzerland.

28. Ostenwalder, A., Pigneur, Y., & Tucci, C. L. 2005, Clarifying Business Models：Origins, Present, *and Future of the Concept Communications of AIS*, vol.15, pp. 1-40.

29. Shafer, S. M., Smith H. J. and Linder, J. C. 2005, "The Power of Business Models", *Business Horizons*, vol.48,no.3,pp. 199-207.

30. Skjølsvik, T., Løwendahl B. R., Kvålshaugen, R., and Fosstenløkken. S. M.2007, Choosing to learn and learning to choose: Strategies for client co-production and knowledge development. *California Management Review, vol.49*, no.3, pp.110-139.

31. Timmers, P. 1998, "Business Models for Electronic Markets", *Journal on Electronic Markets, vol.8*, no.2, pp. 3-8.

32. Thomas R. Eisenmann, Geoffrey G. Parker,Marshall W. Van Alstyne.2006, *Strategies for two-sided markets[J] Harvard business review, 84*(10): 92-101.

33. Teece, D.J.2010, "Business Model, Business Strategy and Innovation", *Long Range Planning, Vol. 43*(2-3), 172-194.

34. Zott, C., and Amit, R.2001,Value creation in E business, *Strategic management journal, 22,* (6-7): 493-520.

35. Zott, C., and Amit, R. 2009, *"The business model as the engine of network-based strategies,"* in P. R. Kleindorfer and Y. J Wind (Eds.), The network challenge, pp. 259-275. Upper Saddle River, NJ：Wharton School Publishing.

36. Zott, C., Amit, R. H., & Massa, L.2011, The Business Model: Recent Developments and Future Research. *Journal of Management,* Vol 37, Issue 4.

37. Zott C., Amit R. 2007,Business model design and the performance of entrepreneurial firms [J]. *Organization science, 18*(2): 181-19.

38. Zott C., Amit R. 2008, The fit between product market strategy and business model: implications for firm performance. *Strategic management journal, 29*(1): 1-26.

39. Zott C., Amit R. 2010,Business model design：an activity system perspective[J], *Long range planning,43*(1): 216-226.

40. 徐作聖、邱奕嘉（1998），創新管理，華泰文化：高雄市。

41. 王雪冬、董大海，2013，國外商業模式表達模型評價與整合表達模型建構[J]，外國

經濟與管理，(4):49-61。

42. 陽友權（2006），文化產業通論，湖南人民出版社：湖南。

43. 經濟部工業局（2012），BMI商業模式創新，創新方法研析報告（修改版），台灣。

44. 馮雪飛（2016），商業模式創新與顧客價值主張理論、模型與實證，經濟管理出版社，北京。

45. 鍾瑞憲（2012），產業分析精論：多元觀點與策略思維，前程文化：台灣。

46. 楊明宗，賴奎魁，鍾從定，林淑媛（2018），電子競技產業商業模式價值初探，第五屆皖台MBA教育論壇，安徽工商管理學院，合肥市。

47. 楊明宗，張友信，賴奎魁，2018，電子競技商業模式價值設計思維：大陸、韓國、歐美的比較，第十二屆海峽兩岸企業管理學術研討會，智慧時代的企業創新，朝陽科技大學，台灣，台中市。

48. Marc Sniukas,Parker Lee, Matt Morasky（2017），在下一波商業創新模式：圖像溝通×策略創新×商業設計思維，搶占未來市場商機（溫力秦譯），寶鼎出版：台灣。

49. Alexander Osterwalder，Yves Pigneur（2012），獲利世代：自己動手，畫出你的商業模式，早安財經：台灣。

50. Jenny（2012），設計思考：從使用者的角度出發，取自：https://www.inside.com.tw/2012/10/11/design-thinking/。

51. Design and Life（2015），[筆記] Design Thinking Workshop—台大不一樣思考社，取自：http://aco-design-life.blogspot.tw/。

52. 感玩團隊（2012），史丹佛改造人生的創意課：這個世界不需要按部就班的乖乖牌！一堂價值9000美元的課，教你用設計思考破關，解決所有人生難題！，平安文化：台灣。

53. 傅升、陳建勛、梁嘉驊（2005），淺析顧客需求、期望與知識的動態演化，商業時代，32(28)。

54. Alex Osterwalder, Yves Pigneur, Greg Bernarda, Alan Smith（2015），價值主張年代，李晶晶譯，天下財經：台灣。

55. 電子競技（2017），電子競技聯盟發展之路，第250期，科學家雜誌社。

56. 電子競技（2017），中國電競造星現況觀察，第254期，科學家雜誌社。

57. 每日頭條，歐美與韓國電競產業如何發展？https://kknews.cc/zh-hk/other/z2vvroq.html。

58. i黑馬網（2017），內容產業六大領域趨勢、變現、商業模式全解析|產業解讀，取自：http://www.iheima.com/zixun/2017/0301/161582.shtml。

59. https://tw.esports.yahoo.com/2018—電競市場報告：電競產值將達9億美元、北美粉絲贊助最大力。

60. 前瞻產業研究院，原文網址：https://kknews.cc/zh-hk/other/z2vvroq.html

61. https://tw.esports.yahoo.com/

62. https://zh.wikipedia.org/

63. https://bg.qianzhan.com/

64. https://www.zhihu.com/

65. https://MBAlib.com/

66. http://news.17173.com/

67. https://newzoo.com/

第四章
電子競技數據統計及分析

胡舉軍

Project

統計學（statistics）一詞來自於拉丁文「status」，從字意上來看是狀態的意思，用來敘述資料所代表的狀態，透過數字來描述資料所代表的意涵。統計學是由一大堆看似雜亂無章的資料中，運用科學的方法獲取有意義且有涵義之數字，以協助使用者做出決策或是預測趨勢。日常生活當中也常看到統計學的相關運用，如市場行銷策略規劃、生產銷售計畫、工商業產業活動等等，幾乎到處都可以見到相關的應用，尤其是在網路發達的現今社會，大量的網路活動產生巨量的資料，如何分析出有意義的資訊就變得十分重要。

荷蘭市場研究公司Newzoo在《2018年全球電子競技市場報告》中指出，2018全球電競的市場規模成長38%，整年度營業額預估達到9.06億美元。其中有40%來自贊助收入，19%來自廣告收入，18%來自媒體版權，見圖4-1所示。媒體版權相較於2017年成長了72%。同時報導也指出，2018年全球的電競觀眾將達到3.8億人以上，相較於去年，成長幅度為13.8%。而在3.8億的全球電競觀眾總數中，電競愛好者，即每個月至少觀看兩場電競比賽的用戶，人數約1.65億，2017年的數據為1.432億。平均每月觀看不到一次的觀眾人數預計達到2.152億。

圖4-1　2018 電子競技收益流

資料來源：https://newzoo.com/wp-content/uploads/2018/02/Newzoo_Esports_Revenue_Streams_Global.png

透過以上的統計分析結果可以看出，僅僅是消費者觀看比賽所產生的瀏覽資料量已非常可觀，而數據分析技術，也就是統計方法的應用，能將消費者瀏覽足

跡和預測分析進行結合，並且保持即時更新，獲得前所未有的價值發掘。例如：

- 什麼樣的即時優惠對某類消費者更有效？
- 基於消費者的偏好，哪種網頁能產生更好的服務效果？
- 當一個潛在顧客填寫網頁表格後，跟他敲定一筆交易的可能性有多大？
- 在一天的特定時間段中，哪種促銷方式最有效？
- 當一個消費者被行銷活動促銷之後，他在六個月內購買的機會有多大？

在大數據時代，這些問題都可以找到答案。對於行銷這一原本就屬於數據驅動的領域，大數據提供了一個前所未有的機會，運用數據與統計方法，來發掘消費者行為。

4.1 統計學基礎

一、統計學概念

統計學的主要內容包括「統計理論」與「統計方法」，統計理論又可分為數理統計與應用統計。數理統計顧名思義，其著重在數學理論上的敘述，以數學為工具來證明統計方法，包括了統計公式與統計數字定義。應用統計則著重在統計方法的應用，如人口統計、生物統計、經濟統計等。

統計方法則偏重於解決實際日常生活問題，事先將所欲了解的事項加以數量化，因此需先針對問題收集相關資料，收集完之後，需再作歸納與整理，將同性質的數值加以分類，等待下一步的處理。接著運用統計公式計算分析資料，呈現所關切的資料數字，依據統計計算後的結果，作出合理的推斷與決策。

二、統計的分類

一般而言，我們可以把統計問題分成兩類：「敘述統計」和「推論統計」，簡單來說，任何對數據（即樣本）的處理導致預測或推論群體的統計稱為推論統計。反之，如果我們的興趣只限於現有的數據，而不準備把結果用來推論群體則稱為描述統計。舉個例子來說，依據過去十年來的統計，每年來台觀光的人數，平均每人在台停留的天數，平均每人每天在台的消費，十年內哪一年創最高記錄……都是屬於敘述統計的範圍；但是如果我們根據這些年所得的數據來預測來年可能的觀光客人數，這就是推論統計的問題了。

大致說來，推論統計分為三大類，「估計」、「檢定」，以及「分類與選

擇」。舉例來說，小明想了解消費者對品牌選擇的喜好程度，他想估計消費者可能購買某品牌的數目，於是他以隨機抽樣的方式，詢問100位消費者的意見，而後根據所得結果推論可能的購買數量，以方便其作後續的行銷活動，這就是估計問題。接著小明想要知道在樣式的挑選上，消費者的喜好程度是否有顯著差異。為了解決此問題，小明首先假設消費者先天上並無偏好某種樣式，然後經過試驗來測定這假設是否成立，在本例中，我們並不想估計任何參數，只是想檢驗事先所敘述的假設是否成立的可靠性有多大，這就是檢定問題。小明再針對目前產品樣式，考慮是否選擇更好的替代商品，讓消費者能大量購買，這就是分類與選擇的問題。經過這一連串的統計設想並經由抽樣，即可協助制定決策，而形成決策科學。

三、「母體」與「樣本」的概念

在學習統計時，我們需要了解兩個名詞：「母體」（population）與「樣本」（sampling），這是統計學最基本的兩個概念。統計學的目的在於解決問題，欲達此一目的需先收集資料。若所收集的資料為全部的資料則稱為母體，若僅是全部資料的其中一部分，則稱為樣本。簡單來說，可整理如下：

- 母體：欲研究事物的全體對象所形成的集合
- 樣本：母體的部分集合

圖4-2　母體與樣本

母體依個數來分，可分為「有限母體」（finite population）與「無限母體」兩種（infinite population）。有限母體是指其個數為有限個數，如全國人口總數，無限母體是指其個數為無限個數，如大氣中的粉塵個數。在實物上，若所收集的資料採收集後又放回資料中，可視為無限母體，如大海中藍鯨數目調查，補抓一尾藍鯨，在其身上作下記號後放回海中；否則，視為有限母體。

樣本依個數來分，可分為「大樣本」與「小樣本」。大樣本是指樣本所包含之個數 ≥ 30；反之則稱為小樣本。不同樣本數的大小，有其適合的統計方法。若

依抽樣的方法來看，可分爲「隨機樣本」與「非隨機樣本」。隨機樣本是指母體中的每一個個體被抽中的機會相同；非隨機樣本是指母體中的每一個個體由人爲主觀的方式選出。

4.2 機率課題

一、機率的概念

在上一節中，我們提到母體與樣本的概念，其中母體是我們所感興趣的部分，母體的資料分佈情況可視爲一個集合，樣本只是母體中的一個子集合，樣本只能提供部分的數據，換句話說，它只能呈現母體的某部分樣貌。在科學邏輯的稱呼上，由樣本推測未知的母體稱爲演繹推理（deductive reasoning）。一般而言，由樣本來推論母體的全貌，將會有某種程度上的誤差，然而，不同的抽樣樣本會造成不同的誤差情形，此誤差的來源僅僅是由於抽樣的隨機性而帶來的偶然誤差，在統計學的術語中我們稱它爲「抽樣誤差」。總體說來，抽樣誤差是指樣本統計值與母體統計值之間的絕對誤差。在進行樣本抽樣時，不可避免將會產生抽樣誤差，因爲從母體中隨機抽取的樣本，其結構不可能和總體完全一致。雖然抽樣誤差不可避免，但可以透過無數字的樣本抽樣來減少其誤差範圍，並可透過抽樣設計加以控制，也就是利用機率來衡量一個不確定性問題可能會發生的相對機會，事實上，機率理論乃推論統計所應具備的基礎。

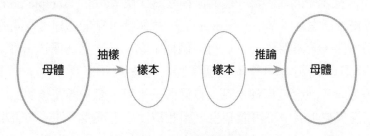

圖4-3　抽樣與推論

機率理論（Probability theory）是在討論隨機性或不確定性等現象的數學理論。機率理論主要研究對象爲隨機事件、隨機變數以及隨機過程。對於隨機事件是不可能準確預測其結果的，然而透過大數法則（Law of large numbers）和中央極限定理（Central limit theorem）來研究這些問題。

　　機率是研究隨機性或不確定性等現象所給予的一個量化數值，表示在所有可能出現的情況中，某一情況產生的機會。其值範圍為（0-1），通常以%的方式來呈現。如擲一個硬幣，每次投擲完的結果不是正面，就是反面共兩種情況。因此，其出現正面機會為0.5（50%）；相反的，反面出現的機會也是0.5（50%），正反面加總的機率為1（100%）。再計算機率之前，我們需了解在研究的問題上到底有多少種可能出現的情形，以及這些可能出現的情形所產生的各類組合情況。

二、隨機試驗的概念

(一) 隨機試驗的定義

　　在繼續了解機率論之前，首先我們需先了解什麼是「隨機試驗」。隨機試驗概括地說，是一種具有不確定結果之過程，如擲一個骰子，可能的點數為{1,2,3,4,5,6}，究竟每次會出現哪一個點數，誰也不能確定，除非擲完之後，才能得知最終點數。在機率論中把符合下列三個特點的試驗叫做隨機試驗：

1. 可以在相同的條件下重複進行。
2. 每次試驗可能的結果不止一個，並且能事先明確得知所有可能的結果。
3. 進行一次試驗之前，不能確定哪一個結果會出現。

　　一個隨機試驗可能產生的各種結果以集合來表現，稱之為「樣本空間」（sample space），一般是以符號S表示之。例如：擲一個骰子，其樣本空間 S = {1, 2, 3, 4, 5, 6}。樣本空間內的每一個元素稱之為「樣本點」（sample point）。樣本空間的部分集合稱之為「事件」（event），每個樣本點皆為樣本空間的之集合，因此也皆為事件。若事件集合中只有一個樣本點，稱之為「簡單事件」（simple event）；倘若事件集合中有多個樣本點，稱之為「複合事件」（compound event）。空集合不包含任何樣本點，以擲骰子來說，骰子擲完後並無出現任何點數，此種情況現實生活中不可能發生，因此稱為「不可能事件」；若事件集合中包含所有的樣本點，再以擲骰子的例子來說，骰子擲完後的點數一定出現在該事件中，因此稱之為「必然事件」。

(二) 集合的基本運算方法

　　隨機試驗中事件發生的機率才是我們所關心的重點，由於事件是以集合方式來表示，因此，必須引入集合論的運算法則來計算。集合的基本運算有三種：交集、聯集與餘集。以下我們分別討論這三種運算的詳細情況：

1. 集合交集運算

假設有A、B兩事件,則A與B的交集可表示為A∩B,指的是A集合與B集合共同的元素,如圖4-4(a)灰色部分所示。

2. 集合聯集運算

假設有A、B兩事件,則A與B的交集可表示為A∪B,指的是A集合與B集合所有的元素之集合,如圖4-4(b)灰色部分所示。

3. 集合餘集運算

假設有A事件,則A集合的餘集可表示為A^c,指的是不屬於A集合元素之集合,如圖4-4(c)灰色部分所示。因此,A^c事件所代表的意思為A事件不發生,事件與其本身之餘事件互為互斥事件,表示彼此之間沒有共同的元素。

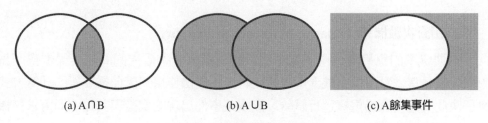

(a) A∩B　　　　　　(b) A∪B　　　　　　(c) A餘集事件

圖4-4　集合的基本運算

接著我們考慮一個實際例子來說明集合的三種基本運算結果:考慮擲一公正骰子,其所形成的樣本空間可表示為S = {1, 2, 3, 4, 5, 6},假設A = {1, 2, 3, 4}、B = {4, 5}、C = {6},因此:

A∩B = {4}

A∪B = {1, 2, 3, 4, 5}

A∪C = Φ

A^c = {5, 6}

B^c = {1, 2, 3, 6}

其中A與C事件交集運算的結果為空集合,數學表示為Φ,此兩事件互為互斥事件,代表的意思是A事件與C事件不會同時發生。

三、機率的測量方法

機率(probability)是用來衡量某一不確定事件在隨機機率某件事件可能發生的比率,其範圍介於0至1之間,以P(A)表示A事件發生的機率。若P(A)的值趨近於0,表示A事件不太可能會發生,若P(A)的值趨近於1則代表A事件出現的機會較

大。測量機率的方法可分為三種：

1. 古典機率（classical probability）

假設在有限的樣本空間中，每個樣本點出現的機率相同。則：

$$P(A) = \frac{n(A)}{n(S)}$$

式中n(S)表示樣本空間的個數，n(A)表示為A事件所包含的樣本點的個數。舉例來說，考慮考慮投擲一公正骰子，出現奇數點數A事件的機率。在此問題下，樣本空間S = {1, 2, 3, 4, 5, 6}，奇數點數事件A = {1, 3, 5}，則：

$$P(A) = \frac{n(A)}{n(S)} = \frac{3}{6} = \frac{1}{2}$$

2. 相對次數機率（relative frequency probability）

古典機率的應用受到兩個基本假設的限制，若所研究的問題其樣本空間為無限，或是樣本點出現的機率不盡相同時，將無法使用，因此需要新的計算方式來解決此問題。透過重複進行試驗，觀察某事件出現的次數與其比例即可求得機率。一個隨機試意驗重複進行N次，若事件A出現n次，則：

$$P(A) = \frac{n}{N}$$

上式中N與n所代表的意涵為相對次數。然而，不同人所進行的重複隨機試驗，其得到A出現次數n也不一定相同，但隨著N值變大，所得到的n差異範圍將相對來講，其比率也逐漸變小；換言之，就很大的N值而言，相對次數 $f_m(A)$ 的趨勢值也趨於穩定。當試驗次數m趨於無限大時，可引入極限的表示公式：

$$P(A) = \lim_{m \to \infty} f_m(A)$$

3. 主觀機率（subjective probability）

此方式顧名思義即是基於個人的主觀判斷來決定事件出現的機率，因此其機率值的大小完全取決於觀察者的經驗。如棒球好壞球的判定，主要是取決於主審對於好壞球的主觀判別上。

• 案例分析

接下來，我們舉一個實例來說明此三種統計機率的計算方式：在西方的習

俗裡，六月是最適合結婚的季節，六月新娘會得到幸運和祝福，成爲最幸福的新娘。依據統計資料，T城市每年約有23,500對新人結婚，其中大約有2,200對在六月完婚。試分別依下列各機率理論計算出一對新人在六月結婚的機率。（林惠玲，2011）

1. 古典機率理論

事實上，每對新人結婚的機率不盡相同，因此不適用古典機率理論。

2. 相對次數機率理論

依據統計資料，在六月結婚的機率：

$$P(A) = \frac{2,200}{2,3500} = 0.0936 = 9.36\%$$

3. 主觀機率理論

依主觀的想法，各月有各月的好處，在哪一個月結婚並無差別，所以在六月結婚的機率：

$$P(A) = \frac{1}{12} = 0.0833 = 8.33\%$$

四、電競方面的應用案例

英雄聯盟是個5對5的推塔遊戲，隨著遊戲時間的進展，伴隨著多變的遊戲過程與地圖資源的略奪。到底首殺、首塔、首小龍，哪一個指標對於團隊最後的勝利最有幫助呢？官方統計，推掉首塔的那一方，勝率會比較高，爲了討論上述指標到底哪一個數據更爲重要，本案例收集了2013夏季聯賽的70場比賽數據，用統計來驗證這個結果，所收集到的數據內容如下：

表4-1　2013夏季聯賽的70場比賽數據統計

首殺	首塔	首小龍	贏的機率
0	0	0	11.9%
1	0	0	18.3%
0	1	0	21.9%
1	1	0	31.9%
0	0	1	61.6%
1	0	1	72.8%
0	1	1	77.0%
1	1	1	84.8%

由表4-1中可以看出，拿到首小龍團隊贏的機率高達61.6%以上，首塔的機率次之，首殺的機率居末。因此，拿到小龍才是第一要務，其次才是首塔，兩個都拿到者，團隊勝率高達77%以上。當然，比賽中賽局瞬息萬變，不可拘泥於一定要怎樣打，但於戰術設計時可以參考，用靈活的戰術完成首塔與首小龍的目標，是每個隊伍可以努力思考的方向。

4.3 描述統計與推論統計

統計工作所依據的全是統計資料，因此收集的資料是否客觀而周詳，關係整個統計工作的成敗。在收集統計資料時，須注意以下幾點：確定調查的對象、時間及範圍，選定調查項目、實施方案、訓練與督導調查員等。例如：國家的人口普查，不適合在冬季的耶誕節與過年期間舉行。資料的收集來源，包括：

• 已存在資料（次級資料）
• 調查而得的資料（初級資料）

資料收集包含以下三種方法：

1. 調查（survey）調查法是一種對母體特性不做控制的情況下，與研究對象接觸，進行資料收集的方法。調查法又可分為以下兩種：

    (1)普查（census）：收集母體中所有個體，它是普遍性、全面性的。例如：戶口普查、清查公司所有產品類別等。

    (2)抽樣（sampling）：只針對母體中的一部分，進行資料收集。例如：民意調查、收視率調查等。

2. 觀察（observation）研究者只對研究對象做觀察、記錄，不與研究對象接觸之資料收集方法。例如：生物學家觀察某昆蟲的作息，只做觀察、記錄；交通人員站在某條重要幹道之紅綠燈下，計次統計車輛通過的情型或是廠牌等。

3. 實驗（experiment）必須對母體的某些因素加以控制的資料收集方式。例如：花椰菜對癌症療效的實驗、應用軟體測試等。

若資料收集採用普查的方式，須耗費大量人力、物力及時間才得以完成，常因母體資料取得不易而無法進行，因此在實務上運用普查方法進行資料收集的情形很少見。取而代之的方式為只收集母體中部分的資料，稱為抽樣調查。採用抽

樣的主要理由為：

1. 節省時間、人力及經費。
2. 資料的準確性。
3. 減少損失。

在抽樣過程中，應視研究目的來進行：(1)界定母體、(2)確認抽樣架構、(3)抽樣設計、(4)收集樣本、(5)評估工作。這些過程都是不可或缺的重要步驟。抽樣為許多市場調查的開端，每一步驟之不同方法組合均會造成不同結果，研究者宜謹慎選擇並徹底執行，促使市場調查有效而又完整。

一、統計資料的類型

當資料收集完之後，需要進一步描述此資料的特徵，並且計算一些量數來表示此特性。對一組資料加以整理與分析之前，應先區別資料的型態（type of data），不同的資料型態將採用不同的統計方法來計算之。換言之，不同的統計方法有其方法假設與適用的情況，不能等同視之。

統計資料依照其特性可分為屬量資料（quantitative data）或是屬質資料（qualitative data）。屬量資料即為可依數值來衡量的資料。一般以身高、體重、年齡、分數、時間來區分的資料均屬於屬量資料。屬量資料進一步可分為離散資料與連續資料。(1)離散資料（discrete data）：屬於可數的屬量資料，此類型資料之資料值均為離散之數值，在任兩個數值間，不可能插入無限多個數值資料。(2)連續資料（continuous data）：屬於不可數的屬量資料，此類型資料之資料值為連續之數值，在任兩個數值間，可插入無限多個數值的資料。

屬質資料凡指不可以數值來表示之，僅能以類別來區分的資料，又稱為「類別資料」（categorical data）。一般以性別、學歷、國籍、汽車品牌來區分的資料均屬於類別資料。

如何分辨資料是屬於「量」還是屬於「質」，可以由一個簡單的判斷準則來區分；大致而言，若是資料可以用數字來表示時，則為屬量資料，否則則為屬質資料。例如：《英雄聯盟》當中有上路、中路、下路、打野與輔助，玩家只能擇一來選擇，每當加入戰局時，要向其他玩家表明要打哪一路，此資料就是屬質資料。遊戲當中討論到吃兵數、擊殺／死亡／協助人頭數時（KDA），則用數字表示，此資料就是屬量資料。屬質資料常用的統計方式為計次，並作次數分配。而屬量資料則有較多的統計量與統計方法來處理。

二、描述統計概述

(一) 集中量數與差異量數

常見的敘述統計資料量數為集中量數與差異量數。

1. 集中量數

集中量數是一組數據的代表值，能說明一組數據的典型情況。人們通常進行測量，是想知道被測物體的真正有關數值。但是由於受許多主客觀條件的限制，不可能獲得這個數值。這樣，統計學中就用一些有代表性的數據未代替它，這些數據就是集中量數。集中量數包括：算術平均數（mean），中位數（median）、眾數（mode）、幾何平均數（geometric mean）、加權平均數（weighted arithmetic mean）等。

集中量數的作用：
(1)利用集中量數可以對各個總體（或各個樣本）進行比較。
(2)利用集中量數可研究總體的一般水準在時間上的變化。
(3)利用集中量數可分析現象之間的依存關係。

2. 差異量數

差異量數也稱離中趨勢量數，是指描述一組數據離中差異情況和離散程度的量數。差異量數的種類很多，主要包括兩極差、百分位差、四分位差、平均差、方差和標準差等絕對差異量數，以及像變異係數和標準分數等相對差異量數。

常用的差異量數：

(1) 全距：一組數據中最大值與最小值之差因此，全距可反映總體標誌值的差異範圍。其優點是易了解和計算，但是如果分佈中極端量數稍有變化，即受很大影響，並且只能反映分佈兩端的相差，不能顯示全部差異情況。

(2) 百分位差：其計算極其簡單，把一個次數分佈排序後，分為100個單位，百分位數就是次數分佈中相對於某個特定百分點的原始分數。將兩個百分位數相減就是百分位差。它雖然少受兩極量數的影響，但仍不能很好地反映中間數值的分佈情況。

(3) 四分位差：利用四分位效與中數的平均差來表示數列離中趨勢大小的統計量。它意義明確、計算便易，不受兩極量數的影響，但不能反映分佈中全部數值的差異情況，不適合於代數方法處理，受抽樣變動的影響。

(4) 平均差：平均差是總體各單位標誌對其算術平均數的離差絕對值的算術平

均數。它綜合反映了總體各單位標誌值的變動程度。平均差越大，則表示標誌變動度越大，反之則表示標誌變動度越小。它容易理解和計算。能說明分佈中全部數值的差異情況，但會受兩極數量的影響，不適合代數方法的處理。

(5) 標準差：標準差是一種表示分散程度的統計觀念。標準差是一組數值自平均值分散開來的程度的一種測量觀念。一個較大的標準差，代表大部分的數值和其平均值之間差異較大；一個較小的標準差，代表這些數值較接近平均值。標準差的特色為：

- 標準差是用來測量資料分散度的測值
- 標準差代表資料變化、風險
- 標準差的單位與資料單位相同
- 將資料同時加減一常數，標準差不變
- 將資料同時乘上一常數，標準差也同時乘上此常數

(二) 偏度係數與峰度係數

由於一組變數值的次數分佈有集中趨勢和離中趨勢，所以，單是集中量數不能反映一個分佈的全貌。因此，當用平均數描述集中趨勢時，應同時寫出標準差，表示整個分佈的概貌。然而，集中量數與差異量數之能反映一組資料的集中與差異狀況，而不能反映資料的分佈狀況，為了描述此一性質，需討論偏態係數（coefficient of skewness, SK）與峰態係數（coefficient of kurtosis）。

1. 偏度係數

在機率論和統計學中，偏度衡量實數隨機變量機率分佈的不對稱性，偏態係數（coefficient of skewness）為表示單峰分配偏態的一種係數，故其亦為一種統計表特徵數。其數學計算方式如下：

$$母體：S_k = \frac{3(\mu - Me)}{\sigma} 、樣本：S_k = \frac{3(\bar{x} - Me)}{s}$$

其中，μ 與 $\bar{x}$ 分別代表母體平均數與樣本平均數，Me 是中位數，σ 與 s 分別代表母體標準差與樣本標準差。

偏態係數的值可以為正或負。$S_k > 0$ 為正偏態，意味著在機率密度函數右側的尾部比左側的長，絕大多數的值位於平均值的左側。$S_k < 0$ 為負偏態，意味著在機率密度函數左側的尾部比右側的長，絕大多數的值位於平均值的右側。$S_k = 0$ 就表示數值相對均勻地分佈在平均值的兩側，但不一定意味著其為對稱分佈。偏態係數的範圍大致在 ±3 之間，偏態係數的絕對值越大，表示偏斜程度越大。

2. 峰度係數

峰態係數則是量測資料分佈形狀峰度有多高的指標。所謂山峰乃中間高，兩邊漸低，分配曲線往兩邊下滑的幅度差異造成形狀上的差異。若向右下滑較為緩慢，我們稱為右偏。若向左下滑較為緩慢，則稱為左偏。左右近似相同，稱為對稱分配。其數學計算方式如下：

$$母體：CK = \frac{\sum f_i (x_i - \mu)^4 / \sum f_i}{\sigma^4}、樣本：CK = \frac{\sum f_i (x_i - \bar{x})^4 / \sum f_i}{s^4}$$

常態分配的高峰叫做常態峰（mesokurtic），其 $CK = 3$。當 $CK > 3$ 時，表示分佈曲線呈尖頂峰度，為尖頂曲線，說明變數值的次數較為密集地分佈在眾數的周圍，CK 值越大於3，分佈曲線的頂端越尖峭。當 $CK < 3$ 時，表示分佈曲線呈平頂峰度，為平頂曲線，說明變數值的次數分佈比較均勻地分散在眾數的兩側，CK 值越小於3，則分佈曲線的頂峰就越平緩。

(三) 描述統計電競方面應用案例

在https://www.leagueofgraphs.com/zh/網站中，每天分析英雄聯盟遊戲，以取得英雄的數據、對戰、配置與玩家的排名，以及英雄數據、聲望、勝率、最好的裝備和法術的統計。這些統計數據是依據全球玩家的資料作統計，並以敘述統計值呈現。讓玩家可以即時了解最新、最強的符文要怎麼配，只要進入網站，就可以看到職業選手們近期最新的對戰紀錄，並可以進一步獲得詳細的對戰資訊！

三、推論統計概述

利用樣本的資訊來推測母群體的特性。我們通常假定此樣本為由簡單隨機抽樣的方式得到的。推論統計主要的兩大工作是：母數估計和假設檢定。

(一) 母數估計

我們可以計算一個樣本資料的統計值，若重複對母體作抽樣樣本，每次的樣本有各自的統計數字，將每次的統計特性集合起來，可得到一個抽樣分配（sampling distribution）。抽樣分配是由同一母群體做同樣方式，重複的抽取同樣大小之樣本後所得到的次數分配。因此，抽樣分配也就是所有可能得到之統計值的次數分配，而我們所得到的樣本，只是所有可能得到樣本中的一個，其統計值也就是所有可能樣本統計值中的一個。而此抽樣分配的標準差為這個statistic的「標準誤差」（standard error）。

不論是何種推論統計，由樣本特性推論母群體特性的基礎是透過我們對抽樣

分配之特性的了解和假定，即對抽樣分配之形狀、平均數和標準誤差等的了解。例如：我們假定樣本平均數的抽樣分配，在一定的條件下是一種常態分配，而此抽樣分配之平均數和標準差的大小，都是可計算出來的，而且這些特性又假定是與母群體有關，例如：樣本平均數之抽樣分配的平均數就被假定是母群體的平均數。因此，我們是就已知的樣本的特性，和透過可得知的抽樣分配的特性，來推論母群體的特性為何。

由樣本來推估母群體之母數時，如以樣本之平均數來推估母群體的平均數時，我們可用它來報告我們所做之推估的信心程度。在做母數之假設測定時，我們可用標準誤差來幫助我們判斷推估的結果是否可信，可借助統計軟體的操作，協助我們得到相關的結果。一般統計軟體都會提供在假定所用之樣本，是隨機抽樣之樣本時的各種統計值的標準誤差。

(二) 假設檢驗

推論統計另一個重大工作是假設檢定（test），假設檢定是指討論如何以樣本資料來推估母體資料參數值之可信度，在進行推論之前，我們事先會對母體參數值作一些假設，再利用隨機抽樣的方式及抽樣分配，再結合統計機率理論，以此來判斷事先的假設是否成立。此假設是否成立，除非完全收集到母體所有的資料，否則不太可能準確得知其假設之真偽。實務上，想要收集到母體所有的資料似乎不太可能，也耗費過多時間與資源，退而求其次的方式，是經由母體隨機抽出一組樣本，再利用此樣本資料的統計值來判斷假設是否成立。若抽出的樣本資料與事先之假設陳述很不一致時，檢定的結果可以判定假設不成立，拒絕（reject）接受假設。

如何作假設檢定，可以依照五個步驟來執行：

步驟一：設定虛無假設。
步驟二：擬定對立假設。
步驟三：選出作為推論基礎之抽樣分配。
步驟四：計算測定之統計值。
步驟五：做出拒絕或不拒絕虛無假設之決策。

藉由統計的理論，會引導我們在假定理論是對的條件下，去預測統計值或測定統計值。例如：理論預期性別在職業成就上會有差異，因此如做統計檢定時，性別在職業分數之差異會達到顯著差異。

首先先設立「虛無假設」，在一般的情況下，我們假設變數與變數之間是彼

此獨立的，也就是不會因為性別的不同而影響其在職業上的選擇。因此，虛無假設為$H_0：\mu_{男} = \mu_{女}$。

由於我們所得到的樣本是所有可能得到樣本中的一個樣本，因此會有其機率上的變異，所以我們要選出一個α值，並決定是一尾或兩尾之測定後，找到對應在選定做假設測定之抽樣分配上之critical values，作為決定是否拒絕虛無假設之依據，一般而言，這個測定值為$\alpha = 0.05$，也就是在95%的信心水準之下，來檢定假設之顯著性。

我們做假設測定時所要看的證據是：樣本之特性，如平均數和虛無假設所預期之特性間的差異是多大？此差異是否大到一個程度，讓我們可以判斷此差異不是隨機造成的，或其發生之機率小於我們設定的α值。

接著依照所設定之α值，以及根據抽樣樣本所計算的統計值，遵循統計學理論來找到決斷值，以方便作顯著性的判斷。

最後，依據統計數據做決定，若達顯著則拒絕虛無假設，也就是暫時接受我們的理論為真；反之，則不拒絕虛無假設，也就是拒絕我們的假設為真。

4.4 迴歸分析

一、迴歸分析概述

在許多的研究問題上，研究者通常多在尋找兩個或兩個以上的變數的關係。例如：智力與學業成績上是否有高度的關聯，智力越高則其學業成績也越高。但更多的時候，兩個變數之間彼此的關聯可能無法一目了然，或是運用經驗法則去判斷，此時便需要一個方便且有效的統計工具來歸納變數之間的關聯。迴歸分析就是在討論變數之間的關聯，也及其因果關係。迴歸一詞最早由法蘭西斯·高爾頓（Francis Galton）研究親子間的身高而使用，其發現父母的身高雖然會遺傳給子女，但子女的身高卻有逐漸回歸到人類平均值的現象。

兩個變數之間彼此可能有高度關聯，但不表示其為因果關係。以一個比較淺而易懂的例子：家庭中，先生和太太是兩個獨立的個體，也就是兩個變數，變數彼此之間有高度相關，為夫妻關係，但彼此間並無因果關係，也就是兩變數之間無先後順序。然而，太太與小孩這兩個變數之間則為高度相關，但同時也有因果關係，畢竟要先有太太才會有小孩。迴歸分析便是檢測變數之間的因果關係最有

用的統計工具之一。

在迴歸分析中，一定有因跟果兩個變數，稱爲自變數（independent variable），數學上以x表示，與依變數（dependent variable），數學表示爲y。如果自變數只有一個則稱之爲簡單迴歸，若自變數有兩個或兩個以上則稱之爲複迴歸。進行迴歸的目的在找出預測函數來代表所研究的問題，可用適當的數學方程式來表示之，此方程式稱之爲迴歸方程式（regression equation）。爲了簡化方程式，通常我們假設其爲線性方程式，在此種情況下的分析討論，就稱之爲線性迴歸（linear regression），否則稱之爲非線性迴歸（nonlinear regression）。

簡單線性迴歸（simple linear regression）指的是迴歸方程式呈線性，並且只有一個自變數x，所以可表示爲：

$$y = B_1x + B_0$$

其中B_0與B_1是代有單位之常數與係數，爲了研究方便，將其標準化，則爲：

$$y = \beta_1x + \beta_0$$

迴歸係數β_1與β_0的估計可有最小平方法來計算，最小平方法是求得最佳適配直線有效率的統計方法。

在迴歸分析中，我們期望可成功建立迴歸方程式，這樣一來，就可由自變數x來準確的預測依變數y。因此，迴歸係數β_1的大小扮演著重要的角色。在作迴歸分析時，需先檢定$\beta_1 = 0$的假設，若檢定成立則代表x與y並無關聯。反之，檢定結果答顯著，代表x與y有關聯，迴歸方程式成立，使用者可用迴歸方程式來描寫自變數x與依變數y之關聯與因果關係。

二、迴歸分析在電競方向的應用案例

統計S3賽季的世界大賽中，當兩隊經濟差距到多少的時候，比賽就勝負已分？有玩LOL的人都知道，經濟就是一切，如果經濟被對方拉開，就算你手速超快、放招如神也救不回來。但問題是比賽開始幾分鐘後，經濟差距多少，勝負就底定了呢？爲了解決這個問題，本案例依舊收集了夏季聯賽70場比賽，每場比賽雙方隊伍在10、15、20分鐘時的經濟差距以及最後的輸贏結果來分析，希望能找出一個好的預測點來幫助預先判斷比賽的勝負。當然，比賽越後面，用經濟差距的結果來預測輸贏會越準，所以我們希望找到一個盡量前期的指標來預測輸贏，這樣推論統計的結果時，才有意義。在此，我們應用羅吉斯迴歸分析來預測各時

間點對賽事輸贏之預測模型，在此我們先不介紹羅吉斯迴歸分析法的原理與數學公式，應用統計軟體可以直接得到我們想要分析的統計數值。藍紫經濟差的定義是藍方經濟值－紫方經濟值。若為正值，代表藍方擁有經濟優勢；反之，則表示紫方擁有經濟優勢。ROC分析的結果顯示，10分鐘對輸贏的正確預測率為85.6%、15分鐘為94.7%、20分鐘為97.4%。我們可以發現20分鐘時預測力最高，但是15分鐘與20分鐘的預測力只差一點點，而10分鐘時預測力就差比較多，因此我們打算採取15分鐘的結果。再進一步看雙方經濟差，雙方差距是1.8K，這個結果表示，如果兩隊在15分鐘這個時間點上，經濟差距到1.8K（含以上），則經濟領先的那方，勝率有91.4%，幾乎就是贏定了。

表4-2　決斷時間－經濟差對勝負預測統計表

時間	藍紫經濟差	陽性預測值（WIN）	陰性預測值（LOSE）
10分	-0.15	71.4%	82.9%
15分	1.8	91.4%	88.6%
20分	0.75	94.3%	91.4%

接著再仔細討論5分鐘內的經濟上升變化對輸贏的影響。結果可以發現10-15分與15-20分的經濟上升變化預測力幾乎一樣，當10-15分這5分鐘內，某一方經濟5分鐘內又拉開對方900元，則該方的勝率高達94.3%。

表4-3　決斷時間－經濟差（5分鐘內）對勝負預測統計表

時間	藍紫經濟差	陽性預測值（WIN）	陰性預測值（LOSE）
10-15分	0.9	94.3%	97.1%
15-20分	0.75	94.3%	94.3%

三、電子競技的統計應用

在2016英雄聯盟S6全球總決賽系，AHQ與H2K的比賽中，AHQ選手Westdoor傷害經濟比的統計數據，是可以給教練、分析員等提供許多分析賽事戰術安排之依據。在數據上，Westdoor的傷害經濟比1.19，遠遠低於LMS賽區的1.49，作為知名戰隊的中單，卻在傷害經濟比這項數據上全賽區墊底，單從統計數據上來看，Westdoor的表現似乎是不及格。然而進一步分析數據的內容發現，Westdoor常在團戰中犧牲自己，以換來團隊其他選手更高的輸出傷害，依靠選手的優秀操作與優

勢，進一步滾雪球將局勢逆轉，最後拿下勝利。

所以電競賽事實況不僅僅是簡單的將資料羅列呈現，而是需要對每一個賽區，每一支戰隊、每一個熱門選手進行深入分析。透過數據與精練的文字描述，才更能讓觀眾去觀看比賽和理解比賽。目前有不少的團隊都加入到實況分析的領域中，未來一定能夠給玩家帶來更多更深入的解讀。

除了對自身的隊員分析外，其他職業戰隊隊員的數據挖掘也十分重要。國內的比賽對手主要以國內選手為主，大家彼此之間相對比較了解，如果到了世界級大賽上，就會發現與國外選手的對抗中，很容易因為不熟悉國外選手的打法，而出現不該出現的失誤。

如果我們透過對國外賽事的長期跟蹤，完全可以透過數據的呈現來分析出不同賽區、戰隊及選手的相應打法。對手的英雄選角，每分鐘補刀數，經濟差額，什麼時間補什麼樣的裝備等。透過數據也可以輔助戰隊分析師了解對手的打法以及習慣，讓教練在平時的訓練中，能更好的指導隊員，並且在BP（禁用和挑選）中做出對應選擇。

在LCK聯賽春季賽中，CJ對陣SKT的一場比賽，CJ首先Ban（禁用）掉了「勒布朗」和「麗珊卓」，隨後又Pick（挑選）了「伊澤瑞爾」和「露璐」。CJ透過之前的數據統計，進行了一系列的分析與思考，讓Faker在選英雄角色的過程中受到了明顯的壓制。最終等到Faker選角的時候，只剩下三個選擇：分別是劫、奧莉安娜和阿璃。在對手擁有露璐、伊澤瑞爾、瑟雷西、嘉文四世和希維爾的情況下，他選擇了熟悉的角色—阿璃。這個選擇可能是為了逃脫嘉文四世的大招，以及對付對面沒有機動力的希維爾，不過有了伊澤瑞爾的E技能和露璐的大招以及希維爾的法術護盾，要想刺殺她非常難。在Ban和Pick兩個環節中的出色表現，讓CJ成功在他們還沒有開賽之前，將Faker壓制到只能選擇一個效率不高的英雄，也為後續的比賽奠定了良好的基礎。

電子競技的核心是建立在網路遊戲本身的競技單元內容上，電競數據同樣可以幫助產品提升遊戲本身的生命週期。遊戲公司完全可以透過對電競選手行為進行監控，不斷去優化遊戲產品。藉由版本的更新，對遊戲內容細節作些微調，讓遊戲玩法不再一成不變，需依照版本的更動略作調整。同時，英雄之間的能力也作些調整，角色互剋的機制也有所改變，在英雄的BP上更富有變化，各個隊伍之間的對抗產生了不同的效果。同時也讓比賽本身產生更大的不可預測性。這正是Riot Game透過選手數據對遊戲版本數值的調整及優化，增加了英雄之間的平衡性和觀賞性，延續遊戲的生命週期。

習作題

一、什麼是抽樣調查？試舉一實際生活例子說明。

二、什麼是隨機試驗？試舉例說明。

三、什麼是「樣本」？什麼是「母體」？試舉例說明。

四、什麼是描述統計？什麼是推論統計？其差異為何？

五、在一些英雄統計數據之網站，常用到的統計數值有哪些？分別是差異量數或是集中量數？

六、承上題，這些數值中，哪些是屬量資料或是屬質資料?

七、請參考https://www.leagueofgraphs.com/zh/lcs/lcs-win-stats/msi-2018# 網站之統計數據（亦可掃上方QR code），從這些數據之中，你能得到什麼結論？

八、請試著收集2017英雄聯盟德瑪西亞杯總決賽之賽事結果，統計各戰隊的比賽情況。包括英雄BP的機率。

參考文獻

1. Galton, Francis. Kinship and Correlation (1989), *Statistical Science (Institute of Mathematical Statistics). 1989, 4* (2): 80-86.

2. Jurre Pannekeet (2018), Newzoo: Global Esports Economy Will Reach $905.6 Million in 2018 as Brand Investment Grows by 48% https://newzoo.com/insights/articles/newzoo-global-esports-economy-will-reach-905-6-million-2018-brand-investment-grows-48/

3. Mogull, Robert G. (2004), *Applied Statistics*, Kendall/Hunt Publishing Company.

4. 方世榮，1999，統計學導論，華泰文化事業公司。

5. 王中成，2016，電子競技雜誌10月PRO刊。

6. 車文博，2001，心理諮詢大百科全書，浙江科學技術出版社。

7. 郭信霖、許淑卿，2005，統計學，華立圖書。

8. 楊惟雯，2013，大數據在行銷領域應用，http://nmart.pixnet.net/blog/post/49890388-%E5%A4%A7%E6%95%B8%E6%93%9A%E5%9C%A8%E8%A1%8C%E9%8A%B7%E9%A0%98%E5%9F%9F%E6%87%89%E7%94%A8

9. 葉齊煉，申呆華，1992，學校教務工作實務手冊，開明出版社。

10. 戴久永，1979，現代統計學的發展，數學傳播第三卷第三期。

11. 林惠玲、陳正倉，2011，應用統計學，雙葉書廊。

12. 晨晰統計顧問有限公司，2013，英雄聯盟lol重要戰術之數據分析，http://dasanlin888.pixnet.net/blog/post/250997777

第五章
電子競技賽事策略規劃與設計

陳嘉亨

Project

　　諸葛亮的〈隆中對〉替顛沛流離的劉備制定治國方略，當時駐軍新野的劉備在徐庶建議下，三次到隆中拜訪諸葛亮，直到第三次方以得見。諸葛亮為劉備分析了天下形勢提出先取荊州，再取益州進而圖取中原的戰略構想，為劉備成就蜀漢大業規劃了一條明確而又完整的內政、外交政策和軍事路線，相當周詳地描繪出了一個魏、蜀、吳鼎足三分之勢的藍圖。劉備後來基本上就是按照這個政治方案建立了蜀漢政權，形成了天下三分的政治局面。此後，劉備的軍事行動有了依規，有了方向，不再是在大霧中盲目行走，而是有一套規劃與目標，達成雄霸一方的目標。從事策略規劃好比事前分析，透過周遭環境資料的收集，詳細審視我方條件，作出最適合目前的發展藍圖，是一種基於理性的決策過程。

　　大部分的人做事前並無策略規劃，莫名其妙成功後，才會去思考成功的因素，此方式雖然成功，但在事件發展的過程中，充滿著大量不確定性，也隨時有失敗的可能。先有策略規劃才有行動，最大的目的之一就是降低失敗的風險，每次決策是基於科學客觀與理智的判斷所作的決定，協助決策者提高行動成功的機率。假若行動成功了，就可以確定所定的策略是正確且有用的，更可以有效累積經驗。萬一行動失敗，可以有系統檢視可能的失敗環節，從中記取教訓。在此要強調的是，策略規劃不代表會帶來成功，並不是必勝的保證。從事策略規劃是經過分析，了解情況後作出決定，與不從事策略規劃的行動相比，差別在於知道為何成功或失敗的原因。

5.1 電競賽事策略規劃概述

一、策略規劃的概念

　　策略規劃是指為實現戰略目標和任務而採取的各種謀劃。一般由公司高階主管負責制定公司使命、組織目標、基本政策，以規範達成目標所需的資源管理。

　　為實現戰略目標需採取什麼手段、如何完成戰略任務，是策略規劃的重點。以下歸納了幾個特點：(1)策略規劃就是為實現階段性任務制定實際操作的內容和程式。(2)策略規劃的運行過程是結合階段性與連續性。策略作為完成任務目標的手段，決定了它運行過程的連續性和階段性。只有把階段性與連續性良好結合，才能保證任務目標的整體完成。(3)策略規劃的實施具有靈活性。必須預測策略實施進程，適時地變換、調整和修正策略，確保任務目標的系統完成。

　　策略規劃是一種過程，最終目的是要找出策略，好的策略需有好的組織相配

合，才可達到目標或給公司帶來預期利潤，若策略無法達成需要檢討其原因，是策略與部門政策或部門組織之連結出了問題？還是沒有宣導，導致沒有共識，因此未能保證成功？先有策略才有行動，最大的好處是知道為什麼行動成功，你就可以確定這樣的策略，可能是正確而有用的，如此可以有效累積經驗，萬一行動失敗，則可以有系統地去追查哪一個環節做了錯誤判斷，累積教訓。

策略規劃的內容及步驟一般包括確立公司使命與目標、分析公司環境（包括內部、顧客與競爭對手）、制定相應策略及最後的執行策略。在進行策略規劃的過程中，我們需要明確討論幾個問題，以保證實施的可執行性及最終目標的可達成性，見表5-1所示。

表5-1　策略規劃需討論的問題

序號	問題	具體描述
1	外在環境如何評價？	政治環境、政府管制、社會環境、經濟環境、人口趨勢、新科技、產業聯盟、影響產品需求的有利及不利因素。
2	對顧客和市場有多少了解？	誰才是購買的真正決策者，擁有購買行為。
3	能兼顧獲利的最佳成長方式是什麼？	是否需要開發新產品？是否要為現有產品拓展新通路及新顧客？是否需要收購其他企業？成本與競爭者相比差異如何，是否需要改善？
4	競爭者是誰？	避免低估或者高估自己的競爭者。
5	企業是否有執行策略的能力？	企業內部需坦誠評量自身的能力，同時根據顧客及供應商的回饋，評量企業的能力。
6	計畫執行過程中的階段性目標是什麼？	定期檢討，以便及時應對快速的市場變化。
7	能否兼顧短期與長期發展的平衡？	找出可能發生變動的因素，設法應對這些變動，才能兼顧到長期的可行性。
8	企業面對的關鍵問題是什麼？	企業真正的痛點問題。
9	如何追求持續性獲利？	從各項企業基礎因素來分析，目前及未來如何持續獲利。

二、戰術規劃的概念

戰術規劃是用來實施策略規劃的一系列有組織的步驟。戰術對應戰鬥，而策略對應戰爭。戰術重視人和行動，而策略重視資源、環境和使命。

戰術規劃的基本原則包括以下幾點：

　　首先，戰術規劃的起點是從廣泛的策略目標中選取一些戰術性目標。意外的情況下可能需要一項獨立的戰術規劃，但在絕大多數情況下，戰術規劃來自策略規劃並且必須同策略規劃保持一致。

　　例如：可口可樂公司的高層經理制定了一項策略規劃，旨在鞏固企業在軟性飲料市場上的主導地位。在這項規劃中，他們發現了一個重要的環境威脅，存在於包裝和分銷可口可樂產品的裝瓶廠商中的不確定性。為了迎擊這種威脅，加強公司在市場上的地位，可口可樂公司買下了幾家大型的獨立裝瓶廠，組成一個稱為「可口可樂企業」的新組織。然後，將這家企業50%的股份出售，獲得數百萬美元的利潤，同時剩下的股份可以保證可口可樂對這家企業的控制權。在這裡，新企業的創辦就是一個對整體策略目標作出貢獻的戰術規劃。

　　其次，策略規劃通常使用一般性的表述，而戰術規劃則必須將資源和時間結構具體化。策略規劃可以要求企業在某一特定市場或產業中成為第一，但戰術規劃必須明確指出採取哪些行動才能實現這一目標。前面講過的可口可樂公司就是一個例子。這家公司策略規劃的另一個目標是增加全球市場占有率。為了增加歐洲的銷售，經理們制定的戰術規劃是在法國南部建造一家生產飲料濃縮液的工廠，在敦克爾克再建造一個製罐廠，還在印度市場投入鉅資。建造這些工廠代表具體行動，其中包括可測量的資源（建廠資金）和清楚的時間表（完成期限）。

　　最後，實施戰術規劃需要用到人力資源。經理們要花許多時間同其他人一起工作。他們必須從公司內部和外部人員那裡獲得資訊，以最有效的方式處理這些資訊，然後再將資訊傳遞給需要的人員。可口可樂的經理們積極參與新工廠的規劃，新製罐廠的開工比預計時間提前了很多，他們還同英國的吉百利公司談判建立合資企業。每一項活動要求多位經理投入大量的時間和努力。有一位經理在談判吉百利公司的合作時，往返大西洋達12次之多。

　　簡單來說，策略是遠見，戰術是應急。策略是長線，戰術是短線。有策略沒有戰術，就淪為遙不可及的殘念。有戰術沒有策略，就導致不知所謂的瞎忙。

三、電競賽事的策略規劃

　　首先，我們必須先了解在電子競技的場域中，每分每秒都非常關鍵，所以策略規劃相當重要，最常見的例子屬於團隊類型的射擊競技遊戲，以《反恐菁英：全球攻勢》來舉例，競技的過程中從第一回合小槍局的策略佈置，一直到十六回合比賽結束，每一回合都與策略規劃有密不可分的關係。其他類型的項目，例如：《皇室戰爭》、《爐石戰記》這種卡牌類型組合的策略使用，甚至在《英雄

聯盟》角色選擇的Ban（禁用）／Pick（選擇）部分，都使用了大量的策略規劃。

策略規劃的本質在競技場上，面對各式各樣的外在競爭對手所帶來的影響，與自身隊伍的內在條件狀態，須進行各項評估與決策。由於外在與內在的情境並不容易判斷與整合，所以在實務環境下，就會面臨推理與思考上的困境。

如圖5-1，2017年每一次的B/P，選手與教練之間都有28秒的時間可以確定下一個B/P對隊伍來說何者更有優勢，也就是如果利用對面的28秒再配上自己的28秒，共有56秒的極限值思考空間，所以有時候也剛好有臆測到或戰術性質直接秒鎖角色的情況產生。

圖5-1　2017年英雄聯盟世界賽

資料來源：www.youtube.com

策略是一種方式，嘗試了解隊伍在競技場上的定位，在此概念範圍下，不斷改善並且提升隊伍能力是長期性隊伍使用的一種方法，設定目標、達成目標，並有效率地採取行動。

當我們開始運用策略，並沒有一個固定的模式，所以常常是很空洞的。因此，我們要有一個準則清晰的策略思考要領，有助於臨場時的策略分析與規劃，最後才能執行並加以控制整個流程。策略的類型可分為：

(一) 成長策略

1. 對隊伍現狀再次提升，超越過去達成之成就，設定目前最大的目標。
2. 練習要求大幅提高品質，訓練方式採多元化。

3. 表達與討論，刺激彼此思想碰撞，強化邏輯概念。

(二) 退讓策略

1. 針對隊伍挑幾項可以進步的地方先做，試圖糾正隊伍面臨的問題。

2. 對於隊伍本身風格實施檢測，必要時放棄隊伍風格。

3. 閃避對方最大優勢，保持在隊伍尚可接受範圍內。

(三) 穩定策略

1. 隊伍在原有的架構範圍下，持續保持訓練。

2. 隊伍持續追求相同或相似的目標，但對過往的細節做出微幅調整。

3. 隊伍的執行層面上，所展現的效果性質方面做小幅改變。

(四) 綜合策略

1. 把成長、退讓、穩定策略加總起來，使用在隊伍的各個層面上。

2. 隊伍可能保持現況，也可能有所改變，可以依照隊伍現況或改變的時機實施。舉例來說，韓國《英雄聯盟》職業聯賽LCK賽區，SKT在2015年取得世界冠軍，卻在隔年2016年LCK賽區被LZ戰隊擊敗，雖然最後2016年的世界冠軍依舊是SKT，但此時的警訊不斷冒出，最終就是在2017年，從小組十六強到八強與四強，每一個對戰組合都來得相當劣勢，甚至幾乎都是對面先聽牌，2017年《英雄聯盟》世界大賽SSG以三比零擊敗SKT。

圖5-2　2017年英雄聯盟世界冠軍

資料來源：www.gamehubs.com

　　策略理解的貢獻在於說明管理者應該如何創造及維持競爭優勢，使隊伍朝向正確的方向行走，因此提出對隊伍的分析。例如：有些隊伍使用這個方式在競技場域上大獲成功，而有些隊伍仍在迷惘著、思考著，其關鍵就在於能否發展出競爭優勢。

四、電競賽事戰術規劃的角色分工

　　在電子競技的產業中，扮演戰術規劃的角色是教練和分析師，甚至在戰隊隊伍中隊長、指揮官和二線指揮官也會扮演戰術規劃角色。他們的角色不同，戰術規劃分工亦不相同，具體分工內容如下所述：

(一) 教練角度

　　教練其實就是要成為一個很好的觀察員，從觀察的過程中了解自己隊伍的特色與資源，因為選手能上得了競技的舞台，基本上在技術操作都有一定的基礎。當然一個好的教練本身也擁有不錯的素質，可以幫助隊員在迷惘的時候選擇正確的方向，讓選手快速離開低潮期。教練會仔細觀察每位隊員，了解他的個性、生活的態度、講話的方式，好像把他當作自己的小孩一樣看待，但是又必須跟他保持一段距離，不然很難拿捏賞與罰的制度。透過這些彼此的認識和了解，當你的團隊隊員面臨問題時，可以快速找出溝通方式，甚至可以選擇隊員信任或接受的方式進行溝通，避免產生過多的摩擦。

(二) 分析師角度

　　電子競技賽事的發展從2000年至今才短短十幾年，現今的電子競技比賽專案，對於競技的公平性要求得非常嚴格，主要是因為賽事遊戲的頻繁更換以及電競賽事發展年限較短，所以對賽事制度的修改也較為常見。

　　分析師需要探索專屬電競專案的系統變更與遊戲的改版產生了哪些影響，還需要把每一個參與此項目的世界頂級職業隊伍當作假想敵進行策略分析。另一方面，分析師必須了解每一個地區的打法與戰術制定的風格，來深入解析與透徹掌控，所以對於歐洲、北美、韓國等地區比較多元的風格都必須去研究，給予隊伍最直接的幫助。

　　在電子競技的比賽中，最終的舞台往往就是國與國之間的對抗，也是最能牽動觀眾心裡悸動的一刻，所以一份優秀的分析師報告對於團隊來說，就是戰績層面的策略和戰術，對於主播賽評也能有更多資訊的彙整。

(三) 隊長角度

電競在一般團隊運動當中，都會採取集中住宿管理，確保隊員的安全，同時也為了保證訓練品質。此外，隊長也擔任戰術執行的角色，隨著對戰情況不同，隊長也需隨機應變，適時調整戰術規劃，並下達指令給隊員。管理層不會天天跟選手24小時無時無刻緊密在一起，所以在隊員之中自然延伸出一位隊長，他在隊伍上屬於靈魂人物，最主要是一種精神的象徵，代表整支隊伍，也是隊伍對外展現的一種風格與氣場。

隊長通常都會被賦予很多責任，而且也會接收很多來自教練交代的任務，所以責任心也會比其他隊員更為強烈。

(四) 指揮官角度

一般隊員擔任隊長的同時，也會兼顧指揮官的角色，主要原因是因為這個角色需要在隊員中具有一定的信任程度，這樣他的決策才會比較容易受到認可，隊員之間也不會產生太多的質疑，在競技每分每秒都非常關鍵的時刻，有一致性的方向顯得尤為重要。指揮官要辨識敵我隊員的臨場狀態，在比賽之前，雙方隊伍一定會做好充足的賽前分析準備工作，但是在賽場中，無限的變化就非常考驗指揮官臨場的判斷能力。要在時間上、情報上、回合上，用最快的速度了解對手和自己隊伍的有利條件之後，再迅速拿出平時訓練的其他策略來對應此狀況，這就是一個好的指揮官最大價值所在。

另外，一名優秀的指揮官，能在諸多狀況發生的同時，在極短的時間內做出決策，還要能夠兼顧自己隊員今日在賽場上的狀態好壞，根據實際情況與隊員做好溝通配合及臨場調度。這種運動員所帶來的價值是非常巨大的，不僅有很強的專業實力，更是一名不可取代的領導者。

(五) 二線指揮官角度

二線指揮官最主要的是分擔指揮官的工作內容，因為在分秒必爭的電競賽場上，把全部的資訊與責任都依附於指揮官的抉擇，會出現資訊量爆炸，無法保證指揮官做出正確的抉擇，所以通常二線指揮官會接手部分賽場上的突發狀況，例如：設定好的戰術，中途不管是敵方還是我方發生失誤，導致無法順利達成起初所設定的目標時，二線指揮官就會進行處理。更有甚者在突發狀態下，戰場只剩2-3名成員時，也可臨場直接制定戰術，或直接接下指揮權，告訴隊伍新的作戰方向，下達的指揮命令要簡短、明確、必要、思路清晰。

5.2 電競賽事戰略戰術設計

　　策略，在兵法上叫戰略，在管理學中叫策略。彼得‧杜拉克說過，「策略可以將組織的使命和目標轉化為具體績效。」而戰術是執行策略或戰略的手段，兩者不同。毛澤東說過，「戰略上要以少勝多，戰術上要以多勝少。」就是說打仗的時候，我們在戰略制定上要以最小的成本獲得最大的收益，才能造成以少勝多的可能。戰略與戰術的關係，正如唇齒一樣，彼此之間相互依賴也相互保護，戰術依存於戰略，又隨戰略所指示的方針而行動，戰術的行動可以影響戰略的成敗，而正確的戰略卻常能給予戰術致勝的基礎。軍事家若米尼說，「戰略是在地圖上作戰，對戰爭全域打算的技術；戰術是在戰場上直接指揮部隊的技術。」克勞塞維慈說，「戰術是一場戰鬥間使用戰鬥力的學術，戰略是使用多數戰鬥以達到戰爭目的的學術。戰略是遠見，戰術是應急。戰略是長線，戰術是短線。」

一、電競賽事戰略設計

　　在進行一場電競賽時，首先要思考的是戰略設計。戰略設計是電競比賽的基礎和核心，為整場賽事提供營運方向，是比賽發展的靈魂和主線，也是戰略實施和戰略評估的基礎。戰略設計不同於經營計畫，不是下一分、下一秒做什麼，而是想到整個比賽預計會怎麼樣，而未來決定該如何做。電競賽事戰略設計的思考可依據目前團隊的資源，例如：選手的情況、地圖資源的選擇、競爭對手的團隊資源，來加以設計，預選一條對我方有利的戰略執行。傳統上，戰略表現為不同的形式，而每一種戰略都在創造特定的價值。我們可以將戰略分成三大類：競爭戰略、財務戰略、投資戰略。若以《英雄聯盟》為例，競爭戰略是指保持掌握對我方有利的地圖資源，設法控制在我方有利的勢力之下，如兵線的推送、藍方 /紅方打野資源的掌控、河道與巴龍視野的掌握等。財務戰略可思考英雄出裝的順序與性價比，道具與英雄特色，乃至於英雄與英雄間的搭配所產生出的額外效果，合理且有效的分配，將效益最大化。投資戰略則是將資源投資在少數幾位選手之上，透過其優勢的經濟效益，有效壓制對方選手發展，影響到團隊經濟，最後有利於我方。

二、電競賽事戰術設計

電競賽事的戰術設計，我們透過《英雄聯盟》和第一人稱射擊類遊戲的賽事為案例背景，介紹幾種常見的戰術設計。依照所訂定之戰略目標，因而制定出不同的戰術，常見的有：

(一) 《英雄聯盟》

1. 打野壓迫戰術

這個戰術的核心思想就是壓制對方打野選手發育，透過上單和打野選手的強勢入侵敵方野區，以不斷侵蝕對方野區資源為目的，有效讓對方打野選手無法順利成長發育，讓對方打野資源枯竭因而發育不良，難以對隊友進行支援，最後取得我方經濟上的優勢。要實現這個戰術，需要一個清線快（是指將遊戲上路、中路、下路的敵方小兵清理乾淨）的上單英雄，快速推兵線，然後配合打野選手入侵對方野區。

2. 41分推

這種戰術主要是推線（清理掉線路上的對方單位，把我方兵線往前推）的壓制，壓兵線進塔，對方守右邊我方打左邊，對方守左邊，我方則打右邊，造成對方守塔的壓力，顧此失彼。此戰術的進行需配合兵線的推進，優良的兵線控制能力成為此戰術執行的重點。

當執行41分推時，對方可能針對落單英雄集中痛擊，或是利用人數上的優勢開團來取得團戰勝利。於是，擔任單推的選手其地圖掌握能力與意識格外重要，進出地方領地的時機需準確判斷，也需與隊友保持默契。否則，會戰在少一個人的情況下，可能造成團戰崩盤。透過不斷分推與換線，讓對手疲於奔命。

選角色的重點在於能快速支援，擁有強力POKE技能（射程遠、傷害高的技能），且能快速推線、賴線強（只在自己的那條線上打）的英雄，一個能快速支援的選手單帶一條線，其他四人抱團，牽制對方陣型，形成局部多打少的局面，突破進擊，從而破塔、上高地、破水晶，最後勝利。

圖5-3　TPA 41分推

資料來源：TPA世界賽S2，www.youtube.com

3. 逆EU速推流

這種戰術在韓國比較流行，打的是快速推進，緊迫推進兵線攻擊炮塔，從而擴大地圖野區控制和經濟壓制。《英雄聯盟》本質上是一個推塔遊戲，透過防禦塔的攻防來製造優勢。原則上利用兵線的壓制使得英雄發育受阻。如上路被壓制，因而吃不到兵，上路英雄需補經濟以求發育。在敵方小兵不斷送入攻塔，英雄被迫守塔而難以支持會戰，或是放棄小龍會戰支援。也由於上路被壓制，打野要能適時協助上路或佈眼，無形中也限制了打野的發育，今而將劣勢擴散到其他路。選角色重點在於強力推進的物理傷害輸出型英雄（ADC）、前期壓制能力強的輔助（SUP）、快速清野的打野（JG）和自保能力強的上單（TOP）。

4. 四保一戰術

這種戰術核心思路是：上單（TOP）安穩發育，打野經濟讓給物理傷害（AD），全力保證物理傷害輸出型英雄（ADC）的成長，團戰時上單與打野負責承受傷害，法術（AP）打足傷害，輔助保護ADC，ADC站好位置全力輸出以完成收割。這個戰術非常簡單，使用的人也不多，最早是TPA的4人保BeBe選手，但是國內玩家最熟悉的，是皇族的4保1，俗稱養狗戰術。在技術操作上的要求較低，只需要一個明星級ADC就可以了。中國環境適合AD的成長，所以這個戰術在中國是最常被使用的。這種戰術主要是保護這位英雄，對該名英雄投以大量資源，盡全隊之力保護該名英雄，讓英雄發揮最大效益，通常此英雄是選擇具有高爆發輸

出能力之英雄。但也有可能戰術執行不力而提早崩盤，結束遊戲。

(二) 第一人稱射擊類遊戲

我們再以第一人稱射擊類遊戲爲例，來說明戰術的設計與執行情形。

一開始，在大家對於戰術不是這麼熟悉的時候，最常有的情況就是仔細思考地圖特色，與角色喜好上的分配。每張地圖中，有些人喜歡中路、有些人喜歡左路、有些人喜歡右路、戰術上的執行著重在打出一個突破口。至於什麼是突破口，簡單來說就是擊殺對方，或者搶下很重要的據點，導致對方因爲據點被搶，或者隊員被擊殺，必須要轉換陣型、走位。利用此空檔，其他路線的隊友再去殲滅要轉換陣型的敵方，因而打亂了其陣型佈置。靠著敵方轉換陣形時形成的亂點來突擊，以這種方式來取得隊伍勝利。因此，一開始就散出去，大家去打自己喜歡的點，嘗試尋找突破口。

但是長久下來用這種方式打，很多人都會覺得，有時候會贏，有時候會輸，感覺贏起來不是很扎實，輸了也不知道爲什麼，頂多責怪隊友可能是武器差導致輸掉。其實在我們設計戰術的時候，跟大家的想法是一樣的，我們需要的是想辦法打出一個突破口。

在設計戰術前需考慮選手、地圖地形、道具資源、出奇制勝、快攻、佯攻、基本位等內容。具體舉例來說如下：

1. 選手：明星選手的價值

簡單來說就是你的隊伍，有一個個人能力相當優秀的選手，你可以利用他操作上的優勢來設計一個戰術，我們常在職業聯賽當中看到知名選手，會在某些地方打出偷襲，擊殺攻方選手，這種戰術並沒有設計特別的招式。

• 優點：最主要是打出其不意，讓攻方原本設計的五人戰術，因爲一開始死了一個，導致無法執行。

• 缺點：雖然選手打這招執行率可能高達80%，但是萬一失敗，隊伍必須要有四打五的能力。

2. 地圖地形：透過地形、地標、建築物的優勢與理解來展現

靠著地圖優勢的戰術，例如：有一些位置攻方可以提早先到第一交戰點，這要求選手必須對地圖完全熟悉跟掌握，才能設計一個地圖戰術。

• 優點：讓守方有極大壓力，每場對於攻方的侵略，導致防守失誤率提升。

• 缺點：在搶位置的速度輪的狀況下，會給予大量投擲物。例如：閃光、炸彈，一個沒注意，可能付出的代價會更大。

3. 道具資源

善用道具資源是玩任何遊戲必備的知識，甚至是開發出另類的使用方式，或是自由開發出來。常看到很多玩家喜歡一個人開圖研究一些市面上還沒出現的投擲彈，這種戰術必須要透過努力才能得到，就像是你有一顆全世界都不知道的閃光彈，用於攻點的時候，有相當大的幫助。

4. 出奇制勝

作戰時，我方一方面正面和對方交鋒，而另一方面出奇兵來取得勝利。

• 優點：快速擊敗對方。

• 缺點：要花很多時間去研究。

5. 快攻：速度可以決定對手的深度

所有的隊伍一定要有的一個戰術，就是全力拚速度，為什麼快攻這個戰術永遠不落伍？因為當你連戰術都還沒打出來的時候，快攻是一個很好的破局，在對方原本設定的戰術、站位還沒形成的時候，就交戰了，甚至隊伍在連贏的時候，快攻也能轉換節奏，讓對方完全不知道你們要打什麼的良好戰術。

• 優點：快慢戰術轉換、可以突破僵局的戰術。

• 缺點：技術與走位要良好，不然就是全軍覆滅。

6. 佯攻：真真假假，兵者詭道也

其實是一種騙招的戰術，目的主要是讓敵方以為你要攻此點，真正用意是打另外一個點。

• 優點：利用敵人情報上的錯誤，製造機會侵入另外一個點。

• 缺點：騙招隱密性、控制力很重要，只要其中一個成員對戰術不熟悉，最後被騙的反而是自己人，需要極大的配合度。

7. 基本位

是考驗一個隊伍基本功扎實程度的戰術。簡單來說，這個戰術的陣容站位有無限變化，完全靠情報、溝通和個人意識，所結合而成的一種戰術，比如說某個

陣型必須應付所有的突發狀況，對方針對你們的弱邊、怪招、戰術快攻，都要以這個陣型做所有的應對。舉一個例子：對方要反打單邊的隊員，我方就要有能力馬上做「反反打」，意思就是對方要反打我方，我方再反過來打對方。

- 優點：對方沒辦法針對你的戰術。

- 缺點：非常考驗個人能力，隊伍沒有一定成熟度，至少一年達不到此效果。

5.3 電競賽事資料深度分析制定策略

在討論資料分析有沒有用時，其實我們討論的是資料分析的準確性和運用範圍。舉例來說，作為一名《英雄聯盟》職業隊的教練，平常觀察隊員訓練情況，在比賽前發現A選手近期訓練狀態欠佳，正式賽時決定暫時先讓B選手先發。再如賽前觀看對手比賽，發現對方選手擅長的三個英雄是A、B、C，那麼在BP環節選角色時則應禁用這三個英雄。在比賽時，對面的打野選手很少照顧上路選手，可針對此情況在選手的打法上作出一些改變。這些過程其實都是數據分析，無論是否運用到工具、演算法。資料分析只是提供了可量化的判斷依據，至始至終都存在於電子競技行業，甚至於其他運動專案也都用得到資料分析。電子競技行業與所有的體育運動一樣，都在做訓練分析、對手分析的工作。

電子競技是最好獲取資料的運動，因為天生就是數位化的。但問題是這些資料掌控在遊戲開發商及賽事組織者手裡。除了遊戲開發商之外，能夠拿到完整資料的企業並不多，而提供開放的職業賽事資料介面的遊戲公司也不多。即便是拿到了賽事的原始資料或者demo，國內大部分的隊伍也都不具備解析資料並具備相關資料的儲存技術儲備。也因此，才有了專業的電競資料分析機構的存在。

通常在比賽時，某一方拿下《英雄聯盟》野怪巴龍（Baron Nashor）時，比賽畫面會帶出一個巴龍經濟數字，以顯示出在附加巴龍效果時，團隊所拿下的經濟統計。而在比賽結束後，通常會看到一個傷害顯示面板，統計出每個隊員在比賽過程中造成了多少傷害，在這個基礎上，就可以再計算輸出占比、每分鐘輸出、經濟轉輸出效率。有了這些統計數字之後，就看分析者如何解讀這些數字來詮釋遊戲的過程。正如前述，資料分析不是給你答案，而是提供工具，提供決策者制定策略與戰術時的一個參考值，以協助其作決策，提高遊戲勝利的機率。

舉個例子，以Uzi選手為例，從經濟轉輸出的這項資料上看，Uzi的確不符合「經濟適用型」，Uzi選手吃兵數多，打的傷害也多。但我們要知道傷害並不是

100%轉換成場面優勢。Uzi九個賽季的場均擊殺都位居ADC前三，他能在關鍵時候擊殺關鍵的人，在比賽過程中始終保持高效率的經濟，以此來蓄積團戰傷害爆發的資本。取得勝利有無數種方式，最終能帶領隊伍勝出才是重點。如果我們看另一項資料「每次擊殺所需輸出」，Uzi於2017年春季賽在ADC選手中排名第一，他是用最少傷害完成最多擊殺的人，這是一個ADC擊殺效率的體現，也是Uzi「經濟轉傷害」並不亮眼的原因。

　　上面的例子可以告訴我們，在作數據分析時，要先考慮資料怎麼用。在回答這個問題之前，首先要學習「資料思考」（Data Thinking），了解資料解決問題的極限在哪裡。舉例來說，如果我是一家希望分析現有銷售資料的速食店，但萬一銷售資料沒有記錄漢堡的類別，我就不可能找出人氣漢堡。資料只是真實世界的片段，不可能透過資料完全反映真實世界，分析資料的極限在某種程度是存在的。就以某區域網路意見調查為例，可能很多發言者根本不在該地區，有可能是不同地區的網友，看到問卷就隨手而填；而很多只是「潛水」閱讀而沒有公開發言的人，也不會形成資料；更甚者，有很多人可能連上網的能力都尚不具備！統計資料的價值在於如何去運用與解讀，除了計算資料，統計也能使我們更好地判讀資料。因為同樣的資料，透過不同的統計方法，可能得出天差地遠的結果，進而影響我們對於資料分析的認知立場。

　　以比賽為例，選手、觀眾與企業對資料以及相關的應用，充滿各式各樣的疑問。例如：BP環節如何選角色？如何促進觀眾到場觀看的意願？網路轉播要推播給網友什麼廣告？廣告應該放在影片中的哪個位置效果會最好？資料分析師應當參與更多第一線收集資料的細節，然而現在設計資料儲存的種類與資料欄位的人卻少有統計學家的蹤影，大多還是以遊戲開發商或是程式設計師所認知的方式來儲存。統計過去一週獲勝率前十名的英雄？還是玩家最常強化或削弱的前十名道具？網路直播中要如何計算廣告成效，如何統計其最後轉換的購買率或購買金額？這些問題若要得出更仔細的答案，就需要統計學家更大程度的參與。若能從中改善使用者體驗，就能收集到更好的資料、做出更好的解讀。讓資料不只是躺在資料庫中，而能走入真實世界，解決更多實際問題。

5.4 策略三構面

　　學者吳思華（2000）認為策略構面可整理歸納為「範疇、資源、網路」等三大部分，詳細來說，即包含了「營運範疇的界定與調整」、「核心資源的創造與

累積」以及「事業網路的建構與強化」三部分。

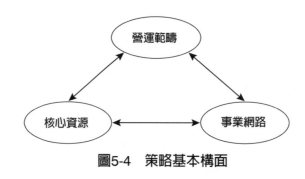

圖5-4　策略基本構面

「營運範疇的界定與調整」是指勾勒出企業的具體外顯表徵，分別是產品市場、活動組合、地理構形及業務規模。這些界定了誰是企業的顧客及企業對顧客提供什麼產品及服務，也間接決定了誰是競爭對手，從這角度來看，「營運範疇」界定一個企業與外間的關係。從策略的角度來看，單一整體指標簡易明確，是企業內部人員與外部人員良好的溝通工具。

「核心資源的創造與累積」是企業的營運資本，它包括資產與能力兩大項，前者是指在特定時間可清點的有形資產（如土地、機械設備、資金）與無形資產（如商譽、專利、資料庫）；後者則是指有助於企業基本運作的組織能力（如業務運作程式、技術創新與商品化、組織文化、組織記憶與學習）和個人能力（如專業技術、管理能力、人際關係網絡）。沒有資源不能提供產品及服務，沒有恰當的營運範疇，資源也不能實現它的價值。資源是能否在某營運範疇中建立競爭優勢的根本，但資源的累積也有賴於投資及從事活動中所能吸取的經驗，因此從長遠角度看，兩者有著緊密的關係。

「事業網路的建構與強化」是指企業必須和周邊環境的事業夥伴建構適當的關係。包括與體系成員間的關係、各成員間的網絡關係及在網絡中的位置。一般來說，沒有企業能擁有所有營運範疇內的產品及服務所需要的資源，因此企業必須有不同的資源供應者才能實現其營運範疇的承諾。這些夥伴及與它們的關係便是事業網絡，可再細分成「體系成員」、「網絡關係」、「網絡位置」。

• 案例分析

接下來透過一個實例對策略三構面來進行分析，首創直銷模式的戴爾電腦，創立多年以來，每年的營業額皆有高幅度成長，分析討論如下：

(一) 營運範疇的界定與調整

戴爾公司早期的產品定位實際上就是銷售組裝機，按照顧客要求製造電腦，並向顧客直接發貨，使戴爾公司能夠更有效和明確地了解顧客需求，繼而迅速做出回應。這種革命性的舉措已使戴爾公司成為全球領先的電腦系統直銷商，躋身業內主要製造商之列。戴爾公司設計、開發、生產、行銷、維修和支援一系列從筆記型電腦到工作站的個人電腦系統。每個系統都是根據顧客的個別要求量身訂作的。戴爾公司透過首創的革命性「直線訂購模式」與大型跨國企業、政府部門、教育機構、中小型企業及個人消費者建立直接聯繫。戴爾公司是首個向顧客提供免費直撥電話技術支援，以及第二個工作日到府服務的電腦供應商。這些服務形式現在已成為全行業的標準。直線訂購模式使戴爾公司能夠提供最佳價值的技術方案：系統組態強大而豐富，性能表現物超所值。同時，也使戴爾公司能以更具競爭力的價格推出最新相關技術。眾所周知，戴爾擁有黃金三原則。

1. 直銷原則

戴爾公司建立了一套顧客聯繫的管道，由顧客直接向戴爾發訂單，訂單中詳細列出所需配置，然後由戴爾「按單生產」，同時，藉助網路整合從零部件供應商到最終用戶的整個供應鏈。戴爾的網頁www.dell.com聲譽卓著，網址已包括80個國家的網站，每季度訪問量超過4,000萬人次，正是由於戴爾所提供的完善和高效率的資訊服務，最終贏得了訂貨決策者的選擇，在為顧客提供價值增值的同時，進一步強化顧客的忠誠度。

2. 摒棄庫存

戴爾在銷售和採購環節的零庫存，效益顯而易見。庫存占用資金的減少；優化應收和應付帳款，加快資金周轉；庫存管理成本的降低；規避個人電腦行業技術更新快、成品和原材料降價、滯銷風險等。以資訊代替存貨是戴爾模式的核心。

3. 與顧客結盟

「與顧客結盟」是直銷模式的優勢之處。最具創新的顧客服務形式就是「貴賓網頁」。這8,000個迷你網站是戴爾針對每一位重要顧客的特定需求，精心設計

的企業個人電腦資源管理工具。企業顧客可在這些網頁上找到企業慣用的個人電腦規格與報價，並線上訂購，同時還可以進入戴爾的技術支援資料庫下載資訊，為負責管理企業電腦資源的員工省下許多寶貴的時間，深受企業界歡迎。

(二) 核心資源的創造與累積

如前所述，核心資源包括資產和能力兩大項。就資源而言，並非所有資源都可以作為企業持久競爭優勢的來源，我們將能夠帶來企業競爭優勢的資源稱為關鍵資源。按照伯尼（Barney）的觀點，關鍵資源的評判標準主要有價值性、稀缺性和不可模仿及替代性，因此關鍵資源是企業獲得競爭優勢的唯一直接途徑。戴爾的成功從表面上看是行銷理念創新的成功，但從實質上看，這種行銷創新的成功更是源自於技術創新、組織創新等涉及企業其他管理活動的變革。

1. 企業內部各項管理實現資訊化

戴爾公司的網站現在的日營業額達到4,000萬美元，接收到的電子訂單數以千計，這就牽涉到訂單資訊的統計、分類以及正確傳到生產部門。而這一切不可能由人來完成，只能由先進的ERP等企業管理軟體來集成這項功能。從生產流程上說，戴爾直接面對使用者訂製產品，要求隨時改變產品結構，這就使它不宜作用於流水線式作業，而是要縮短流程、減少工序，這樣每個生產環節的工作強度增大，難度提高，相應地，對每個環節上的技術含量、生產條件的要求自然也就高了，檢測、後期服務等技術都要提高。所有這些環節都離不開企業內部現代管理的實現，其中最主要的就是以ERP軟體實施為代表的企業內部管理資訊化。

2. 良好的物流體系支持

在美國，由於市場發展比較完善，已經逐步形成了一個完善的物流體系。戴爾公司不但能保證商品能夠及時送到顧客手中，還能提供訂單查詢服務，讓顧客隨時知道自己的東西究竟已運送到什麼地方。

3. 良好的服務支援

一方面，戴爾公司透過設立網上自我故障排除和技術支援信箱等服務，讓顧客能夠透過網路便捷地解決自己的問題。同時，對於維修等不能透過網路解決的，戴爾將其外包出去，讓其他的專業公司承擔這一責任，實現了專業分工合作，節省自己的成本，也為使用者提供優質的服務。

力求精簡是戴爾提高效率的主要作法。公司把電話銷售流程分解成簡單的8個步驟，其自動生產線全天候運轉，配件從生產線的一端送進來，不到兩小時就變

成成品從另一端出去，然後直接運往顧客服務中心。戴爾在簡化流程方面擁有550項專利。分析家們普遍認為，這些專利也正是其他公司無法真正複製貌似簡單的「戴爾模式」最主要原因。

(三) 事業網路的建構與強化

經濟增長的不竭動力在於不斷深入專業化分工。從產業價值鏈的角度來分析，企業必須與上下游企業以及其他社會主體進行交易以實現價值創造。隨著環境的變化和技術的演進，企業之間、企業與其他社會主體之間的關係變得日益豐富和複雜。組織必須與供應商、銷售商以及其他夥伴進行深層次的合作以獲得外部資源，才能在有競爭力的價格水準上提供新的產品和服務。網絡已經成為企業生存環境中不可分離的組成部分。從這個意義而言，企業所擁有的網絡關係必然對組織的競爭優勢有重要影響。

戴爾的業務流程創新分為兩階段。第一階段是放棄零售業的仲介管道，建立向顧客直接銷售電腦的經營模式。第二階段是將網路技術充分運用於經營管理過程之中，建立資訊密集型的生產體系。這種體系使戴爾能夠根據顧客的規格迅速、準確而零庫存地生產出電腦。

習作題

一、請試列出設計戰術的原則為何？

二、章節提出來的策略三構面為哪些？

三、試運用策略三構面於電競策略規劃上，請舉一例說明。

四、數據分析區塊可以分為何者？

五、我們可以如何設計策略規劃？

六、策略的類型有哪些？

參考文獻

1. 司徒達賢，2016，策略管理新論：觀念架構與分析方法，智勝文化。

2. 吳思華，2000，策略九說：策略思考的本質，臉譜出版社。

3. 杜墨瑋，2002，以策略三構面探討美商戴爾電腦的營運模式，台灣政治大學經營管理碩士學程，碩士論文。

4. 周文賢，1999，行銷管理，智勝文化。

5. 薛義誠，2008，策略規劃與管理，雙葉書廊。

6. 蘇拾忠，1996，策略規劃指南，遠流出版社。

第六章
電子競技運動心理學

張錫輝

運動員為呈現完美顛峰的表現，必須在比賽當下把技術發揮到自我極限，不幸地是，選手在面臨比賽高壓力下，不但無法發揮最佳表現，反而產生重大的失誤（黃明義、金敏玲，2015）。這樣的情勢使得運動員與教練重新思索，影響運動表現的因素是否只有技術訓練？事實上「體能、技術、心理、戰術」四個因素是創造顛峰表現的基礎（楊總成，2007），而這些因素可進一步歸納為生理、訓練，以及心理層面。有鑑於心理層面同時影響心理與戰術二個主要因素，電子競技運動員心理能力的重要性不可言喻。為有效增進運動員競技場上的心理能力，「體育心理學」或稱「運動心理學」因應而生，成為運動科學的主軸之一。

香港女子職業電競隊「Stinga」，創辦人張煒然接受記者採訪時表示，選手每日要定時工作10小時，其中約6小時人機訓練，每項遊戲戰略要練習逾100次，甚至上千次。為保持身心健康，選手也要運動、參與外展活動及心理治療。在心理健康的維護上，張煒然會安排成員每一個月會見心理治療師（丘萃瑩，2017）。他說：「職業選手壓力很大，第一是對自己表現的期望，選手要求不斷突破自己，但總會遇上瓶頸，要有專業人士教導她們舒壓。第二是選手長期面對虛擬世界，或因練習疏遠家人、朋友等社交關係，必須要有心理輔導，讓選手平衡虛擬和現實世界。」可見心理治療對電子競技選手的重要性。

運動心理學是研究人在從事體育運動時的心理特點及其規律的心理學分支，其主要任務是研究人們在參加競技運動時的心理過程，如感覺、知覺、表象、思維、記憶、情感、意志，及其在運動中的作用和意義。同時探討人們參加各種運動項目時，在性格、能力和氣質方面的特點及體育運動對個性特徵的影響。另外，體育運動教學訓練過程和運動競賽中有關人員的心理特點，如運動技能形成的心理特點，包括賽前心理狀態、運動員心理訓練。其中「心理技能訓練」更成為使運動員邁向顛峰表現的重要基石。而在電子競技運動心理學方面探討的內容，除了心理技能訓練外，團隊凝聚力的建設、期望理論、博弈論、判斷與決策等心理學議題，也是電子競技比賽致勝的重要因素，在本章節中將一併探討。

6.1 電競選手的心理技能訓練

運動心理學在傳統體育運動中已經被廣泛推廣和運用，但是在電競領域還少有人針對選手們進行心理技能訓練。大部分電競選手都不太會去注意和學習心理技能訓練的事情，他們只在乎最終的比賽成績。其實心理技能訓練在任何一項競技運動中，都是不可或缺。如果每個人都具有相同心理技能方面的相關知識，

那麼個體的表現差異，就會體現在他們的心理狀態和實際訓練中。許多電子競技運動選手發現自己的競賽成績表現低於自己的潛能時，也了解到「心理失衡」的概念，但是大部分選手卻不知道爲什麼會發生那樣的情況？也不知道要怎麼去解決？電競選手訓練除了「競技技能」之外，「心理技能」的訓練往往也是成爲戰勝的重要因素（恆一，2017）。比賽時心理狀態扮演重要角色，關係到比賽勝負關鍵，畢竟在競爭激烈的競技場上，冠軍只有一位，獲得冠軍者，有時不一定實力最強的人，但一定是在比賽中發揮出最佳表現的人（姜大如，2006）。

一、心理技能的意義和特性

　　心理技能訓練（Psychological Skill Training, PST）主要是爲了提升運動員的運動表現，綜合各種心理技巧，給予運動員計畫性練習（Hall & Rodgers, 1989）。運動員在競技場上參賽時太緊張、焦慮不安的情緒導致壓力過大，經常是運動員臨場無法發揮實力的重大原因，理想運動表現不僅是體能與技術的結合成果，心理因素在決定技能表現的優劣也扮演著重要角色。運動心理學者Orlick、Partington和Salmela（1982）及Smith et al.（1995）指出心理技能可以被視爲一種加強運動員克服障礙、運動表現、人際關係和自信心的能力，幫助個人成長。

　　心理技能的構成一般認爲有以下一些特點（翟豐，2001）：(1)定向性：心理技能是指人自身的心理活動或對客觀事物的主觀反映，不是物質化的客體。(2)有意性與無意性：爲了適應社會與生存發展，人們在實際生活中，往往有意識或無意識的學習和運用某些心理技能，來提高人的素質。(3)內隱性：心理技能的學習與運用是透過人腦內部言語的內隱活動進行的。(4)結構的不確定性與個體的差異性：心理技能活動的結構與主體的狀態與需要、時間、條件等因素相關，活動結構、方式等往往因人而異。(5)成熟與可訓練性：人的成長過程中，動作技能、智力技能與心理技能隨之形成與發展，心理技能既有其隨著成長發展而成熟，也可以根據需要，進一步加以學習訓練。

二、心理技能訓練的作用和目的

　　從廣義方面來說，心理技能訓練是有意識地對運動員的心理過程和個性施以影響，發展心理品質以滿足運動技術水準和增強身心健康的需要。狹義方面來說，是指採用專門性的具體訓練方面，調節和控制運動者的心理狀態，使之能在體育教學、運動訓練和複雜的比賽過程中，保持心理穩定性，發揮個體的運動潛能（周漢忠、岑漢康，2000）。整體而言，心理技能訓練的作用包括提升與人的生活、學習、工作、勞動、身心健康，以及調節提高人體身心潛能有關在人腦內

部進行的內隱技能（翟豐，2001）。它就是一種系統性、持續性的心理練習，目的在增進運動表現、增加樂趣，並達到運動上自我滿足。在諸多運動心理學的議題中，心理技能訓練與增進運動表現最爲相關，也成爲運動心理學的核心。

運動心理學家及教練針對這些感覺及目標，提出特殊的方法和手段，幫助選手在比賽時調整到最佳心理狀況。所以心理技能訓練可被視爲一種加強運動員克服障礙的能力、提升運動表現、人際關係和自信心的工具，並且幫助運動員成長（Smith et al., 1995）。

實施心理技能訓練的目的，有下列五項（翟豐，2001）：

(一) 控制心理活動

體育運動中，心理活動過強或不足都會造成動作失調，身體力量不能有效的控制，使心理與動作失去平衡，只有心理活動達到適宜的水準，才能滿足比賽的要求。

(二) 提高心理活動的強度

完成任何工作任務都需要以一定的心理活動能量爲基礎，對運動員而言，學習掌握相應的心理技能可以提高心理活動的水準，培養其自我動員與調節的能力。心理活動是電競選手主要的活動方式，因此提高腦力勞動者的效力，首先應當提高其心理活動的強度。

(三) 掌握心理調節的方法

在緊張的工作或學習中，人們要消耗大量的生理及心理能量，造成身心疲勞。在這種情況下，如果生理與心理能量得不到及時補充和調節，就無法繼續活動，透過心理技能訓練，可以掌握自我心理調節的方法，調節已消耗的身體能量與心理能量。

(四) 消除心理障礙

在艱苦的學習、訓練與比賽中，人們經歷著各種身體和心理上的考驗，使體力與腦力消耗較大，從而形成心理障礙。這時就需要透過診斷治療與訓練來消除心理障礙，促進心理健康。

(五) 奠定良好的心理基礎

透過心理技訓練來提高運動員心理狀態能力，幫助電競選手提高成績，從而爲創造優異成績，奠定良好的心理基礎。

三、電競運動心理技能訓練方法

現今心理技能訓練雖然已分化得十分詳細，種類方法多達數十項，然而多不脫離於「放鬆訓練」、「目標設定」、「自我對話」，以及「意象訓練」的範疇（張育愷，2013），電子競技運動心理技能訓練亦如此。進行心理技能訓練時，可根據比賽任務競賽的應激心理技能，分為賽前、賽中及賽後，分別述說如下：

(一) 賽前心理技能訓練方法

1. 模擬訓練

模擬訓練（楊總成，2007）主要是利用電競比賽時的特性來進行，依據比賽時外在環境、對手的特長及關鍵時刻落後時選手的心理狀況作模擬，以培養選手比賽時的注意力、自我控制能力、自信心及適應對手比賽狀況。模擬訓練的方法，包含外在環境的模擬、對手特長的模擬，以及比賽情境的模擬。

(1) 依外在環境的模擬：選擇與比賽場地、時間接近場合進行練習，並在練習比賽中故意製造觀眾鼓譟及裁判誤判，來培養選手注意力及自我情緒控制的能力，以提高選手比賽心理的適應性。

(2) 依對手特長的模擬：賽前充分收集對手的優缺點及特性，利用訓練模擬比賽，增進選手比賽適應性及了解對手比賽情況，以增進選手的自信心及注意力。

(3) 依比賽情境的模擬：利用練習比賽，反覆訓練關鍵分數及落後的情境，以培養選手關鍵時刻心理的穩定性及自信心。

2. 放鬆訓練

壓力與運動員如影隨行，電子競技運動比賽中瞬息萬變更是如此。在競賽表現中過大的壓力常常使得運動員過度緊張，甚至造成焦慮的負面心理狀態。放鬆訓練（relaxation training）是為了促使個體產生放鬆反應，進而降低人體的交感神經系統的作用（盧俊宏，1994）。常用的放鬆訓練方法如下：

(1) 肌肉放鬆法：電競選手在電腦前坐一段時間以後，要起立離開座位走動，並且活動四肢，可從上肢開始，利用聳肩收縮及放鬆肩膀的肌肉，透過頭部到肩膀再往下直到小腿成一循環，體會肌肉緊張及放鬆的感覺。

(2) 利用提示語及鼓勵的方式自我對話法：可以在個人使用的電腦前面上，建立鼓勵自己的座右銘或有激勵作用的圖案，利用自我對話方式影響自己心理，提升自信心，以達到放鬆作用。教練或隊友也需要注意選手及夥伴在練習時的情緒變化，適時給予鼓勵，以消除緊張的壓力。

(3) 採用腹部深呼吸方式調節情緒法：緩慢的吸氣和吐氣是可以改善選手緊張的現象，以達到放鬆情緒的目的。當選手情緒緊張、激動時，慢吸氣8～10秒，再慢吐氣8～10秒，放慢呼吸可使情緒放鬆；而當情緒低落時，則可採用長吸氣與有力的吐氣，來激勵情緒。

(4) 臉部表情調節訓練法：人的情緒與臉部表情有直接的關係，當情緒緊張焦慮時，臉部通常容易出現眉頭深鎖現象。因此，當緊張焦慮時，應刻意放鬆臉部表情，想像自己快樂的樣子。教練或隊友也可以適時利用話語，提醒選手放鬆臉部表情調整心理狀況。

3. 意象訓練

在體育運動競賽中藉助視覺化作用（visualization），使選手對動作技巧產生完整記憶稱為意象訓練（imagery training）。電競選手訓練也可在模擬訓練比賽進行過程當中，藉由攝影機錄下選手表現，賽後讓選手觀看自己影像，這種形象反覆幾次的觀察後，使選手對該項運動過程或訣竅產生記憶的領悟過程，進而改變選手的動作和技術，這稱為意象訓練（盧俊宏，1994）。

4. 注意力再度專注

電子競技運動員在比賽前、中、後期，避免讓一些不利的微小因素造成巨大的心理障礙，因此，適當運用專注心理技巧，消除不利於比賽之心理因素，以維持最佳的專注，是提高比賽表現的一大學問。當遇到麻煩的事情時，我們可以選擇「面對它、接受它、處理它、放下它」的處事方式。例如：在訓練前或比賽中，你跟你的家人或同伴發生爭吵後，難免影響情緒，如果不希望它會妨礙比賽或訓練時的心情，可以控制思維做一次深呼吸，告訴自己：「放鬆……這不是立刻可以解決的，也不是很嚴重，根本不會影響我，為了這樣的事煩惱很不值得，先把它放下，等比賽後再處理。」接著便專心準備比賽或訓練時要做的事。利用意象訓練想像自我成功的感覺，或是將比賽重要的動作及過程，先在大腦裡想一遍，以引發賽前的比賽動機和專注。

(二) 賽中控制心理穩定的方法

大部分電競選手在比賽中會受到外在環境、比賽情境及自我壓力等因素影響，產生負面思想而影響比賽表現（季力康，a1996）。因此，在比賽中可採用一些簡易心理技能方式來穩定比賽的情緒，例如：呼吸放鬆法、目標設定法、自我語言暗示法、意象訓練法及再度專注等。面對強隊時，心中難免會產生畏懼情緒，因此比賽時需明確告訴自己本場比賽所設定的目標，以保持平常訓練水準及

比賽自信心（季力康，b1996）。這樣不僅可以降低選手緊張情緒，也可以讓選手保持平常心比賽。面對弱隊時，容易產生輕敵及驕傲的現象，因此必須適時給予自己警惕，表現出認真比賽的心理。

(三) 賽後心理調整

運動選手從事活動前會產生自我能力的判斷，在心理學裡稱為，自我效能理論（self efficacy theory）；而對於比賽結果選手則會產生不同的認知判斷，這稱為歸因理論（attribution theory）。成功和失敗的經驗對選手所選擇的歸因種類和他們的情緒有密切的關係。成功經驗的積極者，賽後表現出自信及獲勝的企圖心；而失敗經驗的消極者，賽後則表現出無力感，這些都是典型的賽後心理狀態，此時透過心理調整，提升心理態度。

四、電競選手需要克服的心理技能問題

運動心理技能訓練的作用不只是幫助運動選手在競賽中創造優異成績，它還有可能為運動選手生活的其他領域做出重要貢獻（翟豐，2001）。電子競技基本上是一個腦力運動，對人的反應能力、思維能力、協調能力、團隊執行力要求非常高。電競職業很明顯是屬於年輕人的職場，電競選手平均年齡不到20歲，一位懵懂青少年想進入這個行業時，一定要認清自己是否具備過人的反應能力？還是出色的大局觀？或者是獨當一面的領袖作風等這些心理特質。許多年輕人對電競活動狂熱，也許朋友圈中百戰百勝，但是一旦上升到競技體育的高度，就必須具備一點點過人的天賦與心理來決定勝負了。

如果選擇了職業電競的道路，就要有一顆強大的心，一定要明白這對你的人生意義何在，是堅信自己可以在擅長的事情上做出一番成就，還是僅僅透過遊戲逃避壓力重重的現實生活？成為電競職業選手後，在三、五年內，就必須拿出好成績，否則你可能被人踢出戰隊，也可能受不了在三流隊伍中日復一日卻毫無進展的訓練，看不到一點前景，或甚至遭受網上眾多電競迷的唾罵時還能夠以健康的心態面對？尤其每場比賽後，一些玩家會抓住隊員的失誤，無限制放大，把犯錯的選手抨擊地死去活來，這些問題都是運動心理技能訓練需要解決的問題，依靠心理技能的訓練來培養積極的態度，激發適宜的比賽動機，解除焦慮的心理情緒與各種心理障礙，並提高選手的自我心理調整和自我控制能力（楊總成，2007）。

電子競技運動比賽競爭越來越激烈，選手之間的技術、體能差距不多，但比賽的過程中不斷產生變化，造成電競選手心理情緒隨著比賽不斷起伏，因此心理

技能訓練穩定情緒，有助於比賽獲勝機會（恆一，2017）。而心理情緒穩定必須透過長期的心理技能訓練才能有成效，進行訓練時依據選手的不同特質，採用不同方法與措施，循序漸進、適時給予輔導，將有助於優秀電競選手的養成。

6.2 電子競技團隊凝聚力

人在一起不一定叫團隊，「心」在一起，為共同的目標而努力才是團隊！團隊就是由兩個或者兩個以上的人，相互作用、相互依賴，為了特定目標而按照一定規則結合在一起的組織（P. R. Stephen, 1993）。團隊建設需要成員之間進行有效溝通，彼此增進信任、坦誠相對，同時願意一起探索影響工作效率的關鍵因素，進而一起解決問題；所以團隊建設是管理工作中一項重要的課題，團隊建設的好壞，直接影響組織運行的效率（于忠華，2015）。團隊成員間「信任、慎重、溝通、換位、快樂」是成功團隊必備的要素，團隊中沒有完美的個人，只有完美的團隊。電子競技團隊面對強勢的對手，在激烈的競賽中要打敗敵人，唯有在團隊建設上給予高度關注，才能成為強勁有力的體育團隊，也才能促進體育工作的良性發展。

一、團隊的特徵與組建過程

一般團隊的組建是指聚集不同需求、背景和專業的個人，將他們變成一個團體，為了共同目標而有效工作的一個過程。電子競技團隊成員除了教練、運動員外，也包括許多行政人員、經營者、行銷人員、公關人員、場地管理人員等，大家為了贏得比賽的勝利，為共同的目標而努力。

(一) 團隊的基本特徵

一般而言，運動團隊都具有以下基本特徵（于忠華，2015）：

1. 明確目標：團隊成員清楚了解要達到的目標，及目標包含的意義。
2. 相關技能：團隊成員具備實現目標所需要的基本技能，並且良好合作。
3. 相互信任：每個人對團隊成員的品行和能力都確信不疑、相互信任。
4. 共同諾言：團隊成員對完成目標的奉獻精神。
5. 良好溝通：成員間擁有暢通的資訊交流。
6. 公認領導：高效團隊的領導往往擔任教練或後盾，提供團隊指導和支持。
7. 內部與外部支持：包括內部合理的基礎結構，與外部給予必要資源條件。

(二) 運動團隊組建的過程

團隊的組建從無到有，過程中必須要有充分準備，同時還要創造有利的條件，才能形成優質團隊，大致而言，組建過程可以包括以下四個階段：

1. 準備工作：本階段明白確立團隊的目標與任務，分析團隊是否為完成任務所必需，有些任務由個體獨自完成效率可能更高。

2. 創造條件：組建團隊管理者應保證為團隊提供完成任務所需要的各種資源，例如：物資資源、人力資源、財務資源，如果沒有足夠的相關資源，團隊不可能成功達成目標。

3. 形成團隊：管理者公開宣佈團隊的職責與權力，確立誰是團隊成員、誰不是團隊成員；讓成員接受團隊的使命與目標，團隊開始運作。

4. 提供持續支持：團隊開始運行後，儘管可以自我管理、自我指導，但也離不開上級領導者的大力支持，以幫助團隊克服困難、戰勝危機、消除障礙。

二、電子競技團隊組訓

蕭美珠（1992）認為「組訓」（組織訓練），乃是將一群志同道合或有相同興趣、共同目的的人（至少要2人以上），組成一個團體，集中後再加以訓練，以便達成已定目標。電子競技團隊組訓工作一般而言可以從學校代表隊組訓及職業戰隊組訓兩方面來探討。電子競技運動已經成為正式的體育運動競賽項目，因此電子競技團隊的建設可以透過學校發掘有運動潛能的學生，並透過系統性的訓練，培養健全的人格，以培植成為未來更優秀的電子競技運動人才（吳延齡，1997）。在學校中電子競技團隊的組訓，必須如同學校其他運動代表隊一樣進行，重要的是要加上電競團隊的各項心理特徵運作，才能成功完成電競團隊的組訓。職業戰隊的組訓工作則必須著重心理方面的調整，才使戰隊能量發揮到極致。

(一) 電子競技運動學校代表隊組訓

台灣體育運動學者葉憲清（2005）認為「運動代表隊組訓包括運動代表隊組織和運動代表隊訓練」。學校運動代表隊組訓是指學校可以透過主觀經驗法則以及客觀選拔辦法，將有意願且熱愛競技運動，富有運動潛能且運動成績優異的學生，選拔出來組織成有機能的團隊；利用課餘時間，在運動教練的指導之下，進行長期的系統性和計畫性訓練，希冀增進學生身心健康，提升學生競技能力，如體能、運動技術、精神力及戰術等教育過程。從事體育教育訓練工作，最怕沒有計畫的盲目行動，沒有目標就沒有未來性。組訓電子競技運動代表隊，同樣必須要有明確的訓練目標，才不致偏離教育本質。因此，在學校從事電子競技運動團

隊組訓工作，一定要把持住理念，堅持運動競賽的意義及教育宗旨，特別是在組訓的過程中，除了培育優秀的運動員創造出優異的成績外，也要均衡發展運動員的身心，因此正確的組訓目標是帶動整個計畫的原動力。

競技運動選手的終極目標一般是以爭取國際賽事的金牌為主，所以組訓工作往往就是以培養優秀運動員、提升運動水準、提高運動的競技成績，以追求運動成績為目的。一個國家若想要在國際體壇上掙得一席之地，除了加強推展全民運動之外，最重要的比賽資產「運動員」必須要從小開始培養，由學校為基層的運動代表隊單位，開始展開正式的組訓工作，使選手通過運動代表隊的訓練之後，培養正確的運動技巧，扎實的體能。最重要的是透過學校教育培植正確的人生觀，如此才能訓練出真正優秀的運動員。學校運動代表隊是代表學校參加對外比賽，選手加入學校代表隊共同組訓、共同訓練，不但可提升運動技能，也可增加選手的自信心，使其身體、心理、生理均衡發展，對於選手的生活方面、人際關係及學業等各方面，皆有非常大的幫助（張大昌，2003）。

(二) 電子競技職業戰隊的組訓

電子競技職業戰隊一般由商業性遊戲俱樂部選拔人才組建隊伍，他們的工作就是訓練與比賽，目標是參加各種大型遊戲比賽如WCG、LPL等獲得好的名次。職業戰隊的組訓工作中面臨的問題主要有兩項，一是新進選手的招攬，另一則是現役選手的轉會。新進選手的招攬可以打造電競人才生態鏈吸引更多選手加入電競團隊；轉會的問題則有待選手與電競團隊經營者正確觀念的建立。而職業戰隊組訓心理層面的增強，則有賴經營者及教練做好計畫，做好組訓工作。

1. 戰隊選手心理層面的建設

電子競技選手長時間進行訓練工作，有時候很容易陷入負面情緒，或者由於人格障礙做出不良舉動，給電競行業帶來負面影響，也影響社會對戰隊錯誤的認知，例如：2018年元月在台北就發生小區豪宅拒絕HKE戰隊選手入住的新聞事件（蘋果新聞，2018），閃電狼職業電競隊品牌經理Owen則說：「電競選手形象並沒有這麼負面，電競隊伍管理頗嚴格，希望社會大眾能夠對電競多一點認識。」由此可知電競戰隊組訓工作，在健全選手的心理素質與生活管理上面都是重要的一環。因此組訓工作可以透過普及一些和電子競技選手相關的心理學知識，幫助電子競技從業者們提高自己的競技能力和心理健康水準。

其次，使用「形象化」的心理暗示來調整想法，進而改變負面情感的作法值得在戰隊的組訓工作中應用。*Nature*曾刊登專訪一位來自台灣的年輕人林侑霆

（Jeffrey Lin）的文章（陳俊廷、林崑峰，2016），對其研究領域進行專題介紹，如圖6-1所示。

他在2012年底採用經典的心理學概念啓動大規模的測試，設計了24種訊息或提示，並分別以3種不同的顏色在遊戲中的不同時間點顯示。包括諸如有負向意味的「假如隊友犯錯時，你若繼續不斷騷擾他，他將表現得更差」或是帶有正向意味的如「玩家若和隊友合作，將能提升31%獲勝的機會」等提示，用以改善電競選手的行爲表現。最終，成功以配有顏色的提示文字，降低惡性玩家的惡意攻擊行爲；並利用機器學習的方式，自動化偵測惡意攻擊行爲，從而縮短行爲發生至處罰的時間，有效達到重塑行爲的目的。

2. 打造電競人才生態鏈

許多人投入電競運動團隊，只是個人對成爲電競選手感到興趣。事實上，電競運動團隊成員涵蓋的範圍非常大，包括遊戲（開發、營運）、選手（培養、扶植）、賽事（舉辦、宣傳、轉播）、設備（研發、製造）。本身是台灣歌手也是社團法人台灣電競協會理事長施文彬說（蘇芩慧，2018）：「單單看如何將賽事轉播給觀眾，就包含極爲完整的電競生態圈，且必須與跨校、跨系的專業訓練接軌。」電競選手一般年紀都很小，還在求學的階段，所以可以從學校中招募有天賦的學生來組訓。施文彬樂觀地提到，雖然人類反應速度的高峰期是15歲到26歲，職業電競選手壽命很短暫，但這群年輕選手退役後，可以成爲遊戲解說和主播人員、電競網紅、教練、電競教育人員、技術分析師，甚至自創隊伍當老闆、當幕後工作人員等，成爲健全的生態鏈（蘇芩慧，2018）。如此一來，才能幫助電競選手擁有完整的職業生涯規劃，進而挖掘更多人才投入電競產業。

從校園中發掘人才進行教育訓練、培養更多老師與教練選手，是建立電競運動團隊最可行的辦法。學校方面計畫先建立電競教室，提供合適的場地進行教學和舉辦比賽，同時篩選優秀選手組成戰隊，由政府及相關電競產業機構協助經費培訓，並從退役選手中選出師資給予薪水，使家長放心讓孩子在一個健全環境中接受訓練，爲電競產業創造正向循環。

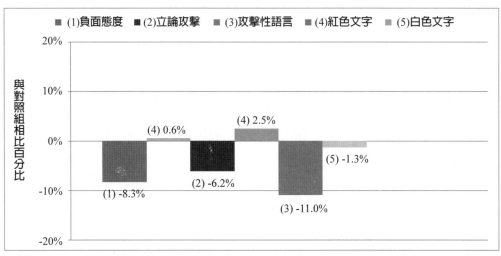

註：以負向結果提示時，當玩家看到紅色的負面提示出現，玩家會改善了他們的行為，這和紅色是西方文化中避免錯誤相關的概念顏色有關。提示如果改為白色則幾乎沒有什麼作用。

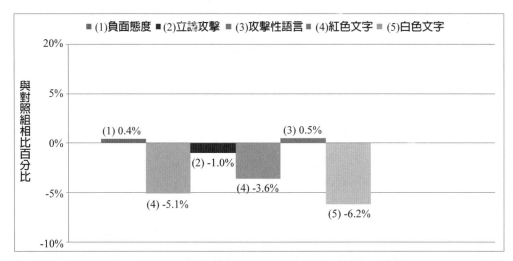

註：以正向結果提示時，以紅色表示正向提示時只有很小的作用，但當以一種與西方文化中的創造性思維相關的藍色呈現時，則有很大的改善行為作用。

圖6-1　圖表摘自*Nature*期刊

3. 電競選手轉會問題

　　電競職業選手轉會問題最主要的因素是選手薪資，新的隊伍成立之初，名氣不夠且薪資待遇不佳，選手就會想要離開，經營者就需要支付更高額的工資來挽留選手。另一方面，一些擁有很多贊助商的隊伍，也只想著用砸錢的方式組建隊伍，在這雙重的因素同時影響之下，就很容易造成選手的流失（電競王，2017）。一支新建隊伍容易發生選手出走，還有一項重要原因是組建隊伍時，缺

少市場調查這一步驟，由於不知道新進選手在單排中的表現，也不知道他和隊友的配合度是否良好？冒然簽下合約才發現問題。合適的調查研究不僅可以讓隊伍簽到一批長期的隊員合約，而且可以降低明星選手的競爭，減少對外援的依賴。

有的時候，電競戰隊會使用高額資金買進大牌選手，一個大牌選手的名字更能吸引眼球，也可以帶來更多的贊助商，隊伍也喜歡有很多粉絲基礎的老將，而不願意引進新人培訓，這類事件經常發生，大家需要考慮大牌選手的陷阱，任何一支隊伍的隊員都有能力打造屬於自己的王牌選手。大家可以根據隊員的表現，找到更多能代表一個俱樂部的明星選手。電競戰隊組建和其他問題一樣，不管它的程序有多麼繁瑣，隊伍都需要在前期做好很多功課，建設一支好的電競隊伍是沒有快捷方式可走。

三、電競團隊的凝聚力

凝聚力（cohesion）是拉丁文裡堅守或結合在一起的意思。一個團隊如果失去凝聚力，就不可能緊密結合在一起，更不可能達成共同目標，它使成員之間彼此合作互動，更深深影響團隊的發展。Carron（1982）認為凝聚力是團隊內成員緊密結合在一起，並追求共同目標與目的之動態過程。如圖6-2所示，團隊凝聚力使團隊對成員具有吸引力，成員對團隊的向心力，以及團隊成員之間的相互吸引。

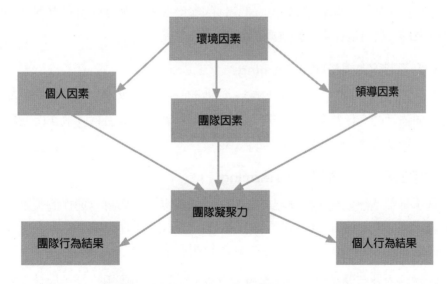

圖6-2　運動團隊凝聚力的一般概念性體系（Carron,1982）

電子競技團隊宛如是一個小型的社會寫照，選手們朝夕相處，團員間的思

想、行爲模式等皆會受到彼此的影響，也因此人與人之間的重大議題——團隊凝聚力，是否能運作得宜，考驗著領導者與決策者的智慧。電競團隊凝聚力之形成發展可以分爲四個階段（楊士儀、林耀豐，2010），如圖6-3所示。

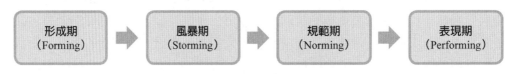

圖6-3　團隊凝聚力形成階段

• 第一階段爲形成期（**Forming**）

由於選手可能來自不同的家庭或地方，團隊與個人彼此之間了解有限，團隊領導者需要安排團體活動，促使選手互相認識、信任並互相支援，進而引導選手學習良性互動，讓每位選手了解各自的使命及任務，最後建立起團隊共同願景。

• 第二階段爲風暴期（**Storming**）

團隊領導者要小心掌控團隊融合狀況，預防選手互動不良，團隊成員會因個人做事風格或價值觀的不同而與其他成員爭執摩擦，此時領導者就必須要有耐心及技巧來解決糾紛。團隊成員能以建設性的態度面對，則團隊可以發展出一個可以自由表達、具有信任感、歸屬感的氣候。

• 第三階段爲規範期（**Norming**）

在此階段選手清楚明白自己職責，彼此間能夠互相尊重、分享觀念，而團隊與個人加強互助合作技巧，遵守團隊規章。領導者此時需引導團員正確的觀念與方向，做有效整合，建構團隊共同的默契。

• 第四階段爲表現期（**Performing**）

選手默契逐漸成熟，團隊已經建立良好的人際關係與可以運作的團隊架構，選手可以專心努力練習；團隊依照目標按照時程完成工作，並能有效因應突發狀況，領導者只需保持監控，協助解決突發事情即可。

歸納國內外有關凝聚力的文獻及概念模式的研究，應用在電子競技團隊上可獲得如下結論：

1. 電競團隊因凝聚力的提高，成績表現有顯著的提高，同時也會因成績表現

的提高，帶動團隊凝聚力的提升形成良性循環，而團隊凝聚力、團隊表現、團隊滿意度同時也形成一個正向循環關係。

2. 團體領導者的領導方式，是影響電競團隊凝聚力的重要因素，領導人必須了解選手不同的個性、動機，才能有效引導，達到最佳成績。而選手個人目標也必須和團隊整體目標一致，當團隊目標和個人目標衝突時，則以團隊目標為重。

3. 選手之間的情感及對電競團隊的認同感、熟悉團隊人事物、選手之間的默契等，這些都是提升團隊凝聚力不可或缺的重要因素。

四、電競團隊凝聚力增強的對策

電子競技團隊一般稱為戰隊（clan），戰隊是一種是以參加電子競技比賽為目標的人相聚而成的互益組織，字面意思指一起戰鬥的隊伍，現在通常代表從事電子競技事業的團隊（蔡傑，2011）。一個戰隊是由同一遊戲或行業的愛好者組織起來，一起戰鬥、一起訓練、一起比賽的團隊。戰隊可以分為職業戰隊、業餘戰隊與網路戰隊，職業戰隊通常具有其歷史性與獨特的文化、規範或紀律，也能藉此獲得相關企業或廠商的贊助。提升電競團隊凝聚力的對策，有以下幾項特別需要注意（藍世群，2011）：

(一) 完善電競團隊組織結構

對於規模較小的電競團隊，可採用直線制組織結構，讓隊員只聽從一位領導指揮，對於規模較大的團隊，我們可以採取矩陣式組織結構，以提高運行效率。首先，在分組工作上要劃清界限，讓每一位成員都明確知道自己所歸屬的小組及相關的職責。其次，領導應加強對成員的全方位了解，包括家庭、個性、愛好及特長等，在此基礎上合理分配資源並避免成員間的內耗。最後，對現有成員的人力調整，要注意結構互補搭配。同時，在引進新人才時，更要注意與現有電競團隊成員的結構性互補。

(二) 加強團隊成員間的了解與溝通

鼓勵團隊成員間利用各種形式的溝通和了解。訓練期間團體集訓以共同生活為首選，團隊成員間因為日夜生活在一起，很快就可以建立革命感情，互相了解個性，培養團隊默契。非訓練期間則可以透過一起旅遊，一起娛樂等方式，維繫隊友的感情。

(三) 建立健全權責分明的管理體制

電子競技團隊內部責任及權利應明確，責任承擔者是權利擁有者，也是利益

享有者。組織內部存在各種工作，某位成員在某方面負有責任，就要給予相應權利，同時承諾任務完成後應享有的利益，使責任、權力、利益相互掛鉤。最後，我們要將每一位團隊成員的責、權、利寫入檔中，變成體育組織的正式檔。只有這樣，每一位成員才能夠清楚自己的具體責任內容、權力範圍和利益大小，如此才會提高團隊效率，團隊的目標才有可能儘快實現。

(四) 建立團隊共同的願景

電子競技團隊必須能夠建立一致的目標，領導者應制訂清晰的團隊發展目標，展示未來的「願景」，讓隊員知道他們的前景是什麼？以便建立團隊的穩定性與戰鬥力。目標應有長期、中期和短期之分，而且要體現出不同的層次性。目標明確了，努力的方向就有了，效率也就提高了。領導者也要想辦法將團隊的目標內化成為隊員的個人目標，當個人目標和團隊的目標一致，成員工作的動力和個人利益息息相關，團隊目標實現也就得到了有力的保障。

(五) 制訂合理的激勵制度

「天下熙熙皆為利來，天下攘攘皆為利往」，這句話充分說明了人類愛錢的天性，所以制訂合理且有挑戰性的薪酬考核制度，對團隊效率的提升大有助益。要滿足人員對利益的追求，就應該貫徹勞務與所得對等原則，建立靈活的薪酬制度。有了公平、公正、公開的薪酬體系，隊員才能在相同制度下，發揮最大潛能。

6.3 期望理論

所謂期望理論（Expectancy theory），乃是指一個人受到激勵的力量（從事某一行為的動機），端視其對該行為所能產生結果的期望而定，是美國心理學家、耶魯大學教授佛倫（V. H. Vroom）於1964年提出的激勵理論，人們在決定對於其想望事物是否要採取行動時，會先分析行動後可能產生的結果及帶來的價值，如果覺得預期的結果與報酬是滿意的，才會行動。這一理論充分研究了激勵過程中的各種變數因素，並具體分析了激勵力量的大小與各因素之間的函數關係，因此學者認為期望理論是一種過程型的激勵理論。

佛倫認為人總是渴求滿足一定的需要並設法達到一定的目標。這個目標在尚未實現時，表現為一種期望，這時目標反過來對個人的動機又是一種激發的力量，而這個激發力量的大小，取決於目標價值（效價）和期望概率（期望值）的

乘積。此理論主要研究人的努力行爲與其所獲得的最終獎酬之間的因果關係，來說明激勵過程，並選擇其中合適的行爲來爭取達到最終的獎酬目標，從而達到激勵的目的。所以企業管理員工也好，電競選手訓練也好，都可以應用期望理論；理解和客觀評價期望理論，對提高企業管理水準和電競團隊成績具有重要意義。

一、期望理論的主要構念（Vroom, 1964）

期望理論的基本模式爲：激勵力量＝效價×期望值。

用數學公式表示就是：$M = \Sigma V * E$

M：表示激勵的力量，指激發一個人的積極性，提升內部潛力的強度。

Σ：指乘積的總和。

V：表示目標價值（效價），指達到目標對於滿足他個人需要的價值，亦即目標對個人的吸引力。同一目標，由於每一個人所處的狀況不同，需求不同，其需要的目標價值（吸引力）也就不同。

E：表示期望值，是人們根據過去經驗，判斷自己達到某種目標的可能性是大還是小，即能夠達到目標的概率。

期望理論的基本模式說明：推動人去追求和實現目標的激勵力量，是效價和期望值這兩項變數的乘積。效價越高，可能性越大，激勵力量也越大。換句話說：假如一個人把某種目標的價值看得很大，估計能實現的概率也很高，那麼這個目標激發動機的力量就越強烈。

因爲佛倫提出的期望理論是一個過程型激勵理論，因此也有學者用以下的公式加以說明（吳復新，2008）：

$$激勵力量 = \Sigma (E \rightarrow P) \times (P \rightarrow O) \times V$$

Σ 指乘積的總和；V 指對各種結果的價值判斷

與前述的數學公式相較，他把期望值E分成$E \rightarrow P$與$P \rightarrow O$兩段，此處$E \rightarrow P$指努力導致績效的期望機率；一項努力（effort）（或是工作）到底有多少機會能產生所希冀的績效（performance）？關於這個問題的答案，通常會視個人的觀感（包括以往的經驗以及對事物的判斷等）而定。例如：甲、乙兩人對電競活動都很有興趣，也想成爲電競選手，但是兩人各有不同的成長經驗。甲從小開始就多次參與體育運動競賽而且經常勝利，因此認爲只要稍加練習，便能在電競活動比賽時獲勝。由於某甲的成長過程中有這種良好的經驗，他對於成爲電競選手「$E \rightarrow P$」

的可能性判斷便會很樂觀，「只要有努力，便會有績效」，此時他賦予$E{\rightarrow}P$的機率可能就很高，甚至是百分之百。相反的，某乙從小參與體育運動競賽從來沒獲勝，即使賽前很努力準備，也得不到好的成績，此時他對於$E{\rightarrow}P$的可能性判斷，便趨於悲觀，他可能賦予$E{\rightarrow}P$的機率只有0.5或更少，甚至他認為無論如何努力，都不能產生績效，$E{\rightarrow}P$的機率為0。

前述$E{\rightarrow}P$是努力導致績效的期望機率，此績效P可能產生的結果O（outcome）是什麼？且可能產生該項結果的機率有多大？這就是所謂「績效導致結果」，寫為$P{\rightarrow}O$的連結。至於某種績效到底會產生多少種的結果，以及產生每一種結果的機率又是多少？自然亦取決於主觀的感受與判斷，但此種判斷常會根據組織中的某些條件或情況而定。譬如：以員工「加薪」作為工作績效P產生的結果O為例，某家電競公司有一套很好的績效考核制度，而且認真執行，任何績效良好的員工都會得到加薪。在此種情況下，該公司的員工對於「績效導致結果」的連結的可能性判斷，將會很樂觀。相反的，公司雖然訂有考績辦法，但是沒有一個主管願意加以認真執行，每次加薪總是以主管個人的好惡而定，工作績效並沒有列入考慮。在此種情形下，該公司的員工對於$P{\rightarrow}O$「努力工作獲得加薪」之連結的可能性判斷便會很悲觀（Porter & Lawler, 1968）。

期望理論假定個體是有思想、有理性的人，對於生活和事業的發展，他們有既定的信仰和基本的預測。因此，在分析激勵成員的因素時，我們須考慮員工希望從組織中獲得什麼？以及他們如何能夠實現自己的願望（張媛，2014）。以員工的立場而言，首先他們會思考：「如果我付出了最大努力，能否會在績效評估中體現出來？」對這一可能性的估計直接影響其努力的程度。其次「如果我獲得了好的績效評估，能否得到組織獎勵？」就是說獎勵是否必然與績效有關？對這一問題的基本態度直接影響著激勵水準。第三「如果我得到獎勵，此一獎勵對我是否具有吸引力？」即得到的獎勵和希望得到的獎勵是否一致，也直接影響著激勵水準。如果我們將上述員工三個思維問題的答案進行量化分析，不難看出這三者之間的關係。

假定某電子競技選手認為經過努力能獲得高績效的機率為0.9，於是他有一個較高的努力——行為期望值。進一步該選手相信好的比賽成績會導致高報酬，其可能性為0.9。最後該選手也非常希望得到高報酬，其對高報酬的效價為1。這時，他的激勵力量為：$0.9{\times}0.9{\times}1 = 0.81$，這是很高的動力強度。相反的，如果該選手認為高績效與高報酬間只有0.2的機率，那麼激勵力量會大幅度下降至0.18。在期望理論來說，激勵過程每一因素都是十分重要的關係，

$(E{\to}P){\times}(P{\to}O){\times}V$，三者只要有一項的期望值是0，那就沒有激勵的力量了。綜合上述，期望理論是一個完整的激勵理論，理論中所提出的三個「期望」：(1)個人努力和個人績效的關聯性；(2)個人績效與組織報酬的關聯性；(3)組織報酬滿足個人需求的吸引力。

二、期望理論的實踐意義

首先就努力和行動期望（績效）關係來看，期望概率（也就是達成目標績效的概率）顯然是非常關鍵的因素。企業組織從工作培訓、業務指導、了解或參與相關工作的決策時，盡量能夠全面地幫助員工弄清努力和行動期望（績效）之間的相互關係，使員工能夠看到工作績效目標，實際上是他們的努力所能達成的，這樣可以引導員工願意付出努力，去獲得較高的工作績效（孫弘岳，2006）。至於期望概率，心理學家認為主要由客觀環境和個人知覺決定；目標期望很高但客觀環境條件不允許，造成目標難以實現，在此情況之下，難以實現的目標對員工的激勵效果就不大。而客觀環境是透過個人的知覺感受，進而影響人的行為，期望概率的判斷，實際上與個人的判斷力有密切關聯。因此，透過培訓提高員工素質，提高員工對客觀事物規律的認識，也是企業重要的教育訓練工作。

就行動和結果期望（效價）來說，讓員工熟知報酬系統是根據實際的工作績效制定的。員工為實現報酬目標所作的努力，不僅強化了工作業績與個人報酬之間的聯繫，而且有助於管理者處理好公平問題，要求管理者在分配過程中，堅持用客觀標準實行，更有利於形成企業內部競爭環境的良好氛圍。不同的人往往有不同的追求目標，同一目標對不同的人也有不同的效價，因此管理者在設置目標時，必須充分認識到目標的導向作用。在目標體系中不同的人，都能找到自己相應的目標定位，並根據目標定位調適自己的行為方向和行為強度，例如：有些員工在意薪資收入的高低，有些人則在意職務的升遷機會（洪嘉文，2001），另有些則只重視家庭生活等不一而同，所以在管理實務中設置目標不能單一化，必須從實際出發制定切實可行的目標體系。從某種意義上來說，員工的利益應成為制定管理目標的出發點，管理者在制定目標時，必須充分考慮員工的切身利益，否則會嚴重削弱對員工的激勵力量。

上述探討目標的設立，影響努力和績效關係，另一方面機會、環境等變項因素也影響了人們對努力和績效關係的認知，「機會」在這裡可理解為環境支持，包括是否擁有足夠的工具、設備、材料和供應；是否有愉快的工作環境，並能得到同事幫助及環境支持的規則和程序；是否有工作所需的充分資訊和充裕時間

等，這些媒介因素影響了目標的達成，當然也影響了人們對努力和績效關係的感受。一般認為，績效=能力×激勵力量，經由上述討論得知，要準確預測員工的績效狀況，還要加上表現「機會」這一變數，即績效＝能力×激勵力量×機會。

三、期望理論對運動團隊建設的啟示

期望理論非常關注績效變數，它合理解釋了企業內員工為何沒績效、缺勤和流動等問題，也提供經營管理者重要的啟示。應用在運動團隊而言，團隊就是一個企業組織，團隊成員或競技選手就如同企業組織內的員工，運用期望理論對運動選手一樣產生了相同的激勵效果，具體體現在以下幾個方面（喬艷艷、韋承燕，2012）：

(一) 正確處理個人努力和個人績效的關係

研究期望理論的目的要使員工的工作動機強度（激勵力量）達到最大值，首先就要正確處理努力和個人績效的關係。正確處理這二者的關係，歸根究柢是要個人主觀上認為實現目標的機率高。而要實現高機率，就需要明確崗位職責和明晰考核體系。明確崗位職責可以規範行為操作，這是績效考核的依據，也是個人工作過程中努力的方向。崗位職責會根據不同的崗位來確定，也會因機構不同而有所差異。運動團隊因運動項目類別的不同，崗位職責也有差異，但其團隊特有的崗位職責也需要有明確的劃分。有了明確的崗位職責，可以避免因職務交叉而發生工作沒人做的現象。運動選手可以在明確的架構內合理安排時間，集中精力作好比賽訓練，進而在績效考核時，因圓滿完成任務而得到合理的獎勵。若發現隊員在心中已主觀判定績效目標無法單純藉由努力來達成，教練就有必要強化選手對達成目標的信心（Porter & Lawler, 1968），可予鼓勵或列舉一些他人成功案例來增加信心。

(二) 正確處理績效與獎勵的關係

運動團隊有了明確的崗位職責和考核體系之後，還需要落實執行考核工作，這樣才能激勵團隊中的每一個隊員、職員的工作積極性和主動性。所有隊員拿到相應獎勵或報酬後，自然會更積極的去認真開展下一階段的競賽。將績效與獎酬連結，讓隊員清楚地知道組織期望他們展現哪些績效行為或達成哪些目標。電競團隊組織可以設計一套績效獎酬計畫，經由績效獎金或績效給薪辦法，將隊員的績效與薪酬連結。

(三) 正確處理獎勵與個人需求

　　一般而言，運動團隊的「獎勵」可分為「外部獎勵」與「內部獎勵」，前者包含了透過外在誘因激發隊員的外部動機，例如：各類物質金錢、假期或頭銜等。後者則是經由內部誘因激發隊員的內部動機，例如：讓隊員做自己喜歡做的事，多讚美隊員，讓他們覺得到自尊與自我實現的滿足；人們就因為有需求的關係，都希望所獲得的獎勵能滿足個人的需要。例如：運動團隊教練或行政人員，他們對薪資、獎金的高期待外，他們可能也希望在行政級別的提升上有升遷的機會，以獲得發展空間來實現他們個人的人生價值。而對於競技選手來說，有些人重視競賽獎金的獲得，也有些人在意的是上場比賽的機會，希望獲得比賽獲勝以後的成就感。由此可見，獎勵應當因人而異，要滿足個人需求，以求達到最大激勵效果。

6.4 博弈論

　　「博弈論」（Game theory）有時也稱為「對策論」或者「賽局理論」，原本是數學的一個分支，但由於它能較好地解決了對競爭等問題的可操作性分析，成為經濟學中激盪人心的一個研究領域。可以說「博弈論」已經改變了經濟學的傳統輪廓線（葉德磊，2015）。目前在生物學、經濟學、國際關係、計算機科學、政治學、軍事戰略和其他很多學科都有廣泛的應用「博弈論」。除去學術理論的外衣，其實在我們的生活中身邊充滿了博弈，我們身邊的許多行為、現象都可用博弈概括解釋來分析。將博弈的數學理論「博弈論」應用在生活中的抉擇策略，已經日漸受到重視（張世宗，2006）。也如同郭興文、白波（2005）所強調的：「博弈論是從日常的遊戲中抽象提煉出來的，並且也可以用來指導這些遊戲。……如果我們能進一步系統掌握博弈論的基本原理和方法，必定能使我們在未來對抗性更強、競爭更激烈的社會生活的各個方面的活動中，思路更開闊，決策錯誤更少，活動效率更高，成功機會更多」。

　　「博弈論」考慮遊戲中的個體預測行為和實際行為，並研究它們的優化策略，表面上不同的相互作用可能表現出相似的激勵結構，所以它們是同一項遊戲的特例。電子競技尤其是對抗型遊戲，實際上就是一個模擬的沙盤遊戲，在敵我雙方對抗的過程中，不斷研發新的戰術和套路方案，推動雙方技術的發展。具有競爭或對抗性質的行為稱為「博弈行為」，在這類行為中，參加鬥爭或競爭的各方各自具有不同的目標或利益，為了達到各自的目標和利益，各方必須考

慮對手的各種可能的行動方案，並力圖選取對自己最爲有利或最爲合理的方案（Hargreaves Heap, Shaun P. / Varoufakis, 2004）。簡單而言，「博弈論」就是研究賽局中鬥爭各方是否存在著最合理的行爲方案，以及如何找到這個合理的行爲方案的數學理論和方法。

一、博弈論的歷史發展

博弈論原本是一種古老的思維遊戲，20世紀以後，正式用於科學分析。依陳琛（2016）的研究指出，對於賽局理論的研究，開始於1913年德國數學家恩斯特・策梅洛（德語：Ernst Friedrich Ferdinand Zermelo）、埃米爾・博雷爾（法語：Félix-Édouard-Justin-Émile Borel, 1921），1928年出生於匈牙利的美國籍猶太人數學家諾伊曼創立兩人零和博弈。1944年，諾伊曼與摩根斯滕合著《博弈論與經濟行爲》一書，首次將其系統化和形式化（Myerson, 1991），開始將博弈論用於經濟分析。1950年美國數學家小約翰・富比士・納許（John Forbes Nash Jr.），推廣最優反應策略，即「納許均衡」，利用不動點定理證明了均衡點的存在，將博弈論由零和博弈推進至非零和博弈，爲賽局理論的一般化奠定了堅實的基礎，使其能更廣泛地貼近日常生活分析。同一年（1950），由就職於蘭德公司（RAND Corporation）的梅里爾・弗勒德（Merrill M. Flood）和梅爾文・德雷希爾（Melvin Dresher）擬定出相關困境的理論，後來由顧問艾伯特・塔克（Albert Tucker）以囚徒方式闡述，並命名爲「囚徒困境」（Prisoner's Dilemma），他們的著作奠定了現代非合作博弈論的基石。1965年，賴因哈德・塞爾滕（德語：Reinhard Selten）引入動態分析，提出精練納許均衡概念。1967年海薩尼（John Charles Harsanyi）將不完全資訊引入博弈論的研究，大衛・克瑞普斯（David Kreps）和羅伯特・威爾遜（Robert Wilson）又在1982年合作發表了關於動態不完全資訊博弈的重要文章。20世紀80年代以後，實驗博弈和演化博弈進入博弈論，實驗博弈以實驗研究策略行爲的一般原理，而演化博弈則將達爾文（Charles Robert Darwin）的生物進化論引入博弈論，它假定參與人是有限理性的（陳琛，2016）。90年代以後，以質疑傳統博弈論共同知識假定爲起點，強調參與者的學習和模仿功能對博弈進程影響的博弈學習理論成爲博弈論的一個重要發展方向。

1994年和1996年的諾貝爾經濟學獎，也分別由納許、塞爾滕、海薩尼、莫理斯（James Mirrlees）和維克里（William Spencer Vickrey）等「博弈論」專家獲得。2015年的諾貝爾經濟學獎，亦爲「博弈論」研究專家安格斯・斯圖爾特・迪頓（Angus Stewart Deaton）所獲得，如此衆多「博弈論」研究專家的頻頻獲獎，突顯了「博弈論」在主流經濟學中日益重要的地位（葉德磊，2015）。

二、什麼是博弈論

(一) 博弈與博弈論

古語「博弈」顧名思義有下棋、賭博之意，用來比喻為了利益進行競爭，博弈論就好比研究「下棋」的一門學問，是一種系統的理論，可以說博弈中體現著博弈論的思想（劉慶財，2012）。古語有「世事如棋」，其實生活中每個人如同棋手，其每一個行為如同在一張看不見的棋盤上佈局一個棋子，精明慎重的棋手們相互揣摩對方棋路，爾虞我詐的盤算對手、相互牽制，下出諸多精采繽紛、變化多端的棋局。博弈論就是研究棋手們在「出棋」中理性化、邏輯化的部分，並將其系統化為一門科學（陳琛，2016）。換句話說，就是研究個體如何在錯綜複雜的相互影響中，得出最合理的策略。

現代數學中有博弈論，亦名「對策論」、「賽局理論」，屬應用數學的一個分支，表示在多決策主體之間，行為具有相互作用時，各主體根據所掌握資訊及對自身能力的認知，做出有利於自己的決策的一種行為理論。目前在生物學、經濟學、國際關係、計算機科學、政治學、軍事戰略和其他很多學科都有廣泛的應用。博弈論主要研究公式化的激勵與結構間的相互作用，它是研究具有鬥爭或競爭性質現象的數學理論和方法，也是運籌學的一個重要學科。

(二) 博弈論的基本原理

劉慶財（2012）在《博弈論：日常生活中的博弈策略》一書中，用「囚徒困境」案例來說明博弈論的基本原理，是學者最為常用的數學方式。在一個犯罪的案件中，甲乙兩位共犯，同時被警方逮捕後，為了防止串供，警方一般都會採取隔離審訊。警方為了取供，也都會費盡心機在審訊前分別告訴犯人：「事情早晚會水落石出的，現在我給你一個坦白的機會，如果你坦白交代案情，而另一位犯人不願坦白交待案情，那你就可以當作汙點證人，立即釋放，不必坐牢。反之，如果你不願意坦白交代案情，另一位犯人坦白交待案情，那你就會被判10年，而你的同伴則不必坐牢。如果兩人都坦白，則會都判6年。但如果兩人都不承認，法官認為證據不足，會以另一項罪名起訴，只能判刑1年。」用以下的矩陣圖，就可以很清楚的了解。

囚徒困境		犯人乙	
		坦白	不坦白
犯人甲	坦白	(6, 6)	(0, 10)
	不坦白	(10, 0)	(1, 1)

　　當犯人聽完警察的話後，兩位犯人各自盤算怎麼做才是對自己最有利？選擇坦白的結果可能是6年或0年，選擇不坦白的結果可能是10年或1年，在不知道對手的選擇情況下，選擇了坦白是最好的策略，於是兩人都選擇坦白的機率最高，最後兩人都坐了6年的牢獄。

　　上述兩位犯人陷入的就是《囚徒困境》，那麼如何才能擺脫囚徒困境呢？需要合作的約束。囚徒困境的前提是博弈各方不可以進行合作，也就是不能夠制定有約束力的協議。在實際的事務上，囚徒困境中簽訂合作協議是不容易的，因為這個協議對博弈各方沒有很強的約束力。一個合作契約協議簽訂之後，博弈參與者都有作弊的動機，因為作弊者可以得到更大的收益，因此很難建立合作協議，這也是博弈論有趣的地方。

　　以相互競爭為主要特徵的博弈活動中，在資訊獲取不充分，且任何一方又不能單獨決定結局的情形下，博弈者為獲取最大的收益，都會試圖從各種可能的戰略中做出最佳選擇（陳琛，2016）。但雙方相似的動機與戰略選擇，例如：競爭的商場上，商品的銷售量與獲利率的關係，往往可能帶來與初衷相衝突的結果，如商品賣的多未必獲利多（因獲利率下降），個體與互動結構間產生了矛盾。研究博弈論的主要目的就在於從這種矛盾中找到和諧，即「鞍點」和「納許均衡」。博弈論中討論的「鞍點」是由雙方主動妥協後而產生的穩定，是一種積極的穩定狀態。「納許均衡」則說明，即使雙方都採取不合作態度，客觀上仍可能有這樣一種情勢：「一方戰略既定，對方除此之外無法做得更好」，反之亦然，這種現象在商場競爭上經常看到。結果雙方將不得不在此妥協，獲得相對穩定狀態，在可預想範圍內，博弈者不得不如此選擇，因而客觀上在此獲得較穩定的均衡（葉德磊，2015），這就是博弈論中所謂的「納許均衡」。

三、團體競賽中的博弈論

　　網球比賽一般分為個人賽（單打、雙打）及團體賽（三點制），個人賽勝負看個人的球技、體能和心理狀況決定；團體賽勝負則除了依每一位隊友個人的球技、體能和心理狀況外，三點制比賽中，出場比賽次序的安排，成為影響勝負的

重要關鍵因素。在安排我隊出場對陣的人員時，考量的因素是猜測對手派出人員的實力如何？例如：強對強、中對中、弱對弱，或是強對中、中對弱、弱對強六種排列組合。這和博弈論中知名的「田忌賽馬」故事完完全全一樣。

　　話說齊國大將田忌，平日裡喜歡與貴族賽馬賭錢。當時賽馬的規矩是每一方出上等馬、中等馬、下等馬各一匹，共賽三場，三局兩勝制。由於田忌的馬比貴族們的馬略遜一籌，所以十賭九輸。當時孫臏在田忌的府中做客，他對這場賽馬的博弈做了分析：雙方都派上等、中等、下等馬各一匹，田忌每一等級的馬都比對方同一等級的馬慢一點，因為沒有規定出場順序，所以比賽的對陣形式可能有六種（如下表），六種對陣形式中，只有一種能使田忌取勝，孫臏要田忌「用自己的下等馬去對陣他的上等馬，然後用上等馬去對陣他的中等馬，最後用中等馬去對陣他的下等馬。」（如下表中的第四種）結果2：1取勝。只是調整了出場順序，便取得截然相反的結果，這之中蘊涵著博奕論的道理（劉慶財，2012）。

第一種出場情況

田忌 貴族	上等馬（B1）	中等馬（B2）	下等馬（B3）
上等馬（A1）	（A1）勝		
中等馬（A2）		（A2）勝	
下等馬（A3）			（A3）勝
註：（A1）對（B1）；（A2）對（B2）；（A3）對（B3），結果3：0，貴族贏。			

第二種出場情況

田忌 貴族	上等馬（B1）	中等馬（B2）	下等馬（B3）
上等馬（A1）	（A1）勝		
中等馬（A2）			（A2）勝
下等馬（A3）		（B2）勝	
註：（A1）對（B1）；（A2）對（B3）；（A3）對（B2），結果2：1，貴族贏。			

第三種出場情況

貴族 ＼ 田忌	上等馬（B1）	中等馬（B2）	下等馬（B3）
上等馬（A1）		（A1）勝	
中等馬（A2）	（B1）勝		
下等馬（A3）			（A3）勝
註：（A1）對（B2）；（A2）對（B1）；（A3）對（B3），結果2：1，貴族贏。			

第四種出場情況

貴族 ＼ 田忌	上等馬（B1）	中等馬（B2）	下等馬（B3）
上等馬（A1）			（A1）勝
中等馬（A2）	（B1）勝		
下等馬（A3）		（B2）勝	
註：（A1）對（B3）；（A2）對（B1）；（A3）對（B2），結果1：2，田忌贏。			

第五種出場情況

貴族 ＼ 田忌	上等馬（B1）	中等馬（B2）	下等馬（B3）
上等馬（A1）		（A1）勝	
中等馬（A2）	（B1）勝		
下等馬（A3）			（A3）勝
註：（A1）對（B2）；（A2）對（B1）；（A3）對（B3），結果2：1，貴族贏。			

第六種出場情況

貴族 ＼ 田忌	上等馬（B1）	中等馬（B2）	下等馬（B3）
上等馬（A1）			（A1）勝
中等馬（A2）		（A2）勝	
下等馬（A3）	（A3）勝		
註：（A1）對（B3）；（A2）對（B2）；（A3）對（B1），結果2：1，貴族贏。			

　　上述田忌賽馬這個故事中，齊國的貴族和田忌是博弈的參與者。孫臏充分了解各方的資訊，比賽的規則與各匹馬之間的實力差距，並在六種可以選擇的策略中，幫田忌選擇了一個能爭取最大利益的策略，也就是最優策略（劉慶財，2012）。

四、電子競技中的博弈論分析

　　電子競技比賽有其獨特的規則（rule），根據這些規則，我們會作出不同的策略和部屬（strategies）。競賽中有贏家（winner），亦有輸家（loser），是一個零和遊戲（Zero-sum game），而輸贏的結果往往不只取決於自己的策略，如上一小節中所述，在自己思考策略的同時，亦很大程度上要視乎對手的策略行為（馮啓林，2016）。尤其大型網路戰略遊戲（如《英雄聯盟》），風格相異的英雄、多樣化的道具、自由搭配的召喚師技能和天賦等，衍生出千變萬化的遊戲方式。團體比賽，五個人之間要怎麼運用策略？如何規劃攻擊？要有毅力和拚勁，也是要有相當的天分和極大的努力。其中的「團隊合作」是獲勝必要元素，每一位參賽選手的決策都會相互影響，因為每個人在決策時，會同時考慮其他人的決策，這便是博弈的主要精神。密集的人際互動使得此款遊戲不論在線上、線下皆成為火熱話題（李春台，2018）。以博弈論的角度來分析電子競技，是研究在一些限制的條件下，理性個體或團體之間的對策。現在就以《英雄聯盟》為例，分析電子競技中的博弈行為。

　　《英雄聯盟》（簡稱LOL）是推塔（DOTA）類型遊戲，其實最早可以追溯到十多年前，由玩家運用《魔獸爭霸》的模組，根據歷史三國時代所製作出來的。三國DOTA遊戲當時風靡全國，玩家見面不外乎就是在討論角色技能的運用，團隊戰術的合作，然而遊戲一定會經歷的就是玩家經驗的累積，在三國DOTA遊戲當中，漸漸衍伸出不成文規定，卻也是所有玩家必定會遵守的玩法。《英雄聯盟》遊戲的設計與過去其他的DOTA遊戲極為不同，因此發展出了兩套打法，其一是上、中、野區各安排一位，高輸出的ADC在下路發展，而第五位則是放棄自身利益輔助ADC於下路快速成長。其二是上、中路各一位，ADC一樣位在下路，輔助各路支援隊友，此打法會安排兩位是因為一旦下路敵方人員減損，則可以快速前往下路擊殺小龍獲取利益。這兩種打法是現今《英雄聯盟》最普遍的打法，也是經過玩家的經驗累積，而告訴我們這兩種打法是對於團隊能發揮最大效益的打法。但是果真是如此嗎？其實我們可以給它一個問號，但是卻也不可否認！其實任何一款遊戲，都會有玩家因為經驗的累積，而發展出一套最適合、效益最大的遊玩方式，但是在遊戲中有太多的不確定因素，例如：敵方角色、敵

方的走位、敵方會戰時的戰術應用等，所以在每一局的遊戲當中，隨機應變，適時地做出正確判斷改變戰術，遊戲中講究的是團隊合作，沒有藍波，這才是一個厲害的玩家該具備的體認。

以博弈論角度來分析這款遊戲，首先就需要考慮參與博弈的雙方如何選擇位置？這款遊戲最終的目的是摧毀對方的核心水晶取得勝利，但達到取勝目的之前，至少要摧毀某一路的兩座外塔，一座高地塔，一座高地水晶和兩座水晶塔。因此博弈雙方要在塔的所在地展開一系列的對抗，對抗中優勢的一方，將有更多的機會來進攻防禦塔，從而達到獲勝的目的。那麼如何制敵機先獲得優勢呢？用戰略的眼光來看，最直接的方法就是取得更多的經濟與等級更高的戰略資源（經驗），而為了達成這一目的，儘量爭取更多的地圖資源就是必要的。所以因參賽選手五人中，野區和三條線路就需要各安排一名玩家，如此安排勢必會有一個人需要從野區或者另外三條線上來獲取經驗及經濟，走同一條線的隊友則會因此在經驗獲取上受到一些影響。但如果可以構成以多打少的情形，就有可能因此在單線的對抗中取得收益，因此不論對方如何做，對線的參賽者都趨向於選擇和對手選擇一致的雙人線。前中期展開對抗目的，除了線上為了進攻防禦塔，發展經濟提升等級之外，就只有野區資源的爭奪，而關係要員正是小龍（buff）所在位置，博弈兩方水準相當的情況下，雙人路在正面對抗中取勝，造成對方減員之後剩餘的戰鬥力是大於單人路的。為了收益最大化，最直接的方式，就是把雙人路安排在中路或下路。另一種策略安排，雙人路如果定在中路，二打一基本上選擇單人路的一方經驗和經濟會受到壓制，而如果選擇中路二打一，選擇單人路方會因為中路的對線區域比較小，在經驗上不易被壓制，因此一般把雙人路安排在下路，112的陣型就是最為穩妥的。

博弈的分類中有「合作博弈」與「非合作博弈」二種，再以《英雄聯盟》遊戲中的分路情況來說明博弈理論。

• 合作博弈：研究人們達成合作時，如何分配合作得到的收益，即收益分配問題。遊戲裡的收益無外乎經濟與經驗兩種，三線加野區一共四個經濟經驗分配點，但上場的玩家有五位，要如何分配經濟資源，就是博弈論中的要點，終究必須犧牲一個人的經濟，保證另外四個人的全力發育，如此安排比其他任何分配方式都要合理且不會浪費資源。經驗則由一個不需要前期擁有高等級的ADC與輔助共同分享是最聰明的作法。套路中也可以輔佐打野，增加前期GANK成功率，並讓ADC迅速升級。但同樣會發生拖慢打野等級的問題，有打野到六級和沒到六級兩個英雄，而且ADC單人發育風險很大，在路人局裡很難使用。

• 非合作博弈：研究人們在利益相互影響的局勢中，如何選決策使自己的收益最大，即策略選擇問題。同樣是路人，當對手選擇了路人局裡最保險、最常見的EU流分路，你如何選擇？在資訊交流不對等的情況下，選擇是有風險，但如果冒險成功就有巨大收益（比如AD上路，輔坦下雙，中野雙游），如果不願意冒險，那還是選擇穩紮穩打的套路。在遊戲路人中，最麻煩的就是「背叛」。假如我指定戰術，隊友無法執行或者不願執行，怎麼辦？如果強行執行了，輸了是不是責任我擔？所以乾脆免除這種交流帶來的風險，反正EU流已經深入人心，大家都能心領神會的套路，在路人局裡才是最大的收益前提。同樣，如果對方選擇了非常規套路，冒著比你更大的風險去執行戰術，一旦不能成功，很容易全面敗退，我方勝利的機率就更大了。「成功機率」是選擇EU的考量點，雖不代表一定不敗，但成功的機率比較大。

6.5 判斷與決策

在學術上，學者們將判斷與決策分為兩種領域，一為判斷理論、一為決策理論，判斷理論主要焦點在於認知心智的過程；而決策理論關切如何得到解決方案，兩種領域分別導引不同的關切、思考模式和研究範疇。決策理論強調特定情境條件的干擾，判斷理論的環境因素是客觀存在的，而其關注的焦點為以人為本的主觀認知，但在面對事物分析時，此兩者行為應是同時並存的，不應被簡化而分開探討，於實務而言，決策的同時有判斷，判斷的過程有決策。

一、判斷與決策理論起源

「判斷與決策」自19世紀中期以來，一直存在不同的看法，決策領域學者認為應從經濟學角度切入，強調人類的理性，以科學量化、數學邏輯推導及假設驗證方法，協助決策者運用邏輯方法組織機率與效用來面對決策問題，以減少決策偏差和錯誤。而另一派學者從心理學觀點切入，認為並非事事皆可測量，主張以描述性與直覺方法了解人的判斷與決策行為，協助決策者了解機率與效用的來源，明白不同判斷政策及執行的關係（陳碧珍，2001）。也就是說這兩派的哲學家們，分別用量化與科學方法或直覺經驗的方法了解自然，包括人類的知覺、判斷與思想，此兩種方法分庭抗禮，使常識（common sense）與知識（refined knowledge）形成了平行的兩種形式。

Hammond（1980）等人將人類判斷決策的問題，從心理學或經濟學的起

源與其後發展，整理為六個主要的理論和模式：1.決策理論（Decision Theory, DT）；2.行為決策理論（Behavioral Decision Theory, BDT）；3.心理決策理論（Psychological Decision Theory, PDT）；4.社會判斷理論（Social Judgment Theory, SJT）；5.資訊整合理論（Information Integration Theory, IIT）；6.歸因理論（Attribution Theory, AT）。判斷與決策理論模式架構可說是不勝枚舉，以下小節就此六個主要的理論模式，進一步加以說明。

二、判斷與決策六個主要理論模式

(一) 決策理論（Decision Theory, DT）

在我們日常生活中會面對一系列的決策問題，有些問題複雜難解，且同時會面對多重目標的衝突。1976年Ralph L. Keeney與Howard Raiffa針對此相關研究，寫了 *Decisions with Multiple Objectives: Preferences and Value Tradeoffs* 一書，描述並解釋這些人們的選擇行為，Hammond（1980）等人將這些研究中提出的理論統稱為「決策理論」。其理論立基於經濟學的期望效用，假設決策者以個體效用最大化作為決策準則，決策者需要知道各種有效的備選方案、各種方案的屬性、特定方案發生的機率以及決策者對方案的效用評估值等，最後以精確的數學定理，將這些方案及屬性轉換成選擇最理想方案的直接指標（汪明生，2013）。在DT中最主要的理論應用之一為多屬性效用理論（Multi-Attribute Utility Theory, MAUT），探討效用最大化以及價值互換概念等，用以幫助人們決策行為。

(二) 行為決策理論（Behavioral Decision Theory, BDT）

在眾多經濟學者研究下，決策理論不外乎是關注價值、效用、可選擇的替代方案，並假設人是理性的，所以會做出效用最大化的選擇，但是以無異曲線來檢視風險、不確定性、效用最大化等議題，發現效用理論是有缺失的，因此Ward Edwads（1954）在他的研究 *The theory of decision making* 中，納入了心理學的研究，來補足經濟學理論的不足，引領學者開始重視決策中的認知觀點。 Hammond（1980）等人，將Edwads的理論稱之為「行為決策理論」。

Edwads（1954）從心理學的觀點探討了次佳（less-than-optimal）選擇的概念，導引出個人主觀認知的本質，他期望能有更多研究者了解人們行為的重要性，在理論中提出主觀期望效用的概念，他的研究被廣泛地運用於經濟、決策、賽局、臨床心理、心理物理、機率統計等領域之中。

(三) 心理決策理論（**Psychological Decision Theory, PDT**）

Tversky & Kehneman（1974）在不確定下的研究，探討人的認知系統，認為人們在面對問題時，常透過自我經驗以簡捷（heuristic）方式來思考分析問題，造成判斷上的心理偏誤，Hammond（1980）等人將簡捷與偏誤理論稱為「心理決策理論」，但後來相關的研究將心理決策理論觀點稱為「簡捷與偏誤理論」（汪明生，2013）。Tversky & Kehneman將這些簡捷法歸類為代表法則、現存法則以及定錨與調整法則等三項。

1. 代表法則（**representativeness heuristics**）

指人們在判斷問題時，常會搜尋過去相似的經驗或是發生過的類似問題，再以過去解決問題的方法來套用於現在的問題，而不重視當下問題的情境與條件，因此容易產生以偏概全（fallacy of composition）的謬誤。

2. 現存法則（**availability heuristics**）

人們在評估事件時，常會以容易取得的資訊來做判斷，而不是審慎思考更精確的細節或是事件發生的頻率。越容易讓人聯想到的事件，就會使人誤以為此事常發生，因而出現判斷偏誤。

3. 定錨與調整法則（**anchoring and adjustment heuristics**）

人們在面對問題時，常會先做簡單的初步判斷，設定「定錨」點，多數定錨法則指的是數值對人的影響。Linchtenstein & Solvic（1971）的研究指出，個體對不確定數量的數字進行估計時，通常有調整不足的現象。Tversky & Kehneman（1974）也認為當決策者評估某事件的數量時，起始值的設定，常會因為陳述不同而影響後續判斷。

(四) 社會判斷理論（**Social Judgment Theory, SJT**）

社會判斷理論方法係Hammond等人（1985）將人類判斷予以模式化，延伸Brunswik（1952）的透鏡模式（lens model）的架構至人類判斷以及社會領域，強調認知的困難是源自於機率與自然環境間的關係，因為環境中充滿不確定性，所以必須找到這些變數之間的關聯，以及關注環境和認知系統的互動（汪明生，2013）。

1. 透鏡模式

Brunswik的理論也主要是在說明人們常常無法從環境中取得直接客觀的資

訊，而使知覺看起來像是一個透過近端（proximal）線索分析的間接過程，人們會透過這些近端表層線索的運用，以推論遠端（distal）的事物。從這個觀點看來，可以將社會判斷理論定義為一個包含對線索的資訊整合以做出判斷的過程（汪明生，2013）。在此模型中，客觀系統與認知系統具有對稱性，以線索作為連結，而判斷受限於人們的認知能力及環境的不確定性，模稜兩可的結果，使客觀真相往往會模糊而扭曲，因此研究者稱其為透鏡（汪明生，2013）。

2. 平行原則

平行原則指出認知系統與環境系統必須為同樣的結構，這表示必須要找出同時適用於兩種系統的概念。因為事件與環境之間的關係、近端線索與遠端變數的關係、近端行為和標的之關係，都充滿機率概念，所以我們不能期待在行動中找到完美可靠的線索，也不能期望找到引領我們走向確定標的方法，只能希望找到有關遠端變數和標的機率線索和方法，因此我們需要統計的概念去描述這些案例中的關係（Brehmer, 1988）。

3. 認知衝突

由於環境的不確定性以及主觀認知上的差異，會造成個體面對同一件事情的看法有所不同，因而產生衝突，此為社會判斷理論的另一項論述重點，而人際間的認知衝突由於多方當事人對於判斷標準、參考變數、參考變數權重的看法不同，以及對於變數的不同判斷原則、不同組織原則、認知控制不佳等因素所造成（黃國良，1994；陳碧珍，2006）。

(五) 資訊整合理論（Information Integration Theory, IIT）

此理論從觀察人們的日常生活現象，探討人們內在世界的認知歷程，結合了心理物理學的衡量理論以及資訊的整合理論的認知代數，來了解人們主觀的判斷過程，也從認知活動中的代數法則衡量心理過程。IIT的應用極為廣泛，作為統合的理論，代數法則幾乎可適用於所有心理學的領域，像是個人科學、社會態度、兒童認知發展、學習、記憶、語言、歸因、動機、群體動力、心理物理學與判斷決策等。

1. 目的性公理（axiom of purposiveness）

學術研究者認為人類的行為皆有其目的，「目的性公理」成為資訊整合理論的基礎。它導引出功能觀點，將認知以標的為導向的功能來代表，體現思考與行動標的導向之特色（汪明生，2013），在複雜過程中加入了單構面的價值概念化。

2. 多重決定論（multiple determination）

人們在日常生活中，面對問題時的判斷與行動皆須考慮一個以上的變數（即為多重變數），以往對多重變數的處理，僅以變異數分析或是複迴歸分析等統計方法，缺乏一個一般性的法則。透過資訊整合理論的認知代數衡量，可以將這些多重決定與多元價值等變數，由個體以整合機制的相加、相乘、平均法則予以評估整合（Anderson, 2013）。

3. 平行定理（parallelism theorem）

平行定理有兩個前提：相加與線性反應，是指在因子圖中，列曲線將呈現平行。為了解決三個不可觀察值，IIT以因子圖（factorial graph）設計分析個體認知，在因子圖中，行（column）與列（row）的組合，皆可衡量而得知其所對應的反應值R。

4. 心理衡量（psychological measurement）

感知質性的衡量議題由於缺乏物理（客觀）尺度測量，致使受到一些質疑。對於這些質性概念，透過代數法則衡量，這種衡量稱為功能衡量（functional measure）。功能衡量理論替衡量尺度提供驗證的評量標準，同時強調等距尺度的連續反應衡量。功能衡量理論中建構了權重與心理值兩個參數，前者提供刺激變數重要性的衡量，後者指的是刺激變數的心理值，這兩項參數使心理認知過程的衡量成為可能（汪明生，2013）。

(六) 歸因理論（Attribution Theory, AT）

歸因理論為社會心理學的範疇，對於人們行為的現象描述，文化差異為影響歸因的主要關鍵。此理論最早由心理學家Fritz Heider（1958）提出，認為人們企圖以直覺來解釋推論自己或他人的行為，他對人們的行為作出兩種歸因傾向：「內在／性格歸因」以及「外在／情境歸因」。內在歸因指的是一個人的行為與其本身性格或態度有關。外在歸因指的是一個人的行為與其所屬環境有關，且多數人在相同情境下，會有相同行為。Heider（1958）發現人們傾向於對他人做內在歸因，而對自我做外在歸因。人們很容易受到歸因不同的影響，對他人做出正面或是負面評價，總認為別人的不是，都是因為他們自己本身的關係，而我出了差錯都是當下情境不好。由於歸因過程是一種心理認知歷程，而非客觀資料收集，因此容易產生判斷偏誤。一般而言，人們較常犯的歸因謬誤，在解釋他人行為時，高估內在性格因素，以及低估外在情境影響而導致的謬誤；也經常會將成功歸功於己，而將失敗歸咎他人或情境的偏差（余伯泉、陳舜文、危芷芬、李茂

興，2011）。

三、判斷與決策過程

判斷與決策理論研究的主要問題是，探討人們如何根據「願望」與「信念」選擇行動方案（Hasie, 2001）。願望是指對各行動方案與不確定事件相互作用後所產生的各種結果的偏好；信念則是指對各種客觀狀態的資訊的把握、對外部各種不確定事件出現概率的推斷、對實現行動方案的各種手段的判斷，以及對各種行動方案最終結果的估算。決策的過程涉及三個面向：(1)羅列所有可供選擇的方案；(2)估計各種不確定事件出現的概率；(3)推斷出各種方案在不確定因素作用下產生的後果。理想的決策是在不確定的情況下，能有效達成決策者願望的決策，決策的過程也是決策者收集資訊的過程及判斷的過程。

傳統經濟學假定人能夠搜尋到所有可能存在的備選行動方案，在外部環境確定的情況下，能夠比較各種方案的結果，從中選擇效用最大化的方案。而在外部環境不確定的情況下，則假定理性人能夠估計所有不確定事件出現的概率，根據貝葉斯法則（Bayes' theorem），支持某項屬性的事件發生得越多，則該屬性成立的可能性就越大，來推算後驗概率（維基百科，2015），同樣根據期望效用最大化的原則選擇行動方案。

理性選擇是標準的判斷與決策理論主要訴求，但不能精確描述具體情況下的決策，造成標準的判斷與決策理論在現實執行決策中存有很大的差距。實踐判斷與決策過程需要在現實世界中做出有用的決策，決策品質的高低，由解決實際問題的有效程度決定，與所構建的理論的精確程度無關。由於實踐中的決策與判斷需要做出切實可行的決定，是針對特定情況做出的反應，與具體的決策環境相關，因而在情況發生突變的情況下，實踐中的決策可能會導致嚴重的錯誤結果。理性決策思維方式崇尚的是規範研究，但現實中由於決策者內在的約束和外部約束，使得判斷與決策過程不可能，也沒必要做到完全理性。

四、運動競賽戰略的決策

競賽戰略是決定運動比賽勝負的關鍵，正確的決策會引導運動團隊取得優異的比賽成績，錯誤的決策則會使整個運動團隊失去成長獲勝的機會。由此可知，一個出色的體育運動團隊必須要有一個出色的教練或管理者，他們可以在關鍵時刻做出重要的決策，引領團隊勇往直前。史上中國女排榮獲5次大連冠，近些年中國體壇上具有代表性的人物，如劉翔、李娜、姚明等，他們的成功除了自身的努力，還與他們的教練訓練戰略和決策分不開（王萍，2015）。作為一個體育運動

團隊的管理者或教練，就必須把主要的精力放在如何提高運動團隊競賽水準的決策上，而這是需要嚴密的論證與科學的決策（黃瑞國，2005）。因此，探討體育競賽戰略決策的要點，以及如何進行有效的戰略決策，對提高體育運動團隊的管理與競賽水準有著很重要的意義。

(一) 競賽戰略決策的類型

體育競賽戰略決策可分為賽前決策及賽場中臨機決策二種。賽前決策一般是在比賽之前所做出的決策，此類決策由於準備時間長，所以它具有論證充分、邏輯性強的特點，如在一場比賽開始之前，召開準備會、透過反覆論證、制定比賽方案等。這種決策由於是根據已有的條件與過去的經驗而決定，所以難與現場的實際情況完全吻合，存在著諸多的明顯不足之處。賽場臨機決策是在比賽當中進行的，由於比賽的雙方總是根據賽情的發展而改變策略或戰術，所以它具有隨機應變的特點，如賽前預備的第一套方案出現問題時，就拿出第二套方案。這種決策的特點是以變應變，賽場上情況發生了變化，原定的方案也要做出相應的調整。或是對方的戰術改變了，或是己方的某些情況發生了變化，這時，就必須對原先的決策進行適當的調整。由於這種決策根據賽場上瞬息萬變的情況而做出的臨時性決策，來不及進行論證，所以這種賽場臨時決策往往要靠教練長期實踐的經驗及快速的反應能力和判斷能力（黃瑞國，2005）。

(二) 競賽戰略決策的要點

1. 戰略決策要善於把握時機

賽前決策方案是今後一段時期的行動綱領，未來總是不能被完全、徹底、準確地預見的，因此在決策的實施過程中，不可避免地會出現意外情況，從而影響方案的實施效果。最好的決策是與未來它要指導的那個時期的外部環境恰好吻合，但任何決策都有或大或小的風險性。所以競賽場中臨機決策更要善於抓住時機，時機不成熟則不能決斷，時機成熟了卻優柔寡斷，則失去了成大事的大好時機，也是違背了事物的規律性。在運動競技賽場上，有利的戰績只是一個瞬間，如果看到了某一種難得的機遇，且及時抓住、當機立斷，很可能就會轉敗為勝。

2. 戰略決策要果敢當機立斷

用兵最大的禍害就是不果斷、猶豫不決，軍隊最大的災難產生於多疑不定，失去判斷能力是用兵最大的忌諱，所謂「用兵之害猶豫最大，三軍之災生於狐疑」。人們在思考某一個問題時，常因所站的角度不一樣，所得出的結論也自然有所差異。如果在諸多不同的意見下，左右而為難就是缺乏決斷力的表現，在判

斷正確的事上，我們應力排眾議，決策要果敢當機立斷（王萍，2015）。

3. 戰略決策要以客觀分析爲基礎

在做出決策之前或在決策之時，要客觀地分析互相關聯的事物，絕不能以先入爲主或用刻板觀念來分析事物。心理學的實驗告訴我們，當人們在做出決策時，往往受到過去的經驗影響。經驗一方面能發揮一個先入爲主的作用，這有利於使思維的過程縮短，但另一方面則容易使人的思維導致陷入有限的思維空間。顯然這是十分不利於人們客觀、全面地分析和進行創造性的思維，因此戰略決策要盡量以客觀分析爲基礎。

4. 戰略決策時要考慮一切有利的因素

決策是當所有的情況都擺在決策者面前時，決策者根據所有的已知或未知的情況以及自己的判斷能力而做出的最後結論。決策者不論是一個人也好，還是幾個人也好，畢竟是少數的核心人物，他們所掌握的情況或進行決策的手段往往是不夠的。爲彌補其不足，在決策之前，一是要充分了解競賽雙方的情況，盡量做到知己知彼，對雙方情況了解得越充分，做出的決策也就越科學性、合理性（黃瑞國，2005）。

參考文獻

1. Anderson, N.H. (2013). Unified Psychology Based on Three Laws of Information Integration. *Review of General Psychology.17*(2), 125-132.

2. Amos Tversky & Daniel Kahneman. (1974). Judgment under Uncertainty: Heuristics and Biases. *Science, New Series*, Vol.185, No.4157.

3. Brunswik E., (1952). *The Conceptual Framework of Psychology*, Chicago: Chicago University Press.

4. Brehmer, B. (1988). *The Development of Social Judgement Theory*. In B.Brehmer and C.R.B.Joyce (Eds.), *Human Judgement-The SJT View*, New York: Elserier Science Publishers B.V..

5. Brenner S.N. & Molander E.A., "Is the Ethics of Business Changing?" *Harvard Business Review*, 1977, 55(1), 4, pp.59-71.

6. Edwards, W. (1954). The theory of decision making. *Psychological Bulletin, 51*(4), 380-417.

7. Fritz Heider. (1958). *The Psychology of Interpersonal Relations*. Psychology Press. ISBN, 0898592828.

8. Hastie, R., & Dawes, R. M. (2001). *Rational choice in an uncertain world : The psychology of judgment and decision making*. Thousand Oaks, CA: Sage.

9. Hargreaves Heap, Shaun P. / Varoufakis, (2004). *Yanis: Game Theory - A Critical Text*, ISBN 0-415-25095-1.

10. Hall & Rodgers, (1989). *Concepts, analysis and the development of nursing knowledge: the evolutionary cycle Beth L.* Rodgers PhD RN.

11. Hammond, K.R. & J. Grassia, (1985). "The Cognitive Side of Conflict:From Theory Resolution of Policy Dispute." In S.Oskamp (ed.), *Applied Social Psychology Annual*, 1985, Vol.6.

12. Kenneth R. Hammond, etc. (1980). *Human Judgment and Decision Making: Theories, Methods and Procedure*. Publisher: Taylor & Francis Inc..

13. Kaiser, H.F., "The Varimax Criterion for Analytic Rotation in Factor Analysis." *Psychometrika*, 1958, 23.

14. Lichtenstein & Slovic. (1971). Reversals of Preference Between Bids and Choices. *Journal of Experimental Psychology 89*(1).

15. Myerson R.B. (1991). *Game Theory: Analysis of Conflict*. Harvard University Press, Social

Science.

16. Orlick, T., Partington, J. T., & Salmela, J. H. (1982). *Mental training for coaches and athletes*. Sport in perspective Inc. Coaching Association of Canada.

17. Porter & Lawler (1968). *Managerial Attitudes and Performance*. Dorsey Press.

18. Ralph L. Keeney &Howard Raiffa. (1976). *Decisions with Multiple Objectives: Preferences and Value Tradeoffs*. Cambridge University Press.

19. Smith, R. E., Schutz, R. W., Smoll, F. L., & Ptacek, J. T. (1995). Development and validation of a multidimensional measure of sport-specific psychological skill: The athletic coping skills inveneory-28. *Journal of Sport and Exercise Psychology*, 17.

20. Stephen, P. R. (1993). *Organization behavior. 6th edition*, New Jersey: Prentice-Hall, Inc..

21. Victor H. Vroom (1964). Work and Motivation. Amazon.com, https://www.amazon.com/Work. Victor-Vroom-1964.../B01F81OMH.

22. Weinberg, R. S. & Gould, D. (2003). *Foundations of sport and exercise psychology* (3th ed.). Champaign, IL: Human Kinetics.

23. 于忠華，2015。高校體育教師團隊建設的研究。運動，第16期。

24. 王萍，2015。體育競賽戰略決策研究。當代教育實踐與教學研究（電子刊），第8期。

25. 丘萃瑩，2017。職業電競女將克服機械式訓練—配運動餐單心理輔導。眾新聞 Citizen News, 2017-08-13。

26. 汪明生，2013。判斷決策與公共事務。台北：智勝出版社。

27. 余伯泉、陳舜文、危芷芬、李茂興（譯），2011。社會心理學。台北：揚智。

28. 喬豔豔、韋承燕，2012。期望理論對民辦高校師資隊伍建設的啟示。重慶電力高等專科學校學報，第17卷。

29. 周漢忠、岑漢康，2000。體育心理學。台北：亞太。

30. 李春台，2018。107全國大專運動會電競列競賽項目。今日新聞NOWnews, 2018年4月26日。

31. 季力康，a1996。運動員的壓力管理。國民體育季刊，25(4)。

32. 季力康，b1996。建立自信心的好方法。中華棒球。

33. 吳復新，2008。空大學訊，第306期—補充教材。

34. 吳延齡，1997。提升體育水準之我見。台灣體育，93期。

35. 洪嘉文，2001。激勵管理在學校體育的策略應用。中華體育季刊，14卷4期。

36. 姜大如，2006。台灣羽球選手心理技能之研究。國立台灣師範大學，未出版碩士論文。

37. 恆一，2017。電子競技概論。江蘇人民出版社。

38. 孫弘嶽，2006。人力資源管理的世界。http://blog.sina.com.tw/collinsuen/article.php?entryid=223827（新浪部落）。

39. 張媛，2014。基於期望理論視角下知識型員工激勵機制優化分析。中外企業家，第2期。

40. 張育愷，2013。激發運動員的巔峰表現－運動心理學。科學發展，2013年12月，492期。

41. 張大昌，2003。校代表隊組訓。學校體育，13(2)。

42. 張世宗，2006。游藝學－傳統童玩與現代兒童。歷史月刊，第224期。

43. 陳琛，2016。淺析博弈論。青年時代YOUTH TIMES，第18期。

44. 陳碧珍，2001。決策與判斷分析領域簡介。公共事務評論，2(2)。

45. 陳碧珍，2006。集體共識判斷中社會影響網路之研究。高雄：國立中山大學公共事務管理研究所博士論文。

46. 陳俊廷、林崑峰，2016。電競遊戲登上Nature－台灣团仔Jeffrey Lin林侑霆。民報2016-04-04 http://www.peoplenews.tw/news/b1aa9871-c210-4182-a64f-fafa1f042c97。

47. 黃國良，1994。環境仲介的角色及其倫理責任。思與言，1994.12（32:4期）。

48. 黃瑞國，2005。論體育競賽謀略的決策。安徽體育科技，第26卷第4期。

49. 黃明義、金敏玲，2015。探析排球舉球員心理素質之研究。排球教練科學，第21期。

50. 楊總成，2007。心理技能在排球訓練及比賽中的應用探討。排球教練科學，第7期。

51. 翟豐，2001。運動心理技能的特徵及其訓練的現狀。山東體育科技，第23卷第1期。

52. 葉憲清，2005。學校體育行政。台北：師大書苑。

53. 葉德磊，2015。從日常生活看「博弈論」。葉德磊教授在華東師範大學的講演。http://theory.people.com.cn/BIG5/49167/3792970.html（人民網）。

54. 馮啓林，2016。遊戲人生？經濟學系「博弈論與策略性行爲」課程。

55. http://utalks.etvonline.hk/article170.php。

56. 蔡傑，2011。台灣電子競技產業現況初探－以台灣電子競技聯盟（Tesl）爲例。國立台北教育大學教育學院社會與區域發展學系碩士論文。

57. 郭興文、白波，2005。博奕策略：博奕智慧的63個遊戲理論。台北：德威國際文化事業有限公司。

58. 維基百科，2015/07/16。https://zh.wikipedia.org/wiki/貝葉斯定理。

59. 藍世群，2011。運動代表隊組訓之探討。第四屆運動科學暨休閒遊憩管理學術研討會論文集。

60. 蘇芩慧，2018。2018年南韓電子遊戲市場產值可達105億美元。能力雜誌，第744期。

61. 劉慶財，2012。博弈論：日常生活中的博弈策略。北京：中國華僑出版社。

62. 盧俊宏，1994。運動心理學。台北：師大書苑。

63. 蕭美珠，1992。組訓運動代表隊之意義、功能和方式。大專體育，10期。

64. 電競王，2017。休賽期的轉會季就要到了，ESPN給英雄聯盟的隊伍提醒，希望各隊不要踩陷阱。http://news.ggesports.com/zh-TW/lol/

65. 蘋果新聞，2018。豪宅拒電競選手入住。蘋果新聞https://tw.appledaily.com/new/realtime/20180124/1284845/

66. 蘇芩慧，2018。打造電競人才鏈不能靠興趣。能力雜誌，2月號/2018第744期。https://mymkc.com/article/content/22894

第七章
電競運動賽事營運管理

鍾從定

Project

　　世界電競運動聯盟（International e-Sports Federation, IESF）於2008年成立後，2009年開始舉辦世界電競運動錦標賽（IESF Esports World Championship），從2009年的挑戰賽，2010年的總決賽，至2011年開始，每年皆舉辦的世界電競錦標賽，是目前唯一以國家為單位的全球性電競大賽。2018年第十屆，由台灣爭取到主辦權，於11月9日至11月11日在台灣高雄巨蛋舉辦這場全球性的電競賽事（圖7-1）。2018年8月，雅加達亞運電競列為示範賽，台灣電競賽隊奪下二銀一銅。雅加達亞運會是「第一次」將電競納為大型的體育競賽項目的示範賽。原本2022年杭州亞運會，電競將以正式比賽項目亮相，讓更多人能夠看到電競產業的進步與正名（圖7-2）。但因顧慮到利益輸送問題，除非商業公司放棄授權，開放全民使用而不得收取相關費用，因此亞運理事會將電競暫不列入亞運競賽項目中。亞運理事會挑選比賽遊戲的遴選標準，除了具有公平競爭精神之外，該遊戲項目必須對於電競粉絲擁有巨大文化影響力，也要符合非暴力定義。

圖7-1　2018年第十屆世界電競運動聯盟錦標賽（IESF）在高雄巨蛋體育館舉行

圖7-2　2018年雅加達亞洲運動會納入《英雄聯盟》、《爐石戰記》、《星海爭
霸II：虛空之遺》（StarCraft II: Legacy of the Void）、《世界足球競賽
2018-Pro Evolution Soccer 2018）、《傳說對決》以及《皇室戰爭》，這
6款遊戲作為示範賽

資料來源：https://www.youtube.com/watch?v=YsOcO_zn4c0

　　隨著網路的普及與傳輸速度的大幅演進，對同步反應不同地點玩家的行動操
作，不再具有技術上的執行門檻。因此，即時互動、以系統做出仲裁、相同起始
條件的競技遊戲，開始蓬勃發展。電子競技運動（eSports）這個專有名詞，將成
為未來年輕一代乃至「數年後的中壯年一代」所熟知的名詞。根據荷蘭專業遊戲
市調公司Newzoo在2018年2月15日最新出爐調查數據顯示，2017年全球的電競市
場收入達到6.96億美元，比起2016年有40%的大幅成長。Newzoo公司認為接下來
仍會有33 %的年度成長率，預期到2020年，電競產值將達到14.88億美元（張憶
漩，2018）。在2017年全球電子競技賽事的觀眾人數已達3.85億人，在電子競技
產業持續成長的情況下，預計在2019年可望成長至近4.5億人，亞太地區更將領導
電競產業發展。

　　Newzoo這份報告的重要分析與預測還有：全球的2018年電競收益預計為9.06
億美元，到2021年將達到16.5億美元。而2018年收益中，有56%來自中國與北美市
場，合計為5.09億美元。未來幾年的電競一般觀眾量（指只是偶爾會收看電競的
觀眾），將以每年14%的速度成長，並在2021年超過6億人。

　　另據《經濟日報》報導，2016年「英雄聯盟」世界電競大賽冠軍賽觀看數比同年的美國NBA職業籃球冠軍賽多了1,200萬人。2024年夏季奧運的組織LA 2024也在中聲明，承諾將運用電子競技日益增長的全球人氣，及技術作為一種重振全球青年與奧運聯繫的方式，而2017年年底，更將電競作為展示項目，首次登場一項由亞洲奧林匹克理事會輪流主辦的綜合運動會——亞洲室內武道運動會。種種跡象都在述說著體育生態的變革與電競賽事的蓬勃發展。

　　但在這些蓬勃發展的現象中，國際奧委會主席托馬斯·巴赫（Thomas Bach）在泛美體育組織大會中表示，他承認不能忽視年輕人對電競充滿熱情的一面，但現在還沒有出現一個全球認可的管理機構來負責電競賽事，同時也沒有組織給予奧委會足夠的信心保證能以奧運的精神、規則來舉辦賽事，但他認為近期亞運會將電競納入競技項目的決定，將是一個寶貴的嘗試。當人們娛樂觀念的轉變，將會刺激電子競技運動產業的發展的同時，主流網路電競遊戲、電子競技賽事以及新技術的快速發展，也拉動了電子競技賽事的蓬勃發展。遊戲廠商為了推廣自己旗下的遊戲，紛紛開始主辦電競賽事。以中國為例，2013年A股公司浙報傳媒進軍休閒互動類網路遊戲市場，旗下子公司包括大型互動遊戲社區平台，以及投資以遊戲直播為主體的直播平台戰旗TV，同時與中國體育總局資訊中心、華奧電競共同舉辦NEST大賽。2015年，蘇寧營運的電子競技聯盟SES推出系列賽事。2016年，阿里巴巴集團的阿里體育，斥資上億元推出電競平台並舉辦原創世界電子競技運動會WESG。在台灣方面，CTESA中華民國電子競技運動協會，於2017年在高雄舉辦的《英雄聯盟》洲際賽亞洲對抗賽，2018年8月在台中舉辦的電競賽事，破天荒結合職棒和電競，透過更多跨業結合的機會，讓電競擦出新火花。但與歷史超過百年的傳統體育籃球、棒球相比，電競是在這十年間才逐漸攀升的新事物，它雖然藉著極高的遊戲性、娛樂性在青年間獲得超高人氣，但就產業面來說，仍有著經濟循環不穩定、組織架構不明確的問題，因此如何進行跨產業的合作？如何建構電競賽事營運模式，提升電競賽事營運的品質與績效，是本章討論的重點。

7.1 投資策略設計：跨產業結構設計

　　所謂的「電子競技運動」是指「可供競技用途的電子遊戲」與「競技活動提供者」的組合，其涵蓋的範疇包括遊戲（開發、營運電子競技遊戲）、選手（培養、扶植競賽選手）、賽事（舉辦、宣傳、轉播競技賽）、設備（研發、製造電

子競技專用設備的公司）等。所以電競產業的影響層面涵蓋硬體、軟體與娛樂，硬體範圍包括台灣產業強項的電腦與各式周邊配件，軟體有遊戲與相關應用開發，成功的電競賽事甚至能帶來龐大的觀光商機。身為全球電子產業大國，台灣廠商更直接受惠於電競產業的龐大商機。台灣廠商目前已爭相投入電競產業，如華碩、技嘉、宏碁、微星等，都有贊助賽事或戰隊，以及開發電競產品。目前世界已有國家將電子競技列為運動／競技項目，如韓國、中國、義大利等。自2015年起，中國遊戲市場規模將超越美國成為世界第一遊戲大國，且中國市場的年增長率23%，遠高於美國的3%，2017年中國電競市場規模已突破百億元，2021年達到250億元的規模，中國遊戲市場已經發展成為全球遊戲業的最大焦點。全球競技型遊戲的出現，更帶動了整體電競產業的收入。

　　隨著電競運動快速的發展，產業鏈模式已逐漸建構完整，除了研發、策展、後勤分析、選手經紀、戰隊管理、會員粉絲社群經營等外，也包含生產、規劃執行、行銷、現場直播等，因為電競產品的消費金額，遠比其他消費性產品高上許多，衍生出整體電競產業投資的跨產業設計，包含了遊戲廠商、政府及公部門、玩家與觀眾、電腦及周邊廠商、賽事平台、職業戰隊、直播與媒體平台。但電競產業要持續成長與擴大，需要有跨產業的投資策略設計。企業投資策略是指根據企業總體經營策略要求，為維持和擴大生產經營規模，對有關投資活動所作的全局性謀劃。它是將有限的企業投資資金，根據企業策略目標評價、比較、選擇投資方案或項目，獲取最佳的投資效果所作的選擇。企業投資策略幫助企業在複雜多變的環境中捕捉機遇、抵禦風險，實現企業資源與外部環境的動態平衡，以達到企業發展的目的。投資策略設計包括三個部分：策略設計、策略實施和策略評估。策略設計是策略管理的基礎和核心，它為企業經營指明方向，是企業發展的靈魂和主線，也是策略實施和策略評估的基礎。我們可以將企業策略分成三大類：競爭策略、財務策略、投資策略。三大策略的關係如下：

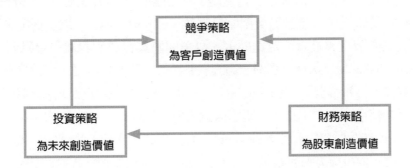

競爭策略與財務策略可以同時滿足客戶與投資人眼前的利益，而投資策略卻是著眼於企業長期的利益。為客戶與投資人創造持久的價值是投資策略的最終目標。投資策略透過對企業各種資源的長期投資追求未來的價值。這一策略包括以下內容：

(1) 人力資源投資：透過對人的技能與知識的培養，來提高人的適應能力與競爭力。

(2) 長期資產投資：這一投資包括無形資產、固定資產以及兼併與收購，達到擴充企業生產能力的目的。

(3) 策略投資：透過各種手段與供應商和消費者建立策略合作夥伴關係，提高企業的品牌與形象。

(4) 營運資金投資：流動資金是企業經營的基礎，透過流動資金規模的不斷擴充，提高企業的生產規模，以便適應企業不斷發展的需要。

因為電競賽事與傳統體育賽事依然存在著許多不同之處，電競運動需要更多跨產業結構形成，最關鍵的一點就是，電競賽事多了「互動」元素。例如：線上賽車遊戲iRacing就提供投票機制，觀眾可以投票給自己喜歡的選手，獲得較多觀眾喜愛的選手可拿到更多燃料，在比賽中表現更好。由於電競賽事的互動方式是在傳統體育賽事中看不到的，因此在設計測量標準時，也需要考慮進去。因此以數位匯流及物聯網為基礎的電競運動需要更多跨產業的人才，包括大數據、人工智慧、雲端等跨領域的產品及服務應用。

此外，電競產業係因電子競技風氣盛行所帶動的電子周邊影音軟體產業與擴增實境、虛擬實境、網路平台傳播、配合手機資訊科技、網路頻道及影像多媒體傳輸技術的產業。跨產業應用結合將是電競運動新階段的最大特色。依國際數據資訊（IDC）預測電競運動將更著重於三個方向的推展，第一、電競遊戲周邊整體應用，第二、建立以遊戲者為基礎的研發團隊，以及第三、更多元的行銷管道。在行銷管道中，預計廠商對電競戰隊（eSports team）以及實況主等可直接連結玩家的跨產業投資將更為顯著。以美國職業棒球大聯盟先進媒體（MLB Advanced Media, MLBAM）為例，過去主要是做棒球賽事轉播，但他們在2017年簽下了轉播《英雄聯盟》（League of Legends）比賽，這代表著傳統體育賽事和電競賽事的結合。2017年11月美國國家職業橄欖球聯盟（NFL）的達拉斯牛仔隊（Cowboy）收購北美電競俱樂部Complexity。在許多棒球、足球隊對電競公司進行併購之時，而投資方必定需要一致的衡量標準，大部分股東才能知道自己的投資是否值得。因有了傳統體育產業的加入，逐漸形成跨產業結構，也預期電競賽

事會發展出具客觀性的測量指標。

　　另一項電競的跨產業戰略在於院校電競專業合作辦學、電競職業培訓及考試認證、電子競技在線教育等三大核心板塊。致力於為賽事舉辦方、電競俱樂部、職業戰隊、電競頻道、網路直播平台等電競企業培養各類專精尖人才。以2011年11月成立的「中國電子競技教育聯盟」為例，聯合眾多校企單位，圍繞產、學、研、測、評五個領域展開，共創平台。從專業申報、資格評審、媒體宣傳、招生推廣、教務擬定、課程設計、師資委派、教材編撰、線上線下教學、實習實訓、考核認證、就業推薦等多層次面向院校、企業、個人提供全方位的電競教育資源服務。與WCA（世界電子競技大賽）、ATA（全美在線考試與測評服務供應商）等業界權威品牌機構長期戰略性合作，不斷提升GH電子競技教育的核心競爭力。從電子競技實務操作經驗與技術等重要產業面切入，培育與創造電競產業人才。

　　因此在電競投資跨產業結構方面可包含下列重點項目：(1)電競遊戲開發投資方面，包括遊戲設計概論、遊戲設計與實習、Java程式設計、遊戲企劃設計、行動遊戲程式設計。(2)電競幕後工程投資方面，包括網路架設、Linux作業系統、電競場域實作、賽事企劃與節目製作。(3)行銷與公關投資方面，包括職場禮儀與口語表達、公關與新聞寫作、活動司儀與主持、廣告實務。(4)電競幕前人才投資方面，包括團隊溝通技巧、團隊戰術分析邏輯、電競賽事賽評與主播、直播媒體管理等，如圖7-3。

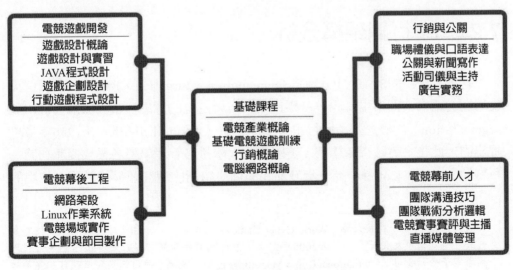

圖7-3　電競跨產業的投資結構

資料來源：城市科技大學電通系

　　整體而言，電競作為台灣電競產業中細分行業，已進入快速增長期，隨著行動電競市場規模逐步超越傳統端電競，一個由手遊內容供應商、電競賽事營運商、直播平台、電競俱樂部及聯盟、電競選手、電競主播等構成的台灣電競產業生態，也增加了新的投資機會。

　　曾被《資本論》一書所引述的19世紀英國工人運動領導人之一Thomas Joseph Dunning有一段老話：「一旦有適當的利潤，資本就膽大起來。如果有10%的利潤，它就保證到處被使用；有20%的利潤，它就活躍起來；有50%的利潤，它就鋌而走險；為了100%的利潤，它就敢踐踏一切人間法律；有300%的利潤，它就敢犯任何罪行，甚至冒殺頭的危險。」任何事情的執行難度都可以簡化為一個準則：有沒有利潤？有沒有得賺？如果有，電子競技的發展，大概會像滾雪球一般，當早先入場的幾個膽大廠商開始從電競職業聯賽如WCG[1]、ESWC[2]中獲利後，就會吸引更多的廠商願意注資，接著因為更大規模的資本運用而更能推廣到原本未能觸及的地域，最終經此循環成為一個龐然大物，事實上，透過近年的觀察，也的確看到越來越多的「知名品牌」開始投入其中。

　　在亞洲，深耕電競產業多年的南韓政府於2015年斥資1,400萬美元興建電競場館，透過建造更多的大型場館供職業聯賽使用，進一步推動遊戲與電競產業發展。中國於2015年更宣佈將由國家體育總局主辦全國高校電子競技聯賽，比賽項目涵蓋多種遊戲種類，從中培養發掘青年人才，進而推動電子運動產業發展。

7.2 S-T-P行銷架構分析

　　行銷理論中的S、T、P分別是Segmentation、Targeting、Positioning三個英文單詞的縮寫，即市場區隔、目標市場和市場定位的意思。市場區隔（market segmentation）的概念是美國行銷學家史密斯（Wendell Smith）在1956年最早提出的，此後，美國行銷學家，美國西北大學凱洛管理學院名譽教授菲利浦・科特勒（Philip Kotler）進一步發展和完備史密斯的理論並最終形成了成熟的

---

[1] WCG，為世界電子競技大賽（World Cyber Games）之縮寫，是一個全球性的電子競技賽事（或「電腦遊戲文化節」），於2000年創立，並於2001年舉辦首屆比賽。該項賽事由韓國國際電子營銷公司（International Cyber Marketing, ICM）主辦，並由三星和微軟自2006年起提供贊助。

[2] ESWC全名為「Electronic Sports World Cup」，是全球三大電子競技賽事之一，於2002年在法國創立，比賽延續至今。

STP理論「市場區隔（Segmentation）、目標市場選擇（Targeting）和市場定位（Positioning）」(Kotler & Keller, 2016）。它是策略性行銷的核心內容。此S-T-P架構及運用在電競運動產業中，可做以下了解：

(1) 市場區隔就是將市場細分成幾塊小市場：想像市場是一個2D象限的空間，以客戶最重視的兩個項目為兩軸，將目前市場上的競爭者填入。(2) 目標市場選擇就是我們要瞄準那一塊市場：考慮內部與外部的條件（常用工具：SWOT—自身與競爭者比較的優劣勢，外部的機會與威脅），選定幾個小市場區塊為主要目標，研究其消費者洞見（customer insight）。第一步與第二步合起來的動作，就是市場區隔。企業應先選定目標市場，依照適合產品所需的設計來篩選區隔變數。其區隔方式可將產品屬性依人口數量、年齡層分佈、教育水準、性別或所得收入、宗教種族文化或氣候因素，作為區隔的決策因素。

市場區隔是指在滿足消費者需求的過程中，不斷地與某一群特定對象進行對話。這一群特定的對象被稱為市場區隔，而市場區隔不只是靜態的概念，更是動態的過程，是了解某一群特定消費者的特定需求，透過新產品或新服務或新的溝通形式，使消費者從認知到使用產品或服務並回饋相關資訊的過程。市場區隔的變數依消費品市場和工業品市場而有所差別。消費品市場區隔變數，包括：地理因素，以消費者所在地理區位的特徵加以區隔；人口統計因素，如按年齡、性別、家庭人數、家庭生命週期、收入、職業、教育、社會階層、社會中不同群體的文化或次文化特徵，宗教信仰等進行區隔；心理因素，如按消費者的個性，價值導向，社會活躍性等因素進行區隔；行為因素，根據使用率、品牌忠誠情況、所關注的利益、使用時機等進行區隔。市場區隔的法則，包括：(1)區隔市場確定目標群體；(2)調查審視區隔市場明確需求；(3)根據區隔制定整合性營銷策略；(4)對區隔市場實施營銷。

隨著遊戲產業的發展，電競項目的不斷更替，電子競技早已不再是侷限於IP直連或區域網的單機遊戲下，分析電競市場區隔的基本因素：(1)地理變數：因網際網路蓬勃發展，全球玩家不會因地理因素限制而影響與其遊戲進行、社交活動等問題，故地理變數不會影響線上遊戲行銷發展；(2)人口統計變數：①在性別上：大部分玩家以男性居多，女性玩家比例也有逐年增加的趨勢。②在年齡上：大部分玩家介於青少年（16-25歲）到壯年（25-40歲）之間；③在職業上：大部分玩家為學生居多，但仍然有許多社會人士參與其中。(3)行為變數：①消費者類型：依據遊玩遊戲時間，大部分玩家將遊戲歸類為休閒娛樂活動，使用時間上的投入量可能不是很多，但使用頻率可能較為頻繁，唯有少數職業玩家才會在時間

與頻率上投入大量心力。②消費金額：根據市場調查發現，大部分玩家不會在線上遊戲投入資金，但仍有少數玩家會進行商業交易行為來增進遊玩時的樂趣，至於職業玩家則會在遊戲本身與周邊商品投入大量資金。

此外，電競運動市場區隔可以收入來源（revenue source）、平台（platform）、產品（product）及遊戲種類（game）作為劃分的基礎。以收入來源的市場區隔，可分類為贊助商、廣告、電競博彩及主題樂園、業餘和地區性錦標賽、周邊商品和門票收入。以2015年為例，贊助商和廣告是最主要的市場，接著是電競博彩。因為2015年有大量新的品牌及廣告商進入電競市場。

以平台為基礎來劃分，電競運動市場可區隔為遊戲單機及遊戲控制台。單機遊戲（single-player game），一般指僅使用一台遊樂器或電腦就可以獨立運作的電子遊戲或電腦遊戲，相對於線上遊戲而言。近年來，由於網際網路的普及，為提供追加下載內容、多人連線對戰、防止盜版，許多單機遊戲已經支援網際網路功能。狹義上的單機遊戲在早期是指完全沒有線上遊戲功能者，只能在一台或多台相鄰的主機上執行，如《上古卷軸》、《闇龍紀元》。而目前演進至無須網際網路即可遊玩單人模式（戰役、劇情等），或僅需連上網際網路更新、驗證身分即可遊玩，無須持續與伺服器連線者，如《絕對武力》、《戰地風雲》、《決勝時刻》、《末日之戰》。而廣義上的單機遊戲是指有單人模式，但存取遊戲或使用主要功能時，必須連上遊戲伺服器執行，如《暗黑破壞神III》、《模擬城市》。

電競運動就是電子遊戲比賽達到競技層面的活動。電競運動就是利用電子設備（電腦、遊戲主機、街機）作為運動器械進行的，但是操作上強調人與人之間的智力與反應對抗運動。所以電競運動市場依產品（product）來區隔，可劃分為電競主機、遊戲滑鼠、遊戲搖桿、耳機、有線／無線遊戲鍵盤、麥克風話筒電腦直播設備、電競椅和其他產品的配件。

電競必備神器—遊戲滑鼠

振動遊戲搖桿

1. 市場區隔（Segmentation）

電子運動依遊戲種類（game）的市場區隔，主要可分為兩大類：

(1) 比勝負的對戰類（FPS類、即時戰略類、運動類、卡牌對戰類），過去大多為第一人稱射擊遊戲，現在多為MOBA遊戲及即時戰略遊戲，例如：CS: GO、《英雄聯盟》、《最終榮耀》、DOTA 2、《星海爭霸II》、《魔獸爭霸》、《世界足球競賽》、《NBA 2K系列》、《鬥陣特攻》、《皇室戰爭》、《傳說對決》、《虹彩六號：圍攻行動》、《爐石戰記》、《絕地求生》等。

(2) 比分數的休閒類（競速類、音樂類、益智類），例如：《極速快感》、《節奏街機》、《俄羅斯方塊》等。

如從載體上分為五類：家用遊戲機（console）、掌上遊戲機（handheld）、街機（arcade）、電腦遊戲（computer game）以及手機遊戲（mobile game）。如按照遊戲的人數分類，可以分為以下三種：(1)單人單機，即是所謂的單機遊戲，指主要用於單一玩家在單個機件上玩的遊戲，一般的家用主機遊戲屬於這類。(2)多人單機，兩個以上的玩家使用同一台機件同時進行遊戲，著名的例子是Sier員（Lode Runner, PC）。(3)多人多機，也就是網路遊戲。是指如今的家用主機也早已經支援的線上遊戲，例如：Sony主導的PSN和PS4、日本電子遊戲開發與發行公司史克威爾－艾尼克斯（SQUARE ENIX）開發的《太空戰士XI》。以類型分類：ACT（動作）、ARPG（動作角色扮演）、AVG（冒險遊戲）、RPG（角色扮演）、RTS（即時戰略）、MMORPG（大型多人線上角色扮演遊戲）、SRPG（模擬角色扮演）、STG（射擊）、FPS（第一人稱射擊遊戲）、TPS（第三人稱射擊遊戲）、SPG（運動）、TBG（牌桌遊戲）、PZG（益智解謎）、RCG（賽車）、FTG（格鬥）、SLG（模擬）、VR（虛擬實境）、MOBA（多人線上戰術擂台）、ETC（其他）、QTE（快速反應事件）等。「中國電子競技運動會」（CEG）在2004年第一季度揭幕，設立的比賽項目共分為國標類、休閒類和對戰類三種類型。

每種遊戲類型都有獨特的吸引力，每種類型都有各自所適合的故事講述方式，以各自的方式提供不同的娛樂與競賽。也就是可藉由遊戲當中判斷此遊戲所具備的特質，遊戲要求玩家所需完成的任務或事件及遊戲本身是否讓玩家重視思考或反射動作或者兩者皆是做出市場分類。遊戲設計者應了解觀察玩家及市場需求取向來決定該遊戲設計類別，研究熱賣遊戲類別的優缺點以及避免抄襲。

圖7-4　　《魔獸爭霸III》

資料來源：https://wintermaul.one/news/wintermaul-one-will-be-prepared-for-reforged/

　　2016年Yahoo奇摩與資策會產業情報研究所（MIC）暨國內多家遊戲媒體共同舉辦台灣遊戲市場大調查，調查資料顯示細分遊戲平台的類型偏好，在台灣電腦線上遊戲最受歡迎的遊戲類型為角色扮演，其次依序為射擊類、動作類與即時戰略類。至於在網頁遊戲中，除了角色扮演外，棋牌麻將、策略模擬一樣很受歡迎。其中，女性偏好益智類與棋牌麻將類；而男生則偏好策略模擬類。在手機遊戲中，前三名依序為角色扮演、寶石方塊、策略模擬類。其中女性喜歡角色扮演與寶石方塊的比例不分軒輊。在電玩主機上，則以角色扮演跟動作類遊戲最受歡迎。

　　在遊戲題材喜好類型上，角色扮演是所有遊戲平台的冠軍，第二名的部分，網頁遊戲平台則是棋牌麻將，手機遊戲平台則是寶石方塊類型遊戲。若以性別分析，女生較為偏愛益智類遊戲。

　　另據2017 Yahoo奇摩電玩大調查報告指出，台灣遊戲人口除了有不斷增長的趨勢，已達890萬人，與2016年相比，成長10%外，在2017年台灣遊戲人口中，高達97%的比例都是線上遊戲玩家。在所有遊戲類型裡，手機遊戲擁有最多玩家數，占80%遊戲人口，排名第二至第四的，則是電腦線上遊戲、網頁遊戲和電腦單機遊戲，全都跟電腦裝置相關。這顯示雖然手遊玩家數最多，但透過電腦載具玩遊戲，仍是非常普遍的行為。

　　另外，電競運動依市場地理可區隔為七個主要區塊：北美地區、拉丁美洲、東歐、西歐、除日本除外的亞太地區、日本、中東及非洲地區。

2. 目標市場選擇（Targeting）

市場經過區隔後，即須針對每一個區隔市場進行考量、分析評估，然後選定一個或數個具有可觀性之市場作為目標市場。目標市場區隔的型態可分為下列五種：(1)單一區隔集中化（Single-Segment Concentration）；(2)選擇性專業化（Selective Specialization）；(3)產品專業化（Product Specialization）；(4)市場專業化（Marketing Specialization）；(5)全市場涵蓋（Full Market coverage）。

電競運動所針對的族群是兒童至老年都有，而此市場的消費族群主要以學生族群為主，因學生經濟能力並不是很高，因此消費金額主要介於100-800元左右，隨著市場變化，女性消費者逐漸增多，為了增加商機，將女性族群也設定為未來開發、發展空間的市場。依2017 Yahoo奇摩電玩大調查報告指出，對比台灣電競族群和一般線上遊戲使用者的人口輪廓差異，一般線上遊戲玩家，男女比例幾乎各占一半，但電競族群卻有高達80%是男性玩家。若以年齡層來看，電競族群普遍年輕，24歲以下占55%，18-34歲的Y世代更占近75%。這群年輕人在電視媒體可能很難觸及，但電競會是接觸這些年輕族群很重要的管道。

因為熱愛遊戲，電競族群每天花在玩遊戲上的時間長達2.5小時，是一般線上遊戲玩家的1.3倍。除了花時間，他們也更願意進行遊戲相關消費。電競族群在網頁遊戲、手機遊戲和主機遊戲上消費的金額，是一般線上遊戲玩家的1.2至1.7倍。

3. 市場定位（Positioning）

市場定位就是我們要如何被記得：在選定的小市場區塊中，也許已有先行者在其中，要如何在功能上或感情上做出區隔，擁有清楚的品牌形象，這就是定位。市場定位是企業運用其資源及能力，建立在目標顧客心中的獨特地位。創造競爭差異化，可以從市場定位著手。由顧客所重視的產品屬性和偏好著手，以及顧客對競爭產品屬性之認知，來建立一產品或市場空間，再由空間中發掘顧客心目中該產品理想點之位置。所謂產品屬性，有的建立在產品本身的實體屬性，有的是出於心理上之知覺。評估可能的定位的方法，包括：(1)產品差異化：例如擁有法拉利紅色烤漆的筆電，(2)服務差異化：例如送貨到府、免費安裝，(3)通路差異化：例如網路銷售，(4)人員差異化：例如加州健身中心標榜年輕的服務人員，(5)形象差異化：例如女性專用（Kotler & Keller, 2016）。

以整合、代理各大遊戲為主要事業的台灣競舞娛樂（Garena）公司為例，旗下營運的社群平台Garena Plus，為台灣最受玩家熱門的遊戲社交平台，擁有強大推廣力及媒體宣傳力，其產品具有獨特性、創新性，可打造個人專屬的角色進行

遊戰，或讓遊戲角色染上自我風格，帶給玩家靜態、動態上的視覺衝擊，也同時增加玩家間的社交互動，在服務觀念上，不論是遊戲客服、電競活動至賽事規劃等，以達成玩家訴求爲主軸，所以以免付費下載、部分內容付費的方式吸引眾多玩家外，也因產品特色與引進社交系統等優點，在消費者心中留下不錯評價。

另以美國電子遊戲開發商與發行商，總部位於加州爾灣的暴雪娛樂公司（Blizzard Entertainment, Inc.）公司爲例，雖然爲付費制遊戲，但因的產品屬變化性多樣，精緻細膩的動畫畫質、自創性的背景故事、遊戲內容等優點，建立其市場定位。兩家公司產品共同處在於，皆可以團體方式進行線上遊玩、對戰，戰略性及冒險心態的特色使玩家回流率大幅提升，兩家公司也藉由廣告、社交平台、臉書進行傳播，在市場上建立了良好的定位。

現階段電競產業可區分爲四個類別，分別爲：電競遊戲原廠、電競相關硬體廠商、電競戰隊／選手隊及電競賽事平台。而台灣政府也擬定了各部會推動電競運動產業的相關辦法：

1. 經濟部工業局每年舉辦「Digital Taipei台北國際數位內容交流會」、「Taipei Game Show台北國際電玩展」等活動，以推廣台灣國產遊戲，同時也協助拓展國際市場商機。

2. 經濟部工業局針對電競相關硬體廠商，均持續協助進行各類產品推廣，如2016年1月份舉辦之「ETG 2016台灣頂尖電競裝備大賞」，得獎廠商包含華碩、微星、技嘉、曜越、雷蛇等硬體廠商，未來亦將持續以輔導的角度，協助電競硬體業者進行相關推廣應用。針對電競相關遊戲內容之輔導，亦與廠商合作，透過辦理遊戲企劃創意提案大賽等相關活動，協助台灣開發團隊及廠商，投入電競遊戲之開發創作活動，藉由此類創作競賽，鼓勵台灣業者投入電競遊戲之研發。

3. 文化部：考量現今文化創意產業各次產業跨界整合之趨勢，電競產業亦有運用數位化現成圖像、文字、影像或語音等資料內容之情形，若有適當運用創作內容之跨界合作個案，文化部將視情況並配合整體產業政策規劃，提供輔導支持。2017年2月正式公告的「106年文化獎項及電子競技專長類別替代役評選規則」中可以看到除了「文化獎項」類別外，還新增了「電子競技專長」類別，設立電子競技專長類別替代役。

4. 科技部：科技部透過多年的產學合作計畫以及補助學界的專題研究計畫，累積相當多產業可用的核心軟體技術與服務經驗，故科技部在電競產業的發展上可偏向技術的支援與協助，或文化影響之研究。另外，科技部目前已補助學者執行產學（小）聯盟等計畫，期待透過聯盟的方式，推廣更多遊戲的核心軟體技術，以加速國內電競產業研發能量之發展。

5. 教育部體育署於2018年12月4日、5日兩天，在台北暴雪電競館舉辦「電競產業國際趨研討會」，特地邀請台灣、日本、中國、英國等15位海內外電競產業菁英齊聚，分享最新國際電競趨勢。研討會以「電競市場趨勢」、「電競產業生態系」及「電競人才培育」三大主題，匯集產、官、學、研各領域專家，從市場、產業、人才為議題主軸，邀請社團法人日本電競聯盟（JeSU）、艾鳴網路遊戲（日本）、MTG Head of eSports（英國）、阿里體育（中國）及銳玩遊戲（Riot，新加坡）、中華民國電子競技運動協會（CTeSA）、社團法人台灣電競協會（TCAA）等國內外專家，共同分享目前電競市場情形及國內外電競推動現況。也邀請到全球電競品牌華碩、暴雪娛樂（Blizzard）等指標企業及台灣電競新創的就肆電競（4gamers）、魔競娛樂、競酷數位（ahq e-Sports Club）代表，從Lan Party、賽事直播到職業選手職涯全方位的經驗進行分享，電競教育部分則邀請到培育出無數傑出電競選手之校園代表—莊敬高職資訊科，前來分享台灣電競教育的發展。

6.各部會輔導電競產業之相關措施，國家發展委員會將電競產業納入「國家發展計畫（2017-2020）」。

2017年11月7日，立法院院會三讀通過「運動產業發展條例」部分條文，台灣首度將電子競技業、運動經紀業納入運動產業，未來電競選手將比照運動項目，享有國家隊選拔、培訓、賽事以及國光獎章等資源。台灣的電子競技產業終於正名「電子競技運動」，其條文包括以下7個重點：

1. 電子競技業、運動經紀業等將納入運動產業。

2. 電競選手將比照運動項目，享有國家隊選拔、培訓、賽事以及國光獎章等

資源。

　　3. 電競業、運動經紀業等運動產業項目，將擁有稅法優惠、產業補助，包括參與賽事、觀看賽事或台灣自製運動商品消費支出等，每年計有新台幣2萬元以內的綜合所得稅扣除額，鼓勵民眾積極參與。

　　4. 為促進職業運動產業發展，各級政府與公營事業得配合國家體育政策進行投資，但投資股份不得超過一半，以給予電競產業發展養分。

　　5. 經中央主管機關列入培育的運動員，得設置專戶，接收個人對運動員的捐贈，申報所得稅時，也可依相關規定作為列舉扣除額。

　　6. 為了培養國民運動習慣，並振興運動產業，主管機關得編列預算優先補助高中以下學生參與或觀賞運動競技或表演。

　　7. 若有運動產業以強暴、脅迫、詐術或其他非法方法，影響運動賽事的公平性，主管機關應停止一定期間補助、獎勵及租稅優惠，期能減少體育賽事弊病。

7.3 賽事聯盟建構

　　電競賽事聯盟的創新經營模式，是以建構企業、組織、運動參與等三者之間多贏的良性循環成效，將有助於促進電競賽事和改善電競運動產業環境及強化業者經營模式和能力。電競賽事聯盟在創造電競市場規模的創新服務觀念引導下，建構電競賽事成為具有市場吸引力的重要顧客價值，且整合電競運動產業資源得以挹注與協助電競賽事的賽會經驗傳承、賽會辦理知能的服務傳送機制，並搭配優異的賽會數位化及雲端化的科技使用能力，則創建聯盟成為市場上多贏合作模式的典範和領先地位。進行推動聯盟時，需了解下列問題：

- 電競賽事聯盟的組織使命與核心策略（市場區隔、目標市場、市場定位）為何？
- 電競賽事聯盟服務型態與現有組織／競爭者提供的新式或特別服務之處？
- 電競賽事聯盟既有客戶與潛在客戶的特性為何？
- 電競賽事聯盟提供服務的核心專業能力為何？
- 電競賽事聯盟服務發展傳送流程為何？
- 電競賽事聯盟科技使用與技術創新情形為何？
- 電競賽事聯盟現有服務人員有別於競爭者的能力及服務為何？
- 電競賽事客戶對於聯盟服務的滿意內容為何？

　　於2008年1月成立，籌辦電競聯賽先驅，並將電競比賽搬至電視播放的「台灣

電競聯盟」（TESL）爲例，自2017年開始，組織不同於過往舉辦自家遊戲聯賽的作法，與包括銳玩遊戲（Riot Games）、暴雪娛樂（Blizzard Entertainment）等夥伴合作，合作推出像是《英雄聯盟》、《戰車世界》還有《部落衝突》等賽事。賽事聯盟的作法，還有在電競館聯盟規劃方面，台灣電競聯盟把電競館打造像是電競BAR的概念，與本土與國外廠商合作，除了2017年下半年成立高雄電競館外，也期許未來在台灣多個縣市成立電競館，就像新光三越電競館藉由全台多家分店，如果多個縣市都有場館，就有一定規模出現，這些場館除了舉辦賽事、粉絲見面會外，也可以進行國際交流及展演等，建構其營運模式。從透過與各級學校合作，將電競產業向下扎根；到以高雄電競館爲起點，期許未來在國內擴散據點，讓電子競技成爲普及的全民娛樂；積極與國內各大品牌合作，並與外國電競產業密切往來，幫助選手爭取福利、走向國際。

另外，建構電競賽事聯盟也可與學校深度合作，協助學校教育電競產業需求的人才。整個電競產業要發展，除了優秀的選手外，背後還有企劃、製作、直播等人員，而過去培育人才都是從零開始，聯盟作法透過與學校合作來培育電競人才，甚至也可以與學校合作，整合電競課程相關講義，未來編撰成電競教科書，這對學校來說可以是招生宣傳，對他們來說則是有助於學生認識電競產業。至於電競館未來也希望能夠提供在地的就業機會，像台灣高雄電競館開設消息傳出後，就有很多高雄粉絲來詢問是否有職缺，可見有很多人想要投入電競產業，但過去電競工作機會主要集中在北部，未來台灣電競聯盟在每個城市成立據點後，都希望主要以當地人力爲主。

2016年5月台北城市科技大學攜手台灣電子競技運動協會簽訂產學合作，校方亦宣佈成立城市科大電競校隊，隊名命名爲「城市蒼鷹」。2018年3月宏碁電腦與台灣樹德家商建立策略聯盟，合作建置南台灣最大、世界大賽等級的樹德家商「電子競技運動產學培訓中心」，於2018年3月31日開幕落成，占地近百坪，耗資700多萬，不僅採用宏碁電競桌機內建GTX-1080高階顯卡的Predator G1、Acer曲面電競螢幕、Predator電競椅等周邊，甚至Acer數位看板、賽評主播台、直播轉播台等世界賽專業等級裝備設置，也將成爲Acer Predator《英雄聯盟》校際盃南區比賽基地，爲參與新年度亞太區Predator電競聯盟大賽暖身，爲躍上世界舞台準備。樹德家商電子競技運動產學培訓中心，採用世界大賽規格Predator G1桌機、Acer 27吋曲面螢幕、Predator滑鼠及Predator電競椅，甚至數位看板，具備直播導播功能，整體以世界賽裝備建置。以奧運指定遊戲比賽項目爲培訓內容，並陸續展開校內外的校園盃賽事，積極挑戰高手雲集的電競賽事，更吸引好手加入樹德電競

團隊。

　　樹德家商因應學生對電競相關領域的學習需求，依據電競發展108新課綱校本課程，在各類科目現行課綱課程架構，開設電競跨領域相關課程，並預計107學年度利用課輔、社團與彈性學習時間試行串聯相關課程，並透過海外研習交流機會，與國際接軌。目前樹德家商正進行電競代表選手遴選，將電子競技運動列為重點培訓項目，結合產學界資源舉行電競產業專業人才培育課程、電競產業環境分析及職業選手未來輔導規劃，跟宏碁策略聯盟成為Acer Predator《英雄聯盟》校際盃南區比賽基地，未來更可配合參與亞太區Predator電競聯盟大賽，讓學生更具競爭力。

　　當然聯盟也需國際化，例如台灣電競聯盟目前與日本、東南亞電競組織接觸，除了將邀請DOTA 2、《絕對武力：全球攻勢》的印度冠軍隊伍來台與台灣選手交流外，也安排台灣隊伍與日本戰隊交流。例如台灣普儺電競於2017年12月15日宣佈正式進軍電競產業，與韓國第一電競娛樂公司KONGDOO策略聯盟，全方位引進電競人才培訓系統，且未來將借鏡韓國電競發展經驗，打造全新電競娛樂行銷模式。將定期於LMS春夏賽季後，全隊至韓國進行為期一週的移地訓練，與KONGDOO戰隊選手互相交流及觀摩，讓雙方選手都可以更加精進技能（何思瑤，2017）。

7.4 費米推論：新賽事的模式建構

　　「費米推論法」（Fermi estimate）也稱「費米估算」，由諾貝爾物理學獎得主恩里科‧費米（Enrico Fermi）在1938年提出，原意是指在極短時間內，以相關數字計算乍看之下摸不著頭緒的物理量；後來延伸為只要透過某種推論的邏輯，就可在短時間內算出正確答案的近似值，被廣泛應用在企業徵才時的考題。對人的大腦來說，複雜的大問題就像一大片巧克力，你無法將一大片巧克力一口吞進肚子，而費米推論就是把這些巧克力切成碎片，然後逐個攻克瓦解。

　　「費米推論」被喻為是科學界的奧林匹克，是最有效的邏輯思考訓練工具，也是許多科技大廠面試的熱門考題。費米推論不依靠收集大量數據，而是藉由邏輯分析、合理假設及加減乘除的基本算術進行快速推算，為無法直覺判斷或計算的冷門數據或荒唐數量，藉由本身的知識及工作經驗，進行合理的假設推論，於短時間內得到概算數據，協助趨近了解想要探索領域的市場規模。費米推論適用

於推算新產品、新市場的規模，或新創事業估算商業潛力，當我們面對「全台灣有多少間咖啡店？國人一年用掉幾張面膜？一年喝掉多少易開罐啤酒？」這些無處著力的數據需求時，都可以借助費米推論來估算。

　　就電競賽事的費米推論法來看，賽事新模式的基本因素，包括生產要素、需求條件、機會和政府。因素名稱為「企業策略、企業結構及同業競爭」直接以運動產業稱之；政府則成為產業發展基本因素。此外，「相關以及支援性產業」，詳細而言，主辦單位可透過「擬定賽事定位、目標與策略」、「決定資源投入賽事發展面向與程度」、「賽事位階對電競產業發展助益評估」、「資源投入與賽事發展指標的產出」、「形成新的賽事主客觀條件」、「進行檢討修正」與「建立新賽事定位、目標與策略」模式，達到最有利於賽事與電競產業發展結果。依此模式，各因素與子因素為需求條件（所得成長、休閒需求和健康價值）、生產要素（技術、表演、資金和場地設備）、運動產業（核心產業和周邊產業）、政府（政策、管理機制、基礎建設和軟體資源）、輔助支援者（大學、民間團體、贊助／投資者和外圍支援產業）、機會（全球化、知識經濟和大型賽會），以及最終消費者。

　　依費米推論法則，電競運動賽事模式還須包括：

- 電競法規及制度建立：擬定運動產業發展相關法規及制度，包括：1.建立電競運動產業發展輔導獎助措施；2.研訂對電競產業租稅優惠方案。
- 電競產業研發及輔導：1.建立諮詢輔導制度；2.提供專業諮詢服務。
- 建立電競產業輔導各類機制：1.建立產業資訊情報網；2.產業基本資料調查統計分析；3.國際產業發展趨勢研究；4.建立產業資訊情報網與資料庫。
- 推動跨產業之異業整合：1.鼓勵運動觀光及運動旅遊之拓展；2.鼓勵以運動協助疾病預防或醫治，提升體能之開發。

7.5 賽事金流規劃管理

　　財務規劃對於電競賽會的籌辦組織而言，是極重要的一環。有完善的財務規劃，不僅能提升賽會經費與品質，甚至對於支持賽會的組織也有助益。一個好的商業模式需要具備：物流、資訊流、金流，其中金流是一個重要的關鍵，消費者付款、企業或商家收款，如何透過金流將此串聯起來，是影響一間企業營運重要的關鍵。但到底消費者與商家在進行商業行為時，金錢該怎麼收？怎麼流？首

先，舉辦任何大型運動賽會都會產生不同的效益，其效益列表如下：

表7-1　大型運動賽會可能產生之效益一覽表

運動賽會 影響程度	一般運動賽會活動及大型運動賽會活動	職業運動聯盟及高水準運動員競技賽會活動	組織性及非組織性之全民運動或運動俱樂部	政府支持舉辦之學童、老年、身心障礙、復健等運動賽會活動
經濟影響（3-11%）：區域性效益、進出口、觀光	1.區域經濟發展（5%） 2.出口（10-50%） 3.長短期觀光效益提升	就業+設施改進+行銷+進出口+電視轉播媒體曝光效益+贊助與品牌權益	就業+減少區域性健保給付成本	就業民眾活動參與效應（約占教育成本10%）
公共衛生：心血管疾病、壓力、肥胖、糖尿病等（極大的經濟效應）	鼓勵民眾參與活動並形成動態的生活型態	運動員成為楷模藉以鼓勵民眾參與活動而形成動態的生活型態	運動創造健康與優質生活，改善體脂肪成分	體脂肪分析與強制運動（5%）+降低健保成本給付（15%）
品牌效應：創造城市、區域、國家、文化、個人、產品、電影等品牌	觀光事業、文化、企業、個人	頂級運動國家、運動員、文化、城市、企業、個人（名人）、產品的品牌	全民運動健康國家、文化、城市、企業、個人（名人）、產品的品牌	創造關懷與智慧的社區或國家的政治品牌形象
價值效應：環境、創造力、民主、整合、減少犯罪、教育、網絡、互相了解	大型活動的遺產效應，如國際奧會、活潑的青年、教育；和平、整合與正向民主規範	運動組織與運動員可以宣揚運動價值、呼籲勿濫用藥物、減少街頭犯罪事件	負責的生活型態、積極與創造的人們	快樂、指標、容忍與健康

資料來源：引自葉公鼎（2009），頁9

　　電競運動主辦單位依據專案計畫精神，事前預估未來可能發生的資金需求來源，並預擬各種可能經費支出方案，使賽會營運資金能靈活運用，以求賽會圓滿成功的各種作為。運動賽會的財務規劃，係將一般企業組織的原理，配合賽會之「專案」原則，編列預算，籌募經費，並依計畫運用，使賽會能圓滿舉辦，達到賽會主辦單位的目標。運動賽會財務規劃內涵應包括：

1. 預算編列（設計規劃預算、零基預算）。
2. 經費來源。
3. 財務管理原則。

一、財務規劃

(一) 資本門

1. 場館工程改善：此為舉辦賽會提供運動競技所需之基礎建設，包括場館建築、選手村、道路、交通、環保、景觀與綠化、觀光遊憩，如果曾有舉辦相關賽會經驗，或是有相關資源（如學校）可供應用，始可大幅減少預算。

2. 賽會設備採購：舉辦賽會所需之專業設備、器材之添購與維護改善。

(二) 經常門

1. 賽會間接費用：與舉辦賽會本身有關的經常門費用，包括：開閉幕經費、人事費、工作人員費、服裝費、行銷活動費、門票印製費、紀念品製作費、獎牌製作費等。本部分龐雜且不若資本門具體可估，應注意詳實估列，實報實銷。

2. 行政管理費用：籌辦此賽會之相關會議及各單位之行政費用，包括：出席費、午餐費、交通費等。

二、財務管理

包括：財務計畫管理、預算資金管理、預算外資金管理、財務活動分析與財務監督，企業的現金流管理是一個系統工程，管理企業現金流的目的就是在保證其日常活動所需現金的基礎上，最大程度地減少現金閒置，提高使用效率，在風險與收益之間找到一個平衡點，實現現金使用價值最大化。優化管理現金流，有助於對企業財務狀況進行更好的控制，從而保持企業的可持續經營發展狀態。

雖然電競是一種網路活動，對舉辦地方看似無甚裨益，但具吸引力的賽事，往往能令愛好者親臨現場，而這些現場觀眾就是實體經濟的催化劑。根據市場調查機構尼爾森在2017年發表的調查，英國、美國、德國及法國四地的電競粉絲中，約59%至66%會在網上觀看電競直播，亦有約14%至21%會親臨現場觀賞（Nelson, 2017）。2016年香港舉辦為期三日的「電競音樂節」，也吸引了約6萬人次入場。電競迷到現場直擊，衍生了網路以外的商機，這當中包括比賽門票（例如：「電競音樂節」中的電競比賽，門票就由80元至480元不等）、場地出租、會籍費用，以及售賣周邊商品等收入。2018年在高雄舉辦的世界電競運動錦標賽，為在地帶來旅遊觀光商機，國外選手直播逛夜市吃牛排，更是行銷台灣的新方式。

根據台灣資策會產業情報研究所（MIC）報告指出，電腦設備一直以來皆為台灣硬體廠商強項，隨著電競市場逐步成熟，電競型筆電、電競級滑鼠、鍵盤、

耳機等，逐漸成為玩家基本配備；微星科技以製造主機板、顯示卡起家，2012年公司經營層決定跨足電競品牌市場，以電競筆電、主機、顯示卡搶進市場，2016年營收突破1,021億，其中80%營收來自電競市場。MIC也預估，2017年電競筆電市場持續成長，全球電競筆電市場約780萬台，年成長率約11.2%。隨著中國、南韓及歐美多國將電競列為正式體育賽事，促使全球電競遊戲熱潮持續增溫，電競生態體系也越來越健全，包括直播平台、賽事轉播權、廣告及職業戰隊等。多國將電競列為正式體育賽事，促使全球電競遊戲熱潮持續增溫。連亞洲巨星周杰倫、前NBA湖人隊球星Rick Fox為了擴展事業，也成立電競戰隊，為電競資金來源注入新的動力。

另根據全球最大的遊戲影音串流平台Twitch統計，台灣一直是Twitch重要的發展基地之一，除了是亞洲地區觀看時間最高的國家，根據2017年6月公佈數據，台灣以每個月450萬人次之不重複訪客數（unique user）帶來高達10億分鐘之觀看時間，也成為Twitch全球前五大流量來源。台北市也是全球觀看Twitch時間最高的城市；2016年較前一年觀看時間增加10億分鐘，成長高達34%（陳炳宏，2017）。

三、多元資金挹注

(一) 以獎補助方式鼓勵企業參與投資經營：1. 補助產業研發、創新及行銷推廣；2. 獎助地方政府招商辦理賽事及經營地方運動場館。

(二) 建立優惠融資機制：1. 提供優惠貸款；2. 協助信用保證。

(三) 運動創新及發展投資之資金協助：1. 補助引進運動產業相關之關鍵技術；2. 加強研究發展、建立自有品牌等。

據青山資本（Cyanhill Capital）統計，2017年至2018年，在中國市場有36家電競類公司獲得融資，金額將近80億元人民幣，對電競行業的投資方向也越來越多元化，涉及電競賽事營運、主播經紀、直播平台、電競社交、電競俱樂部等多個產業。（圖7-5）

金流（cash flow），金流係指買方將資金交付予賣方的過程與付款方式。在會計或財務上的定義為：在某一特定時間內，特定的經濟單位在經濟活動中，為了達到特定目的而發生的資金流入和資金流出。簡言之，就是指交易進行中的資金流動。金流從消費者的角度出發，指的是「購貨付款」的方式；若從商家老闆的角度而言，則是「收取費用」的方式。無論是企業間基於商業需求的貿易往來資金支付或非商業性的資金移轉以及線上購物、網路拍賣的線上轉帳，只要牽涉到買賣雙方間的資金流動，即屬於金流之範疇。比較簡單的說法是賽事主辦方向

	2017-2018年電競行業投資事件						
公司名	主營業務	輪次	金額	公司名	主營業務	輪次	金額
EDG	電競俱樂部營運	Pre-A輪	近億元	雲嘟科技	電競雲解決方案	天使輪	1000萬元
大秦電競		天使輪	1000萬元	綜皇文化	主播經濟	A輪	2000萬元
GK		天使輪	近造成元	恆一文化	電競教育	A輪	1億元
易未來		天使輪	數百萬元	貓熊電競	電競社區	種子輪	200萬元
LGD-Gaming		A輪	3000萬元	iuu愛遊遊		天使輪	未透露
VG		A輪	5000萬元	撈月狗		C輪	2.4億元
人人體育		天使輪	數百萬元	金澤科技	遊戲陪玩	A輪	800萬元
王者俱樂部		天使輪	2000萬元	電競幫		天使輪	1000萬元
鬥魚直播	電競直播平台	E輪	6.3億美元	暴雞電競		A輪	4500萬元
熊貓直播		B輪	10億元	網競科技	電競綜合服務營運商	A+	2億元
觸手TV		D＋輪	1.2億美元	大電競	電競媒體	天使輪	800萬元
獅吼TV		A輪	億元以上	魔杰電競	電競館	A輪	數千萬元
小象互娛		Pre-A輪	3000萬元	玩貝電競	電競經紀	天使輪	數十萬元
亞佰天辰	電競賽事營運	天使輪	數千萬元	大神電競		A輪	4000萬元
香蕉計畫		A輪	3000萬元	艾播電競		Pre-A輪	近千萬元
香蕉計畫		B輪	2億元	光炬科技	電競賽事數據	天使輪	數百萬元
英雄體育		B輪	億元以上	玩加賽事		A輪	千萬元以上
樂競文化		A輪	未透露				
鈦度科技	電競外設	A＋輪	數千萬元				

圖7-5　中國電競公司融資統計（單位：人民幣）

資料來源：投資界，2018，逐漸脫離王思聰們的中國電競，如何「荒野求生」？https://m.pedaily.cn/news/435845

顧客收錢的方式。金流的重點在於付款的系統和安全性、方便性及增加資金流通性。

　　線上金流的特色：1. 24小時線上服務；2. 繳費管道多元化；3. 降低現金收款風險；4. 報表銷帳簡化線上金流作業流程：(1) Email通知出納組開放使用權限，(2) 申請企業識別碼系統申請紙本核章，(3) 帳號編碼管理系統管理後台設定。

- 買方（buyer）：在交易中為購買商品的一方，即是付款者。
- 賣方（seller）：在交易中為販賣商品的一方，也就是收款者。
- 金融機構：負責提供客戶在金流支付服務上的需要，可使用不同的支付工具，安全與快速完成交易。簡言之，金融機構提供不同的支付系統（臨櫃、ATM、Web ATM、網路銀行等），滿足客戶不同的需求，藉由支付系統完成買賣雙方的交易清償義務。線上金流交易流程及模式，如圖7-6、7-7。

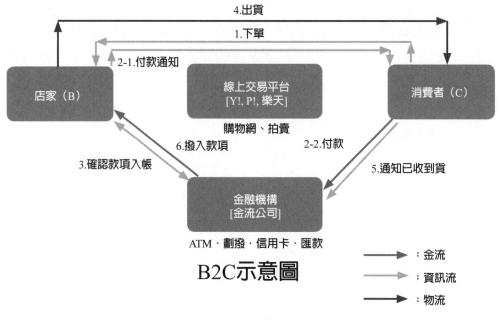

圖7-6　線上交易流程

型態	經營模式		案例	業者	族群
B2B	企業	企業	阿里巴巴B2B 歐治雲商	中大型企業	供應鏈
B2C	電子商店	消費者	京東商城 天貓店鋪 新蛋購物	中大型品牌 （具備品牌知名）	上班族
C2C	消費者／電子商店	消費者	淘寶網 拍拍（騰訊）網	中小型企業 個人賣家	學生
G2C	政府	民眾	中國鐵路客戶 服務中心網站	官方單位	國民

圖7-7　線上金流交易模式

以台灣電商為例，九成九的交易，都發生在以下常用金流：

1. 信用卡刷卡。2.信用卡刷卡分期。3.虛擬帳號。4. WebATM。5.超商條碼。6.超商代碼。7.超商取貨付款。8.貨到付款。9.匯款後回報後五碼（轉帳）。10.劃撥。11.匯票。12.面交現金。13.第三方代收代付。其流程如圖7-8。無論商家老闆

開放哪一種收款方式，經手的金流最終都會流向三個管道：開店平台商城、金流整合平台、銀行，我們可以統稱為「金流服務供應商」。它們大多提供多種以上的金流串接選項，以降低商家老闆們申請上的不便，其中，金流整合公司（包含第三方支付）有如一個大型的代辦窗口，可以協助商家老闆快速處理銀行的金流業務，再從中收取部分手續費，是目前經營電商時，較推薦的金流管道。

四、線上金流運用方式

支付寶（Alipay）為阿里巴巴公司創辦於西元2004年12月，支付寶上的交易功能最初成立是為了淘寶網解決網路交易安全所設計的，該功能也是中國首開先例。使用「第三方擔保交易」的金流交易模式，由買家將訂單貨款轉至支付寶帳戶後，再由支付寶向賣家通知發貨指示，買家在收到商品確認無誤後，再下指令給支付寶，將貨款轉放於賣家支付寶帳戶，至此完成一筆網路交易。截至2012年12月，支付寶註冊用戶數突破8億，日交易額峰值超過200億元人民幣，日交易筆數峰值達到1.0580億筆。在使用支付寶付款時，用戶終端機與支付寶伺服器之間

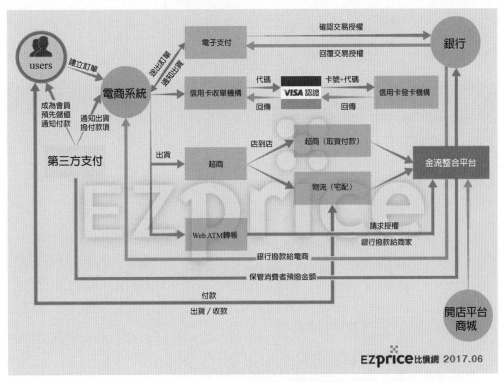

圖7-8　台灣電商金流流程圖

資料來源：EZprice公關室，「2017台灣電商產業地圖——金流篇」https://news.ezprice.com.tw/10956/

的連線，使用128位元SSL加密通訊。

　　由於早期在中國並沒有相關法律來管理監督，因此造就了支付寶（Alipay）的快速成長，但由於目前支付寶的線上金流交易量比率占中國全國的比率爲59%，因此中國官方也開始積極訂定有關第三方支付法規來約束並管理監督類似支付寶的第三方支付業者。支付寶其營運模式係屬「提供網路交易履約保障之貨幣傳輸型」。支付寶本質乃貨幣傳輸型業者，該業者在中國與數十家銀行及郵局簽有契約，可以進行網路線上金流交易、信用卡繳款、公共事業費繳款、航空旅遊繳費、教育繳費，預定金繳納並進行大型活動購票，並逐漸跨入實體通路金流交易部分。支付寶早期於中國以外無法儲值，後來推出固定面額的「支付寶卡」用於儲值。目前於海外（包括香港、澳門）的中國銀行、中國建設銀行，已經實現信用卡快捷支付，功能與中國的借記卡或信用卡快捷支付相同。2017年4月，德國Rossmann全面支援支付寶交易。

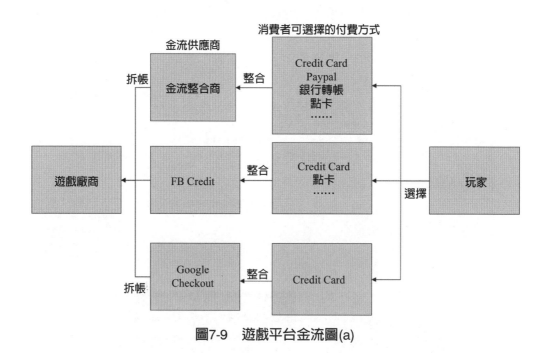

圖7-9　遊戲平台金流圖(a)

也許你會問：那付費機制綁在哪？

- 直接買到強化完最強的裝備。
- 只能買強化的卷軸或是鑲嵌的寶石。
- 只能鑲嵌、強化的材料，還需要透過繁雜的手續合成寶石、卷軸。

- 材料都不能買，但是可以買到降低失敗機率的道具或工具。
- 什麼都不能買，都要靠自己打寶，但是遊戲時間要錢。
- 可以和別的玩家買，但是交易需要透過官方的金元寶。

使用此些機制，依支付公司的設計，也可有以下便利的功能：

1. 輕鬆製作活動線上報名頁：不論是直接利用系統內建報名頁進行標題與文案調整，或是自行新增活動報名頁，您都可以隨心所欲快速新增活動報名頁，並立刻上線提供報名。報名表單也可自由調整新增，報名起始與截止日也可自由設定。報名者資料自動收集到資料庫，後續利用即快速完成。

2. 收款對帳自動完成：利用金流服務，報名頁可自由設定提供不同的付款工具，超熱門秒殺活動可設定僅提供信用卡，一般活動可提供多種繳費方式，繳費完成，自動回傳系統即完成報名，完全不需要一筆筆人工對帳。

3. 支援資格審核或候補：報名資料進到資料庫，活動主辦者審核過後，系統自動寄信給合格參加者，讓參加者在期限內完成報名與繳費。活動已額滿，仍可報名後補，若正取參加者退出，系統會自動依序寄送候補通知信，讓候補名額在期限內完成候補與繳費。

由於電競發展前景的廣闊，導致各種廠商的加入。對於那些電子相關的廠商而言，一方面可以生產高利潤的電子競技專用設備，另一方面藉助電子競技職業選手的知名度來宣傳其他產品（兔玩網，2016）。對於那些非電子廠商，同樣可以藉助電競來宣傳自己的產品，擴大影響規模，來達到增產的目的，從而一定程度上推動經濟的發展。電競相關產業可包括：

1.電競運動用品或器材批發及零售業。2.電競運動場館業。3.電競運動用品或器材租賃業。4.電競運動表演業。5.電競職業運動。6.電競運動休閒教育服務業。7.電競運動保健業。8.電競運動行政管理服務業。9.電競運動傳播媒體業。10.電競運動資訊出版業。11.電競運動博弈業。

現金流管理應避免產生戰略思維缺乏、流程監管不嚴、風險預警系統不健全和預算制度不完善等一系列問題以及這些問題存在的原因，以免電競公司出現資金鏈斷裂、無力償還到期債務以及現金周轉困難等經營問題，保證其現金流動的暢通，促進公司持續穩健發展。

圖7-10　「第三方支付」交易流程

資料來源：魏杏如，叡揚資訊，不可不知的「第三方支付」，https://www.gss.com.tw/eis/142-eis75/1275-eis75-11

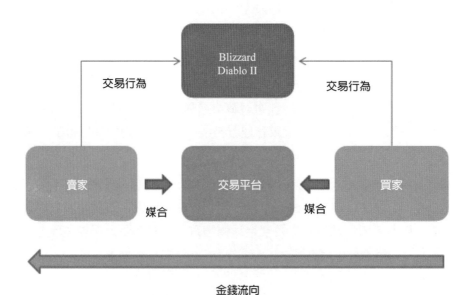

圖7-11　遊戲平台金流圖(b)

資料來源：愛德話遊戲，2011，[遊戲產業][商城分析]第三代網路遊戲商業模式的未來在哪？http://edwardgame.blogspot.com/2011/10/blog-post.html

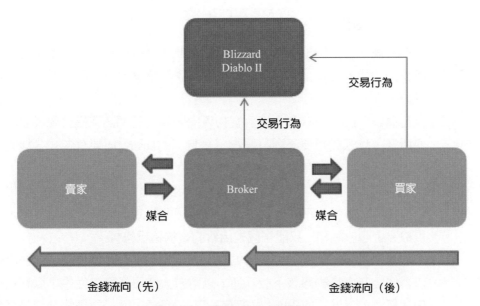

圖7-12　遊戲平台金流圖(c)

資料來源：愛德話遊戲，2011，[遊戲產業][商城分析]第三代網路遊戲商業模式的未來在哪？http://edwardgame.blogspot.com/2011/10/blog-post.html

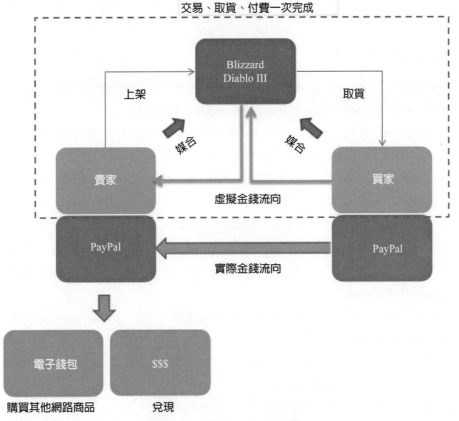

圖7-13　遊戲平台金流圖(d)

資料來源：愛德話遊戲，2011，[遊戲產業][商城分析]第三代網路遊戲商業模式的未來在哪？http://edwardgame.blogspot.com/2011/10/blog-post.html

五、金流經營術

(一) 心態轉換：經營網拍平台，想想網拍需要什麼樣的功能，你就需要做什麼樣的功能，要以拍賣商服務買家與賣家的概念營運，而非傳統的賣家身分。

(二) 核心價值：Loot Driven！掉落寶物導向，這是這個商業模式要成立的核心所在，玩家就是要不斷打寶物，一隻王的Drop list要有各式各樣的寶物，而打不到寶物的玩家只好去淘寶。

(三) 數據導向：控制供需與經濟，需要有專門的團隊隨時調整寶物的產出，以維持其稀有性。不知道會不會有綁定／非綁定的設計？如果沒有，市場終究會趨於飽和，只能一直推出新的寶物給玩家打。

(四) 風險管理：每個伺服器會成為獨立的經濟體系，商品價位不一樣。跨伺服器遊戲時，寶物應該不能互通，以防有人賤買貴賣，從中牟取利益、破壞經濟。另外，Diablo 2曾經有一陣子可以利用bug複製物品或是免費賭博等，加入了cash out的機制，這樣的bug會導致嚴重的損失，而到時候玩家早已經捲款而逃了。

參考文獻

1. Kotler, Philip & Kevin Lane Keller, 2016. *Marketing Management: Analysis, Planning, Implementation, and Control*, 15th ed. London, UK：Pearson.

2. Nielsen Sports, 2017. "The Esports Playbook: Maximizing Your Investment Through Understanding The Fans," *Nielsen Sports, October 3*, 2017, p. 6.

3. Smith, Wendell, 1956. "Product Differentiation and Market Segmentation as Alternative Marketing Strategies", *Journal of Marketing, Vol. 21*, No. 1 (Jul., 1956), pp. 3-8.

4.. 何思瑤，2017。LOL／YO率領初生之犢TEAM AFRO決心衝擊季後賽，網址https://game.udn.com/game/story/10446/2877552

5. 兔玩網，2016。職業電競人李亞鶴：未來電子競技發展趨好。網址：https://kknews.cc/game/a8k6bj.html

6. 陳炳宏，2017。全球電玩產值3兆台灣拚重返榮耀。網址：https://news.ltn.com.tw/news/weeklybiz/paper/1153176

7. 皓小平，2017。行動電競撬動電競業半壁江山，網址：http://it.people.com.cn/BIG5/n1/2017/1207/c1009-29692992.html

8. 葉公鼎，2009。大型運動賽會經營管理。台北：華都文化。

第八章
電競運動賽事專案管理

謝哲人、劉宇倫

Project

8.1 電子競技賽事啓動

在人類進入新的紀元後，電子競技不但已闡明其本身的時代意義與價值，持續不斷地向世人展現電子競技運動閃耀的魅力。電競產業也正在朝向全球化而迅速地發展。以2017年的重大電子競技賽事為例，便包括了中國海口WESG世界電子競技運動會（Haikou City World Electronic Sports Games 2017）、DOTA2國際邀請賽（The International 2017, TI7）、DOTA2 2017年基輔特級錦標賽（The Kiev Major 2017）、ELEAGUE CS:GO Premier 2017、ELEAGUE Major 2017以及ESL One Hamburg 2017等多項的重要電子競技賽事，國際間欲申辦電子競技賽事的國家，更是前仆後繼，足見電子競技賽事的黃金時代已經來臨（如圖8-1）。

圖8-1　由ESL在德國漢堡市所舉辦的DOTA2賽事，同時也是Valve列為重要賽事之一

資料來源：Freaks 4U Gaming, 2018, https://www.joindota.com

成功的電子競技賽事不僅專注於競賽活動的順暢進行，並應當追求其本身賽事整體功能之發揮。尤其是舉辦國際性電子競技賽事，需要的人力、物力及財力資源頗鉅，所以更需要講求效益，以免導致賽事舉辦失敗的巨大損失。其中必須注重行銷與贊助（marketing & sponsorship）、商品授權與銷售（licensing & merchandising）、票務銷售（ticket sale）、媒體公共關係與轉播（media public relations & broadcasting）、電腦資訊系統（computer information system）、人力資源招募與訓練（human resource recruiting & training）、賽事活動設計（games activities design）等安排。為了因應電競產業的國際人才需求趨勢，需讓國內的青

年學子們具備這電競產業潮流的新經營理念，以有效達成籌備電子競技賽事之目的，並以推廣實現電子競技運動之最高理念。

圖8-2　王老吉在WESG世界電子競技運動會中贊助露出

資料來源：禹唐體育，2017，http://www.ytsports.cn/static_new/static/newsimage/20170914/15053688182283.jpg

8.1.1 電子競技賽事會是「特殊事件」中的璞玉

特殊事件（special event）是一種具有主題性的活動（themed activity），而此類的活動之舉辦是為迎合特殊興趣團體（special interest group）之特定需求（special needs）（Wilkinson, 1988）。依活動種類之不同，可區分為：運動賽事（職業、業餘及參與性運動）、音樂、藝術文化、社區活動（如地方／區域性慶典、園遊會和展覽活動）、慈善活動及娛樂活動等六大類（Graham et al., 1995）。

舉辦特殊事件可凝聚社區（community）的力量來達成特定目的。例如：籌募資金（如群眾募資）、改變城市形象（如中國海口WESG世界電子競技運動會）、刺激經濟成長（如寧波國際電競互動娛樂博覽會）或者協助企業拓展市場

及產品推出（如華碩電腦股份有限公司藉贊助「WESG世界電子競技運動會」，推薦其ROG Gaming電競系列產品）（Catherwood & Van Kirk, 1992；程紹同，1998）。因此，電子競技賽事可定義為：「是一種體育競賽或相關性質的特殊事件。藉此賽事之舉辦，主辦者可滿足其本身目的（如電競賽事推廣、遊戲娛樂機會提供或營利等目的）暨特殊興趣團體之目的（如企業贊助效益、媒體廣告營收或政治外交等目的）。」

以中國海口WESG世界電子競技運動會為例（如圖8-3），賽事總獎金高達550萬人民幣，在WESG官方網站上突破10萬的粉絲人數，官方賽事相關影片更突破1億的收看量，阿里體育主辦單位在這場賽事當中，投入了超過2億元人民幣的資金，贊助商共有7家，分別為螞蟻金服、王老吉、北京現代、華碩、迪瑞克斯、金士頓及酷十。WESG世界電子競技運動會的贊助即占了70%，遠超過音樂、藝術文化、社區活動、慈善活動及娛樂活動等特殊事件，成為企業贊助中比重最高的專案。因此，電子競技賽事會是特殊事件中最具潛力的項目，也是企業行銷與贊助最青睞的對象。不過這個特殊事件的璞玉，就如同在《禮記》中提到的「玉不琢，不成器」，仍得經過不斷地的琢磨，才能使電子競技賽事更加成熟。

圖8-3　電子競技賽事唯有更多不同的企業贊助，才能使賽事更加成熟，並也能為企業帶來極大的效益

資料來源：360遊戲管家資訊站，2018，http://youxi.360.cn/w585610.html?pop=comp_news

8.1.2 電子競技賽事現況

　　申辦電子競技賽事必須了解電子競技運動組織的運作體制及發展議題等。首先，電競產業的結構相當一致性，不管是在國際或是任何一個國家，其運作體系都非常類似，每一個運動種類都會有其主管機構（Governing body）掌管，例如：教育部體育署（Sports Administration, Ministry of Education）就是負責全國運動之發展，在本國也有教育部體育署全民運動組掌管電子競技運動的發展，而在社會層級也會有協會負責本國電子競技運動發展，在台灣電子競技運動協會的規範下，所有賽事都會遵守台灣電子競技協會（Taiwan E-Sports Association, TeSPA）的體制。以中國國家體育總局體育資訊中心電子競技專案部針對舉辦2016全國行動電子競技大賽的通知為例（國家體育總局，2015）；各省、自治區、直轄市、計畫單列市體育局相關部門、電子競技協會及有關單位：為推動行動電子競技運動規範健康發展，建立行動電競賽事標準體系，拓展行動電競運動的覆蓋人群，傳遞行動電子競技正能量，中國國家體育總局體育資訊中心決定於2016年聯合大唐電信，舉辦首屆全國行動電子競技大賽（CMEG）。大賽由中心與大唐電信科技股份有限公司共同主辦，大唐網路股份有限公司承辦。

　　本屆大賽項目擬從以下10個類別徵集選擇：動作類（ACT）、競速類（RAC）、體育類（SPG）、格鬥類（FGT）、棋牌類（TAB）、益智類（PUZ）、射擊類（STG）、第一人稱射擊類（FPS）、多人線上戰術競技類（MOBA）、音樂類（MSC）。大賽組委會定於2015年12月28日對行動電競產品開發廠商、發行商公開徵集參賽項目。參賽項目應遵守我國相關法律、法規，且內容場景設計健康積極，具有較強競技性。徵集截止日期為2016年1月28日。組委會將於2016年2月中下旬正式公佈比賽專案入圍名單、競賽規程、參賽方式及合作行動電競專案廠商、代理發行商名單。

　　而全國行動電子競技大賽組委會為了驅使CMEG各參賽項目能完整地呈現，在啓動電子競技賽事之前，都會廣發徵集邀標書吸引各路人馬參加賽事，2016全國行動電子競技大賽（CMEG）參賽專案徵集邀標書內容如下（全國行動電子競技大賽組委會，2015）。為推動中國行動電子競技運動規範、標準、健康發展，建立完善行動電競賽事標準體系，拓展行動電競運動的覆蓋人群，傳遞行動電子競技正能量，中國國家體育總局體育資訊中心聯合大唐電信科技股份有限公司於2016年共同主辦全國行動電子競技大賽（簡稱CMEG大賽）。主辦方已對全球行動電競產品開發商、發行商公開徵集大賽比賽專案。

一、大賽說明

全國行動電子競技大賽（CMEG）是以電子競技愛好者需求為核心，透過線上和線下的活動形式調動所有電子競技愛好者的積極性，向廣大愛好者推廣行動電競項目。線上我們已與多家新聞媒體、影音媒體、分發管道達成戰略合作，將採用新聞、影片、專區等多種方式報導本次賽事。線下活動覆蓋中國全國高校，預計有1,000萬人參與比賽。

(一) 全國行動電子競技大賽，是由中國國家體育總局體育資訊中心主辦的全國性官方賽事。

(二) 本次大賽有豐富的市場推廣資源，包含但不限於電競垂直媒體、大眾網路媒體、草根媒體、報紙刊物、電視媒體、線下戶外廣告等宣傳資源和形式，並借助該資源配合大賽的宣傳推動。

(三) 本次大賽在各地進行線下落地推廣活動，包括路演、校園地推以及其他形式的線下活動。

(四) 本屆大賽將從2016年3月到2016年7月為止。

(五) 大賽共分為4個階段：

1. 比賽項目邀標階段。
2. 線上海選階段。
3. 晉級賽。
4. 總決賽。

(六) 大賽獲獎選手將獲頒CMEG大賽榮譽證書，及總額為500萬元人民幣的現金獎勵。

二、大賽參賽專案要求

本次活動為全國行動電子競技大賽（CMEG）公開徵集優秀行動電競產品，擇優選擇作為大賽比賽項目，並在全國各地區舉行線上、線下比賽。

參賽專案要求：以行動電子競技類型為主題，內容綠色健康向上，競技性強，適合各類人群。

應具備以下功能：

(一) 帶有獨立完善的競技系統功能。

(二) 功能表項目有查看用戶競技排行功能。

(三) 需要配合修改或增加道具等物品，以達到公平競賽的要求。

(四) 可實現選手同屏競技功能者優先。

三、參賽項目確定範圍

本屆大賽擬設置以下競賽類別：動作類（ACT）、競速類（RAC）、體育類（SPG）、格鬥類（FGT）、棋牌類（TAB）、益智類（PUZ）、射擊類（STG）、第一人稱射擊類（FPS）、多人線上戰術競技類（MOBA）、音樂類（MSC）。

四、大賽相關法律申明

(一) 所有提交的材料，恕不退還，大賽組委會承擔保密義務，同時保證不將上述材料用於除本次評估專案使用外之其他任何用途。

(二) 大賽組委會保證整個評估過程的公平、公正和公開的。對所有合作夥伴均嚴格按照流程進行交流和溝通，如有問題，可隨時聯繫。

(三) 所提交的徵集項目，大賽組委會有權在比賽官網及相關媒體展示。

8.2 電子競技賽事規劃

在進行電子競技賽事規劃之前，應先審視是否具備以下的問題：

1. 舉辦此項電子競技賽事是否必要？
2. 舉辦所在地區居民是否支援電子競技賽事？
3. 賽事場館空間是否足夠滿足需求？
4. 舉辦地的軟硬體設備是否完善？
5. 賽事所需的人力資源？
6. 籌備經費是否充足？是否能吸引企業贊助商？
7. 賽事場館暨場地所需的費用是否能負擔？
8. 該電子競技賽事活動是否可吸引觀眾前來？
9. 主辦單位是否具備充足的行銷與管理能力？
10. 管理控制目標的設定是否合理？

8.2.1 願景的重要

　　不論電子競技賽事規模的大小，願景均是成功的主要關鍵因素。願景是指主辦單位未來特定時日所欲達成的理想狀況，包括電子競技賽事存在核心的價值、具體的賽事內涵、參加的選手、消費專案及財務收支等目標，以及達成目標之後預期狀況的生動描述等。除此之外，願景也是有效的管理工具，它可以讓眾人擁有著共同的工作目標，可以自發地完成任務。因此，願景並非個別單獨的一項管理步驟，而是連貫的管理體系當中的一環。

圖8-4　電競賽事的願景，是為了促成整個電競產業鏈的完整，結合政府及民間企業的資源，將電競娛樂效益達到最大化

資料來源：GamePlayRJ, 2018, http://gameplayrj.com.br

8.2.2 電子競技賽事規劃流程

一、內外環境分析

　　所有的規劃皆始於對環境及組織的了解，電子競技賽事活動的首要任務應進行所謂的內外環境分析（SWOT analysis），即組織優勢（strength）及劣勢（weakness），以及市場環境的機會（opportunity）及威脅（threat），以了解賽市籌備委員會及電子競技賽事本身內外部環境的狀況，才能確保活動賽事的成功

舉行。例如：中國海口WESG世界電子競技運動會（Haikou City World Electronic Sports Games 2017）本身受到中國政府及企業的支援，電子競技賽事場館軟硬體設備充足，可列為優勢；電子競技賽事的專業人員缺乏、企業挹注資金不足問題則可算是劣勢；而賽事舉辦期間剛好是電競風氣盛高之時，使各國參賽選手及觀光客趨之若鶩，可當成是機會；若賽事受到其他國家政治干預或當地居民反對抗議等，則是會影響賽事活動的威脅。彙整SWOT分析後的相關資訊，便可作為行銷、設施設備及器材、選手、裁判、財務、交通、安全等方面之規劃參考依據（Gouws, 1997）。

二、特殊事件環境中的有效規劃

在特殊事件的環境中，須發展出特定明確方向卻又能兼顧彈性的計畫。規劃的功能有如一場電子競技賽事的策略地圖，必須要體認到規劃是一連串持續進行的過程，即使結果會因市場變化而改變，但賽事的策略地圖仍不可或缺。因此，在執行賽事活動中，對於有可能影響賽事活動的環境變動應保持警覺，並配合外部環境的改變進行適合的修正。

其次，在動態環境中組織的扁平化有助於組織的有效規劃。由於受到時間期程的壓力，是不允許組織由上而下層層設立目標，以至於拖延賽事活動的進度，應授權基層員工直接設定目標、擬定計畫為宜。根據歐洲田徑協會（European Athletics Association）的籌備委員會架構圖可涵蓋兩大功能，一是策略管理，另一個是運作管理。其中策略管理是有關於政策的設定、規劃、決策及執行等方面，這些都有可能為賽事的組織結構帶來影響。不論賽事的規模和等級，必須給予在特殊事件環境中的組織架構中的每一層，賦予每層組織擬定目標等許可權，以便及時和有效的處理在特殊事件環境中隨時會發生的狀況。

大體而言，成功的賽事規劃流程應可分為賽前、賽中、賽後等三個主要階段。其中當屬賽前的規劃階段最為關鍵，因為整個籌備工作團隊就在這個時期組成，所有的溝通協調工作都在這個時期展開完成。

三、電競行銷組合5P策略

(一) 產品策略。
(二) 定價策略。
(三) 通路策略。

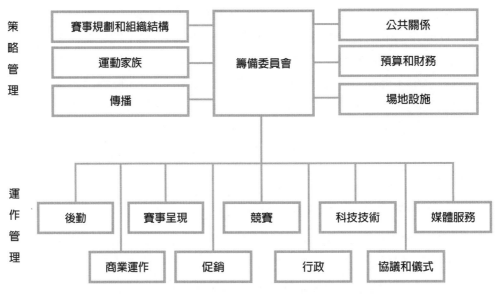

圖8-5 歐洲田徑協會的籌備委員會組織架構圖

資料來源：European Athletic Association. (2003). *European athletic association organisational manual*. Lausanne, Switzerland: Author.

(四) 促銷策略。

(五) 公共關係策略。

　　像電競運動這般以服務為導向的產業，所有的行銷策略均會受到員工與消費者間互動關係的影響，將其稱之為「程序管理」（process management）。程序管理在所有電競促銷活動的執行上，扮演著相當關鍵的角色。例如：如果場館的服務人員板著臉，面對前來兌換活動贈品的粉絲，而這場電競比賽又有可能是這些人今年進場觀看的唯一比賽時，那麼這些粉絲很可能就不再進場看比賽了，同時，可能會從這場賽事的目標族群顧客永遠離開。在現在網路發達的世紀中，與消費者進行一天24小時的溝通是必然的。重要的是，必須保持這溝通關係是正面的。人性化的接觸無可取代，因為良好的顧客服務，永遠是電競粉絲從目標族群顧客向上提升的主要力量。

8.2.3 電子競技賽事規劃的成功要素

　　如何規劃籌辦一場成功的特殊事件電子競技賽事活動？應取決於下列要素（程紹同、方信淵、洪嘉文、廖俊儒、謝一睿，2002）：

一、創意度（creativity）

特殊事件的規劃，首先需要一個足以吸引群眾參與的好賣點。

二、顧客導向（consumer orientation）

特殊事件的規劃，除了要有獨特的創意之外，應注重顧客導向原則。即此項活動必須是讓參與者覺得有趣，並且具有娛樂性質。唯有使群眾在活動中感到新奇和愉快，才能激起其參與意願（Catherwood & Van Kirk, 1992）。

三、規模大小

規模越大的事件，越能製造有利優勢，大事件亦等於大商機（張永誠，1993；陳佳芬，1998）。

四、話題力

電子競技運動如同今日所有的企業一樣，在跨越21世紀之後，已全面加速地全球化（globalization）、國際化（internationalization）以及趨向多國性經營（multi-nationalization）。國際電子競技賽事本身即是一個熱騰騰的強力話題，不分國籍、族群或社會階級，均有極高的參與度。

8.2.4 CMEG 2016全國行動電子競技大賽：全民槍戰專案賽事規程

賽事規程制訂通常以隊伍數量以及比賽時程安排為考慮前提。例如：要從多支隊伍中避免籤運影響，讓實力較好的隊伍晉級，則會採取「循環賽」規則，利用積分晉級或是雙敗淘汰的規則，而可以讓積分較高的隊伍進入下一回合賽事。而如果要讓多支隊伍快速進行完賽事，則會制訂「單淘汰」的比賽，則讓賽事儘快從眾多隊伍中取出最強隊伍。

為了要讓單項電子競技賽事能進行順利，賽事規程是必需要的存在，本文以CMEG 2016全國行動電子競技大賽的全民槍戰專案之賽事規程內容為例，實際了解賽事規程應具備有的內容，全民槍戰專案之賽事規程內容如下（全國行動電子競技大賽組委會，2016）：

一、賽事介紹

為推動中國行動電子競技產業向著更綠色、健康的方向發展。特打造全國行動電子競技大賽（CMEG），透過建立賽事標準體系，以及互聯網+體育的產業融

合，引導、規範和推動整個行動電競行業的發展。

　　大賽以全民運動、全民競技為理念，傳播行動電子競技運動體育理念，傳遞行動電子競技正能量。大賽由中國國家體育總局體育資訊中心和大唐電信聯合主辦，目標在未來將CMEG打造成中國行動電競領域的標竿賽事。

二、組織機構

主辦單位：中國國家體育總局體育資訊中心、大唐電信科技股份有限公司

承辦單位：大唐網路有限公司

三、比賽報名

(一) 報名時間

2016年4月18日至5月15日，海選期間，隨時報名即可參賽。

(二) 報名流程

報名方法一：

　　進入CMEG賽事官方網站報名入口進行報名；按照報名要求如實填寫資料，並提交報名表；組委會審核報名資訊資料，通過後即完成報名。

報名方法二：

　　在《全民槍戰》遊戲內，點擊賽事按鈕，進入線上英雄聯賽介面進行報名。同時每位元參賽玩家需要點擊英雄聯賽介面的CMEG報名按鈕，進行資訊填寫。本次CMEG線上海選同4月18日開始的線上英雄聯賽的預選賽綁定，即CMEG的晉級依據為該次線上英雄聯賽的預選賽積分而定。本次預選賽積分將整合所有區服進行排名，官方將取積分排名前64位團隊，進入下一輪比賽。

(三) 報名細則

1. 報名運動員必須年滿16歲，性別不限

(1) 全民槍戰專案報名隊伍需要5名運動員，並指定其中1名隊員為隊長，隊長在報名時，須填寫本人及其他隊員的聯繫方式。

(2) 在報名截止後，組委會將審核每名參賽運動員的報名資訊，只有通過審核的運動員，才能參加後續比賽。

四、比賽時間

(一) 線上海選賽比賽時間：2016年4月18日—5月18日。

(二) 線上晉級賽比賽時間：2016年5月21日—6月5日。

(三) 落地晉級賽比賽時間：2016年6月11日—7月10日。

(四) 全國總決賽比賽時間：2016年7月24日。

五、比賽地點

(一) 線上預選賽比賽地點

《全民槍戰》4月18日開始的英雄聯賽預選賽，即為本次CMEG比賽的海選賽。

(二) 全國總決賽比賽地點

中國貴州省貴陽市國際會議展覽中心。

六、線上海選賽

(一) 線上海選賽

1. 賽程：

(1) 2016年4月18日—5月15日進行《全民槍戰》項目的線上選拔賽，5月16日—5月18日公佈入圍名單。

(2) 海選賽比賽時間為每天上12:00-14:00，19:00-22:00，每週日晚22點到次週一上午10點排行榜更新。

2. 比賽方式：透過參與4月18日開啟的英雄聯賽預選賽獲取積分，累計四週積分之和排名靠前的64名支隊伍（全區排名）可入圍晉級賽。

3. 晉級條件：積分排名的前64名進入線上晉級賽。

4. 晉級流程：

(1) 對陣形式：預選賽玩家隨機匹配，進行比賽；

(2) 每場比賽流程：

• 賽前準備：參加比賽的運動員，將登陸各自所在伺服器。

• 比賽賽制：海選比賽賽制為BO1。

(3) 比賽詳細排程：

4月18日—4月24日，線上海選賽第一週比賽。

4月25日—5月1日，線上海選賽第二週比賽。

5月2日—5月8日，線上海選賽第三週比賽。

5月9日—5月15日，線上海選賽第四週比賽。

線上晉級賽

1. 賽程：

2016年5月21日—6月5日進行《全民槍戰》項目的線上晉級賽。

2. 比賽方式：淘汰賽分為8組，64支隊伍分別進入8個小組進行比賽，每個小組最終勝者晉級進入下一輪，負者直接淘汰。

3. 晉級條件：各分組冠軍進入下一輪。

4. 晉級流程：

(1) 對陣形勢：參加晉級賽的隊伍由官方出對戰表，進行匹配比賽。

(2) 每場比賽流程：賽前準備：參加比賽的運動員將登陸指定伺服器，又官方提供比賽帳號進行比賽。

比賽賽制：《全民槍戰》比賽賽制為BO3。

(3) 比賽詳細排程：

5月21日—5月28日，線上晉級賽第一輪64進32比賽，共32場比賽。
5月30日—6月2日，線上晉級賽第二輪32進16比賽，共16場比賽。
6月4日—6月5日，線上晉級賽第三輪16進8比賽，共8場比賽。

七、線下晉級賽

(一) 線下晉級賽將設立四個賽區

四個線下賽區（暫定）

1. 線下晉級賽：

(1) 線上晉級賽的前8名進入線下晉級賽，比賽共分為四個賽區。

各參賽戰隊隊員須年滿16歲，性別不限；不滿18歲的隊員，必須由其監護人出具同意參賽證明，方可參賽。

(2) 賽程：

• 2016年6月11日-7月20日進行八個項目的線下晉級賽。

• 比賽時間為週六、週日。

(3) 比賽方式：《全民槍戰》為BO3單敗淘汰賽。

(4) 晉級條件：每組勝者進入總決賽。

(5) 抽籤：

抽籤方法：官方按照晉級隊伍公佈對陣表，參賽個人或者隊伍根據對陣表進行比賽。

(6) 晉級流程：

• 對陣形式：根據抽籤結果，捉對進行淘汰賽，直至產生前4名。

• 每場比賽流程：賽前準備：參加比賽的運動員將登陸指定伺服器，並根據賽事組委會的安排，進入指定的比賽房間。

比賽賽制：《全民槍戰》為BO3單敗淘汰賽。

八、線下總決賽

(一) 總決賽時間：2016年7月24日。

(二) 全國總決賽運動員（隊伍）組成

1. 總決賽各項目的運動員由線下晉級賽的前4名的隊伍組成，總決賽各項目共計20名運動員。

2. 各參賽戰隊隊員須年滿16歲，性別不限；不滿18歲的隊員，必須由其監護人出具同意參賽證明，方可參賽。

(三) 抽籤分組

總決賽各項目：前4名隊伍將進行抽籤分組。

(四) 晉級流程

對陣方式：

《全民槍戰》採用BO5單敗淘汰賽賽制進行比賽。

(五) 勝利榮耀

各專案冠軍隊伍,將入選中國電子競技代表隊伍。

(六) 比賽中出現掉線的情況

1. 故意斷線:由選手個人故意造成斷線的情況,將由裁判員視情況進行判罰(給予紅/黃牌或警告)。

2. 意外斷線:比賽中由於系統、網路、機器或電力等原因造成無法正常連接。

3. 如發生斷線情況,由當值裁判員根據當時情況進行裁定。

(七) 不公平對決

以下情況將被認定為不公平對決,該行為將由裁判處員以黃/紅牌處罰:

1. 違規使用任何非CMEG組委會授權的外掛程式或作弊程式。

2. 故意不連接遊戲。

3. 任何影響正常比賽的「不必要交談」(以下交談被允許)

(1) 雙方隊員之間的問好。

(2) 在比賽階段中舉手示意要求暫停。

(3) 一個失敗的信號(即:「gg」、「GG」,或者其他裁判員能夠決定勝者的資訊)。

(4) 選手之間不違反體育道德準則的交談。

4. 消極比賽。

5. 任何違反體育道德的行為、惡意干擾比賽(如挑釁行為)、不禮貌、不專業的行為(包括在遊戲內)。

6. 利用程式bug的行為,將被裁判認定為不公平。

7. 裁判委員會有權單方面認定選手違規或有其他不公平行為,可以給予警告和其他處罰,重大情況則剝奪參賽戰隊參賽權利。

8. 裁判委員會有權對任何選手的不公平行為進行判定。

(八) 舞台比賽

1. 賽事組委會會指定某場比賽在舞台上進行。拒絕在舞台上進行比賽的戰隊，將會取消參賽資格。

2. 所有在舞台上比賽的選手，必須穿著隊服或組委會提供的服裝。拒絕穿著相關服裝的戰隊，將被取消資格。

3. 如果在舞台上出現緊急情況，選手可以透過舉手來示意請求比賽暫停。裁判將視情況進行處置。

4. 選手不得故意在舞台比賽中暫停比賽，如果發生此事，根據暫停比賽當時情況的嚴重程度，裁判可以視情況進行判罰。

5. 如果選手在舞台比賽中透過「不必要交談」破壞比賽，選手會受到警告，本局比賽判負或者被直接淘汰。

(九) 警告與懲罰（黃牌和紅牌）

1. 黃牌是對違反規則的警告，2張黃牌=1張紅牌。

2. 如果戰隊收到黃牌，將在之後所有的比賽中保留。

3. 紅牌將導致該戰隊立刻喪失所有之後比賽的參賽資格，紅牌產生前的比賽成績保留。

4. 半決賽至決賽階段，因紅牌被取消參賽資格的戰隊，將不能獲得任何獎金。

5. 任何因紅牌導致當場比賽非正常結束，發生線上海選賽、線上晉級賽、線下晉級賽、線下總決賽階段時，當場比賽比分將被判定為：BO1賽制為0:1，BO3賽制為0：2，BO5賽制為0：3，BO7賽制為0：5。

九、獎勵辦法

(一) 榮譽獎勵

1.《全民槍戰》項目比賽每項冠軍頒發25萬元（人民幣）。

2.《全民槍戰》項目比賽每項亞軍、季軍、殿軍分別頒發10萬元、6萬元、3萬6千元（人民幣）。

(二) 物質獎勵單位：RMB（人民幣）

各專案分配原則：

團隊項目：《全民槍戰》

第5-8名，頒發2萬4千元。

第9-16名，頒發1萬2千元。

第17-32名，頒發6千元。

第33-64名，頒發3千元。

十、經費

(一) 接待工作

1. 嘉賓接待：嘉賓在2016年7月23日入住組委會指定酒店。

2. 運動員接待：參加全國總決賽的運動員須在7月21日入住比賽指定酒店，每位運動員的每天食宿標準為300元／天。

3. 媒體接待：參加全國總決賽報導的媒體記者，須在7月22日入住指定酒店。

4. 交通費：

(1) 往返於貴陽市交通費用，由晉級線下賽運動員或隊伍自行承擔。

(2) 組委會負責晉級線下賽運動員，或隊伍在貴陽市往返比賽場館和指定酒店的接送工作。

5. 餐飲、住宿費。

十一、競賽規則

按照CMEG大賽頒佈的最新規則執行。

十二、補充條款

如果發生特殊情況，以上提到的規則可能會被修改，其他事宜另行通知。

8.3 電子競技賽事執行

當一場電子競技賽事有了賽事企劃、賽事宣傳後，接下來就是當天比賽前設備安裝、場地佈置及比賽當天安排賽事進行等工作，這部分就是『賽事執行組』的工作。這組工作是與比賽選手直接接觸的人員，也是控制比賽進行的人，並需

在第一時間點處理比賽現場發生狀況的人，其工作相當重要。

一場電子競技賽事該如何去執行，首先是要確認比賽項目，接下來進行比賽場地場佈與硬體設置、網路及直播線路測試與軟體設定及比賽場地控制與賽事裁判。

一、確認比賽項目

首先賽事執行先確認整場比賽的企劃、目的、比賽專案、賽制、線上賽或線下賽、需不需要轉播及有無開放觀眾，以WESG 2017爲例（如圖8-6），各項確認如下：

(一) 比賽企劃爲世界電子競技運動會（WESG，英文全稱：World Electronic Sports Games），是阿里體育打造的一項世界級賽會制電競賽事。

(二) 目的是推動電子競技的發展。

(三) 比賽項目爲《CS:GO全球攻勢》。

(四) 比賽賽制採用「中國區預選賽」、「中國區預選賽」、「中國區總決賽」、「亞太區總決賽」及「全球總決賽」賽制。

(五) 比賽模式：採用Counter-Strike Global Offensive經典競技模式，團隊比賽5對5，開局$800，拿到16分即算勝利。

(六) 比賽賽制：

1. 預選賽階段爲BO1，以拋硬幣的形式決定雙方禁用先後順序，勝者優先開始禁用地圖，雙方各擁有3個禁用額度，剩餘一張即爲BO1比賽用圖。

2. 四強之後爲BO3（三戰二勝制），同樣以拋硬幣的方式決定雙方Ban/Pick先後順序，勝者先BAN先選，雙方依次禁用一張地圖直至剩餘三張地圖；勝者先選擇一張地圖作爲第一場比賽用圖，負者再選擇剩餘地圖中的一張作爲第二局比賽地圖，剩餘一張作爲第三局比賽地圖。

(七) 比賽進行轉播，現場開放觀眾參觀。

圖8-6　2017 WESG全球總決賽，各國好手大會師

資源來源：http://2017.wesg.com

二、比賽場地場佈與硬體設置

　　賽事執行在確認完比賽方向後，在比賽前將場地佈置成該比賽的風格，配合比賽不同專案需求，將設備安裝完成。至於場地佈置這一項上，由於賽事執行單位並沒有專業的團隊來做，因此這部分需要另外聘請團隊來進行場地佈置，專業賽事活動場佈包括舞台搭建、會場佈置、燈光音響配備、節目表演等。如2016年騰訊遊戲嘉年華（Tencent Games Carnival, TGC）在成都世紀城新國際會展中心舉辦，比賽會場佈置將帶來品質的飛躍，進行主題式整合，透過「極致前沿科技」、「全民電競」、「多維度的IP體驗」、「遊戲向娛樂生活」這四大主題給玩家帶來全新體驗。場館中對應「全民電競」體驗的是競技場板塊，致力給玩家帶來豐富的電競賽事體驗。

(一) 對戰電腦配置

　　由於該場次為CS:GO項目（如圖8-8），遊戲規則是以5對5的比賽方式，因此需要設置10台電腦，分別5台為一組單位，兩組單位面對面以雙方無法看見彼此螢幕為前提，創造相對公平的比賽環境。

圖8-7　2016年騰訊遊戲嘉年華比賽場地場佈

資料來源：騰訊遊戲嘉年華新聞，http://tgc.qq.com/webplat/info/news_version3/1133/25342/25671/25672/
m16208/201610/516510.shtml

圖8-8　CS:GO中國版官網首頁

資料來源：http://www.csgo.com.cn/download/index.html

　　這10台電腦進行同一場賽事（如圖8-9），一般稱之為「戰線」，一般像《英雄聯盟》但其射擊遊戲或許是6對6的比賽，因此一條戰線需要12台電腦。而一些比賽時因為報名隊伍比較多，如果只使用一條戰線，會花太久時間，如果隊伍數量太多，必須開設多條戰線同時進行，才能讓比賽在時程內順利進行。

圖8-9　2017海峽兩岸大學生電子競技大賽比賽會場

資料來源：2017年12月遠東科大多遊系學生攝於南京海峽兩岸大學生電子競技大賽比賽會場

(二) 網路與機器作業環境設置及維護

比賽現場環境如何設置，首先必須知道需要線材有哪些，長度需要多長，是否需要轉接盒，線材視設備而定，例如：SDI、HD-SDI、HDMI等，長度則要視場地而定。轉接盒具有更換視訊格式，如將SDI格式轉HDMI格式。

(三) 現場音控

資訊的掌握程度影響著對戰局勢，電競比賽時聽到賽評或觀眾的聲音，除了對選手造成干擾，也可能嚴重破壞公平性，因此電子競技比賽時，同隊選手爲彼此溝通訊息，會戴上耳麥與隊員溝通，另外也可以防止外界干擾並能專心比賽。

主辦單位爲了確保比賽的公平性，賽事執行人員會在現場設置干擾音樂，防止雙方選手在比賽進行過程中能聽見對手的聲音；干擾音樂可放比較緊張的音樂，可營造現場比賽氛圍。

(四) 轉播器材架設

直播及轉播主要是將比賽所收錄的影片、聲音，透過網際網路上傳到直播平台如twitch，擁有電腦、手機等能使用網路連上直播平台的觀眾，都能隨地觀看賽

事進行。

轉播器材依比賽賽事大小自由選搭，一般具有以下相關器材：

1. 導播機：切換不同輸入源畫面的機器。
2. 混音器：將不同的聲音訊號混合後輸出。
3. 攝影機：拍攝現場畫面到導播機。
4. OB電腦：觀看選手比賽畫面的電腦。
5. 直播電腦：把導播機與混音器的訊號處理完後，將畫面上傳到直播平台。
6. 監看螢幕：用於監看導播機輸出畫面。
7. 麥克風：用來收音。
8. 轉接盒具有更換視訊格式，如將SDI格式轉HDMI格式。

賽事執行人員依照場地大小，決定攝影機架設的位置，以方便截取畫面提供給轉播節目播出。

三、網路及直播線路測試

設置完硬體設定後，賽事執行人員需要測試比賽用電腦能否正常開機，是否連上比賽遊戲項目。通常電競賽事為線上遊戲，而競技比賽最重要的，除了公平的賽制外，還需要沒有延遲的網路環境，才能將選手的實力發揮到極致。

賽事執行人員需熟悉實況軟體，聲音、影片畫面需上傳電腦做調整，用監控端電腦本身雖然很好，但要是沒有設定好上傳，實況的影像品質看起來也會不好，因此得依監控端電腦、實況軟體設定的解析度及本身網路去做優化設定。另外，賽事執行人員需要設定影片線路，回傳比賽畫面給直播組，確認比賽是否能正常進行轉播。

轉播設備相當的多，賽事執行人員必須在比賽開播前或是中場休息期間，進行設備檢查及維護，以防止比賽進行中設備發生問題，這是每個賽事執行人員必須要注意的事情，此外，電腦需要預先更新到最新版本，定期備份系統及資料以及做電腦壓力測試，預防轉播期間中，發生任何設備問題。

在比賽進行中可能會遇到一些問題，如網路斷線、導播機或轉播用電腦當機等，若是轉播用電腦當機或無法短時間維修完成的情形，可以使用備用轉播用電腦，因此多準備備用電腦或設備，也是辦理比賽賽事順利的重要關鍵因素。

四、比賽場地控制與裁判

所有硬體設備、軟體設置、轉播相關問題確認無誤後，選手會依據個人的使用習慣，攜帶自己的配備進行安裝，賽事執行人員也必須監督選手使用的鍵盤滑鼠設備有沒有包含作弊程式以及其他會影響公平性的裝置。

另外為防止冒名頂替問題，比賽前需詳細查驗每一位選手身分（須攜帶有效證件）是否是原先報名選手或合法替補選手，以維護比賽公平性。在賽事執行的過程中，隨時都可能會有意外發生，選手可能中途斷線或當機或其他硬體設備出問題，裁判會馬上通報賽事執行人員前往處理，讓比賽能順利進行。

此外有些賽事執行人員會身兼裁判或遴聘裁判，在比賽途中，除了隨時監控設備外，也會站在選手身後監看比賽進行，雙方隊伍有沒有使用作弊或是言語上挑釁對手，以維持比賽現場的秩序與運動精神。

電子競技專案的各種遊戲軟體似乎都自帶裁判系統，比如《鬥陣特攻》中，系統會計算出技能傷害及血量等資訊，在遊戲系統零容錯率的前提下，電子競技的公平性，似乎已經超過了很多傳統體育項目。歸納電子競技裁判具有以下技能：

1. 監督與防弊：電子競技裁判除了在監督選手是否採用作弊行為以及解決突發事件，如相信許多經常玩遊戲的人都會遇到這樣的情況，好不容易在一局比賽裡面快要拿下對手了，結果突然網路離線或電腦當機，就一切白打，或者是發現對方有些行為太異常了，導致輸得太不正常。在一般的遊戲比賽中，遇到這樣的情況，或許只能算了，但是如果出現在電競比賽的賽場或大型比賽賽事中，電競裁判這個時候就需要站出來調解問題矛盾，讓比賽恢復進行。

2. 電腦調適：有時比賽過程中，除了電腦硬體設備與周邊設備無法正常運作，如耳機收不到音、麥克風無法說話或鍵盤滑鼠無法運作等在網路直播發達的時代，電子競技賽事為讓賽事好看及提供網路觀眾一起觀看，大多具有網路直播的需求，裁判有的時候還要解決影片推流技術和直播平台對接問題。

3. 流程式控管：協助賽事調控賽場上各個環節的時間，讓賽事進行順利。

4. 網路管理：有時比賽過程中，除了電腦硬體設備問題外，也有可能因為電腦設定問題，造成比賽電腦無法上網，因此裁判可能在第一時間協助選手充當「網管」設定電腦設備，因此網路管理也是需要具備的能力。

8.4 電子競技賽事控制

如何去控制電子競技賽事品質，可從5W2H法去思考。5W2H法是第二次世界大戰中的美國陸軍兵器修理部首創，簡單、方便，易於理解、使用，富有啓發意義，廣泛用於企業管理、辦理活動，對於電子競技賽事也非常有幫助，也有助於彌補考慮問題的疏漏。

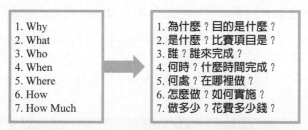

1. Why	1. 為什麼？目的是什麼？
2. What	2. 是什麼？比賽項目是？
3. Who	3. 誰？誰來完成？
4. When	4. 何時？什麼時間完成？
5. Where	5. 何處？在哪裡做？
6. How	6. 怎麼做？如何實施？
7. How Much	7. 做多少？花費多少錢？

圖8-10　5W2H分析法用於電子競技賽事分析

辦理電子競技賽事5W2H分析法，其擴展意義如下（如圖8-10）：

一、Why：為什麼？目的是什麼？

了解辦理電子競技賽事目的，如WESG是由阿里體育主辦的全球綜合性電競賽會制大賽，其目的是電競體育化，終極目標是奧林匹克，因此WESG開幕式上運動員代表國家出場，運動員、裁判員宣誓；金銀銅獎牌設立等環節，都嚴格遵照正式體育賽事的模式執行。

二、What：是什麼？比賽項目是？

了解辦理電子競技賽事比賽專案，因電子競技賽有數百種比賽項目，不同比賽項目就有不同參賽人數與系統規格，所以必須清楚了解比賽專案，而一場電子競技賽事或許會有多種比賽項目，如WESG 2017世界電子競技運動會就有CS:GO、DOTA3、《星海爭霸Ⅱ》及《爐石戰記》，CS:GO是5對5比賽，《爐石戰記》是1對1的比賽。

此外，比賽形式有分成線上賽及線下賽，線上賽就是online，直接在網路上戰鬥，對戰雙方不用面對面的坐在一起，線下賽就是到一個賽事活動現場，隊員面對面的戰鬥，因此線下賽需要現場觀眾區及現場直播，比賽規模大，如WESG就是採用線下賽比賽型式。

三、Who：誰？誰來完成？

　　辦理電子競技賽事除參加比賽選手及教練外，就是主辦單位的工作人員，依工作專案又可分為賽事工作組與直播組，賽事工作組工作內容包含賽事宣傳、場地籌畫與場地佈置、裁判、賽事運作等工作；直播組包含主播、賽評、攝影及影片後製剪輯等工作。各組彼此分工合作，讓賽事運作順利圓滿。

四、When：何時？什麼時間完成？

　　辦理電子競技賽事時間規劃掌控也是相當重要，從賽事規劃、宣傳、報名、場地佈置、當天比賽場次進行，都需要去規劃及控制，如WESG 2017電子競技賽事依報名參賽、中國區預選賽、中國區總決賽、亞太總決賽及全球總決賽時間規劃（如圖8-11），每一賽事需依規定期間完成，否則會影響整個賽事進行進度。

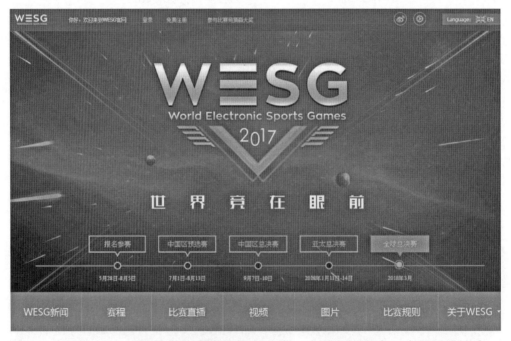

圖8-11　WESG 2017電子競技賽事依報名參賽、中國區預選賽、中國區總決賽、
　　　　亞太總決賽及全球總決賽時間規劃

資料來源：WESG2017官方網站，2018，http://2017.wesg.com/

五、Where：何處？在哪裡做？

　　辦理電子競技賽事地點及場地規劃也會影響賽事精彩度，地點選取可依比賽

屬性、贊助商等因素挑選適合場地辦理，往往一場大型電子競技賽事辦理可吸引當地大批觀光人潮，帶動觀光產業。如WESG 2017電子競技賽事全球總決賽地點在海口市（如圖8-12），不僅吸引全球電競好手前來競技，也吸引到大批全世界觀眾前來觀賽，增加當地知名度，也帶動當地觀光產業發展。

圖8-12　WESG 2017電子競技賽事全球總決賽地點在海口市

資料來源：WESG 2017官方網站，2018，http://2017.wesg.com/series/article?id=57347

六、How：怎麼做？如何實施？

辦理電子競技賽事賽事進行相當重要，必須訂定比賽規則，選手們依照大會訂定規定進行比較沒有爭議，如WESG在官網上很明確訂定比賽規則，並依報名、申訴、選手個人項目、團體項目規定、管理規定總則及單項專案規則清楚訂出，大家共同遵守，比賽才能在公平情況下，順利進行（如圖8-13）。

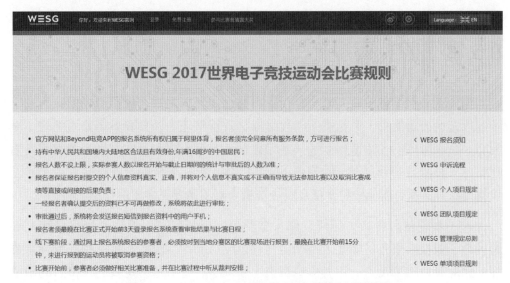

圖8-13　WESG 2017電子競技賽事比賽規則

資料來源：WESG 2017官方網站，2018，http://2017.wesg.com/series/rules

七、How Much：做多少？花費多少錢？

往往一場電子競技賽事須要大批人力與物力投入，因此須要高額辦活動經費，如根據阿里體育總經理王冠表示，首屆WESG 2016總投入經費是1億人民幣，雖然投入大量經費，但根據WESG官網統計，WESG 2016電子競技比賽後統計結果，整個賽事進行共有125國家參與、63,256位觀眾參與現場比賽、375,893,813直播觀看次數，總獎金高達5,500,000美元，其廣告效益也是相當不錯，因此才會有WESG 2017及之後WESG 2018賽事進行（如圖8-14）。

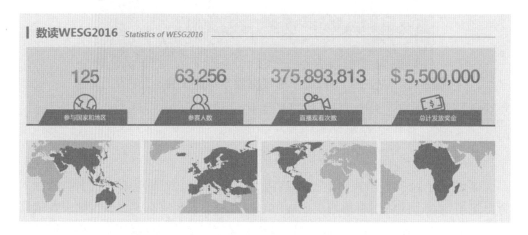

圖8-14　WESG 2016電子競技比賽後統計結果

資料來源：WESG 2017官方網站，2018，http://2017.wesg.com/

8.5 電子競技賽事結束

電子競技賽事結束時，賽事執行人員需把比賽場地恢復成租借場地之前的樣子，以方便後續使用，並且將所有設備器材妥善整理，保養賽事需要用到的「電腦」、「攝影機」、「器材」、「各類線材」，細心將賽事做收尾，讓電競賽事在執行人員辛苦的努力下，能夠畫下完美的休止符。電子競技賽事結束後，除了場地復原外，還有辦理檢討會議及賽後推廣，兩項重要工作要進行。

一、辦理檢討會議：任何一個大型賽事，要辦得完美無缺，幾乎是難上加難，電子競技賽事亦是如此，特別是在賽事開打的前半段，都會遇到許多疑難雜症，因此賽會結束後，一定有得也有失，辦理檢討會議是一定要的，檢討的事情

包含整個賽事規劃到執行，表揚好的，也檢討有問題的部分，並將賽後檢討報告移交給下個場次單位參考，讓辦比賽的經驗傳承，形成主辦單位的資產。

　　二、賽後推廣：賽後需要對冠軍隊伍做擴大報導宣傳（如圖8-15），並宣傳下一季的比賽規劃、時間，根據賽季結束至休賽期期間舉辦小的比賽，如資格賽等，讓比賽話題熱度能持續到下個比賽，並讓選手及觀眾期待下個比賽到來。

圖8-15　WESG 2017電子競技賽事全球總頒獎典禮

資料來源：WESG 2017官方網站，2018，http://2017.wesg.com/series/gallery?id=95332

8.6 電競倫理

　　電競選手雖然戰績很重要，但更重要的是選手的品德，在電競比賽過程中，若選手出現不雅的言語或手勢，都會遭受到口頭警告、罰錢或停賽不等的懲處，因此平常電競選手必須養成遵守電競倫理，培養自己的品德教育，學校及戰隊管理者也需要重視電競倫理推動。

　　職場倫理是個人在職場工作時，對自己、對他人、對社會大眾及對電競比賽本身所應遵循的行為準則和倫理規範。當電競相關人員或場域中的關係都符合道德原則時，我們可說那是合乎電競倫理。一個具有良好專業道德教養的電競選手，應該具備有一般道德教養，以及對於自身專業電競之領域所涉及的倫理議題，有相當的認識。

　　遠東科技大學多遊系於2016成立，是國內第一家以培養電競產業人才為主

的電競相關系所，多遊系除電競選手、教練人才培育之外，課程也培訓「遊戲技術」、「多媒體技術」及「管理行銷」三大領域人才。多遊系也積極成立電競校隊——遠大鷹校隊，雖很重視電競選手比賽績效外，更重視電競選手品德教育，因此在校長強烈要求下，與電競教練、領隊及選手討論，訂出遠大鷹電競倫理標準——七嚴三尊（如圖8-16），若能遵守，必能達到十全十美的電競選手。

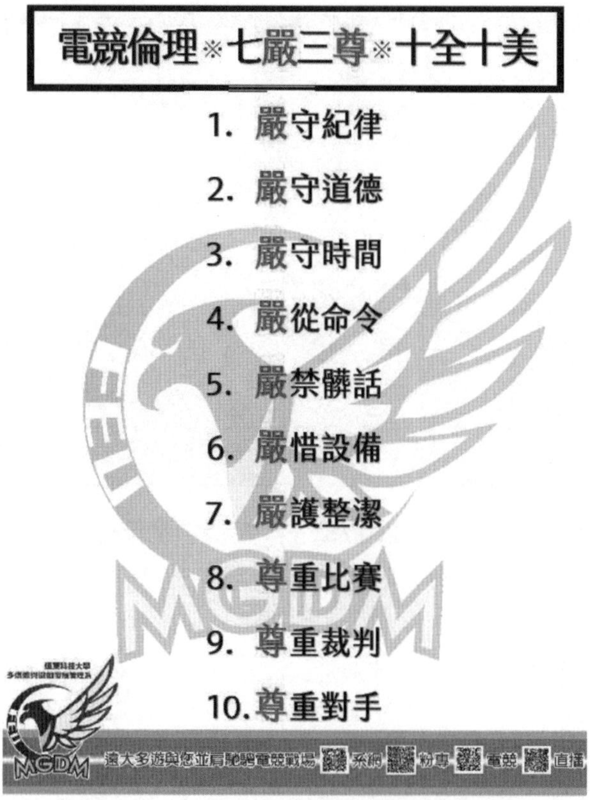
電競倫理※七嚴三尊※十全十美
1. 嚴守紀律
2. 嚴守道德
3. 嚴守時間
4. 嚴從命令
5. 嚴禁髒話
6. 嚴惜設備
7. 嚴護整潔
8. 尊重比賽
9. 尊重裁判
10. 尊重對手
MGDM
遠大多遊與您並肩馳騁電競戰場 系網 粉專 電競 直播

圖8-16　遠大鷹戰隊推行的電競倫理

資料來源：遠大鷹戰隊提供

習作題

一、請試列出三項世界上著名的重大電子競技賽事名稱為何？

二、請說明為舉辦國際行電子競技賽事，需要看重哪些賽事活動的安排專案來追求效率？以免導致賽事舉辦失敗的重大損失。

三、請說明電子競技賽事為特殊事件中的璞玉之理由。

四、請問電子競技賽事規劃的流程為何？

五、請問電競行銷組合5P為何？

六、請問電子競技賽事規劃的成功要素為何？

七、請說明電子競技賽事該如何去執行？

八、請說明如何去控制電子競技賽事品質？

九、請說明電子競技賽事結束後，有哪些重要工作要進行？

參考文獻

1. Catherwood, D. W. & Van Kirk, R. L. (1992). *The Complete Guide to Special Event Management*. New York: John Wiley & Sons.

2. European Athletic Association (2003). *European athletic association organizational manual. Lausanne,* Switzerland: Author.

3. Gouws, J. S. (1997). *Sport Management: Theory & Practice*. Randburg, South Africa: Knowledge Resources (Pty) Ltd..

4. Catherwood, D. W. & Van Kirk, R. L. (1992). *The Complete Guide to Special Event Management*. New York: John Wiley & Sons.

5. Graham, S., Goldblatt, C. S. S. P., J. J., & Delpy, L. (1995). *The Ultimate Guide to Sport Event Management & Marketing*. New York: McGraw-Hill.

6. Wilkinson, D. (1988). *Event Management and Marketing Institute Manual*. Sunnydale, CA: The Wilkinson Group.

7. 程紹同，1998，運動贊助策略學，台北，漢文書店。

8. 陳佳芬，1998，轉動足球，轉動運動商機，廣告雜誌，第87期，頁32-33。

9. 張永誠，1994，事件行銷：造勢成功的100個EVENT，台北，遠流出版公司。

10. 程紹同、方信淵、洪嘉文、廖俊儒、謝一睿，2002，運動管理學導論，台北，華泰文化事業股份有限公司。

11. 中華民國電子競技運動協會作者群，2017，新時代的運動—電子競技概論，台北，中華民國電子競技運動協會。

第九章
電競運動賽事活動管理

鍾從定

Project

9.1 賽事籌資活動

　　電競賽事的活動管理，是主（承）辦單位最重要的課題之一，電子競技產業更需著眼在推廣與行銷上，相較於職業棒球、職業籃球、職業足球等高成本的投資，電競運動（esports）的籌資要能發揮「以小搏大」的成效。儘管網路遊戲在發行、營運、付費方式，以及遊戲的平台構建上都有很大的不同，但這並不能影響一些平衡性與對抗性很強的網遊加入到電競項目中。不管單機遊戲（單人遊戲），還是網路遊戲（多人遊戲），只要符合「電子」、「競技」這兩個特徵，那麼它們都可以稱為廣義上的電子競技。因此，1.電子競技是電子遊戲比賽達到「競技」層面的活動，是利用電子設備作為運動器具進行的人與人之間的智力對抗運動；2.電子競技賽事提供電子競技的比賽的平台，電競運動員進行對抗的載體；3.行動電競是指行動端（平板電腦、手機、PSP等電子設備）電子遊戲比賽達到「競技」層面的活動。

　　對任何賽事的活動管理，首先在籌備賽事過程中，財務是大型賽事的重要考量，財務若能支撐，就能夠在推廣賽事之餘，替主辦方建立名聲及創造文化資產，但財務若陷入困境，加上後續的場地維護等支出，反而會讓經營不善的單位陷入財務困境。電競賽事的籌備，每個環節皆需思考收支與經費的流動，而考量經費流動之前，得先尋找財源，「錢不是萬能，沒有錢卻萬萬不能」，這句話充分說明經費在賽事籌辦過程中扮演的重要角色。特別是舉辦國際性賽事所需之人力、物力、競賽場館、所有參賽人員與隊職員的食宿交通，這些都是經費的支出。

　　每年都為電子競技市場寫一份調查報告的荷蘭遊戲市場調查公司Newzoo曾預測全球的2018年電競收益為9.06億美元，到2021年將達到16.5億美元。而2018年收益中，有56%來自中國與北美市場，合計為5.09億美元。未來幾年的電競一般觀眾量（指只是偶爾會收看電競的觀眾）將以每年14%的速度成長，並在2021年超過5億人（張憶漩，2018）。Newzoo這次調查在總收益中將「品牌商投資收益」的細項分項列出，如廣告、贊助、周邊商品與門票收入、遊戲發行費用以及轉播權等媒體授權收入，從中發現電競產業絕大的收益來自品牌商的贊助（38%）與廣告（22%），這2項收益都顯示電競為品牌增加了不少曝光的平台與機會。品牌投資收益中，成長最多的是媒體收入，比如Twitch與Facebook等社群龍頭買了不少電競賽事的獨家轉播權，每一筆都是大交易，也為賽事與平台帶來穩定的收視量。根據這項分析報告，電競賽事經費的籌集來源，基本上可分五項：

一、政府補助

最重要的財源來自政府補助，包含中央政府與地方政府的補助。

二、自籌款

包含賽事本身收入，例如：門票、商品販售、廣告收益等。

三、贊助

　　企業、個人的贊助。最重要的財源，除了政府補助之外，就是贊助。電競賽事贊助是指透過利益交換的過程，維持電競賽事組織與資源供應者（或企業）之間的商業夥伴關係，並藉以達成彼此既定的組織目標。電競賽事組織提供資源供應者一些權利，使供應者的行銷計畫得以實現。供應者提供資金、產品、人力等資源，協助電競賽事組織順利實現計畫。（如圖9-1）

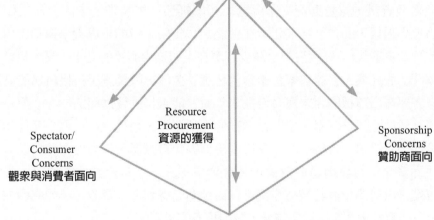

圖9-1　電競運動賽會金字塔規劃概念圖

　　研究證實組織或企業如果要藉由運動贊助來獲得消費者的認同，需要加強組織和企業與球迷之間的關係利益，並維持彼此的關係品質，以提升企業或組織口碑及球迷忠誠度（陳信中、劉玉峰、康正男，2014）。因此，企業為了提升企業

形象和接觸顧客，則是企業投入運動贊助的重要原因之一。一般企業贊助公益活動七項考量的因素有：活動類型、活動主題、活動與產品關聯性、活動規模、主辦單位、其他協辦單位及贊助單位以及受益對象等。希望透過贊助達到增加產品的能見度與知名度，強化企業形象，把握產品試用或銷售機會，獲取禮遇機會，進而達到壟斷市場效果等效益。由此可知，企業贊助的本質上也是一種商業行為，因此電競主辦單位在企業籌募資源時，必須從企業的角度進行了解，包括其是否能因贊助活動進入目標市場、是否能提供其品牌形象的塑造與強化、是否能提供其建立通路、是否能得到更多銷售機會、是否能展現其產品屬性、是否能當作獎勵或表揚員工的手段，以及讓其組織的活動保持一種滿足的氣氛等等。從了解企業需求的角度出發，將有助減少過程中的磨耗。

以2017年台北市所主辦的世界大學運動會為例，市政府市場開發處的贊助商招募作業包括：調查物資需求、檢驗回饋資源，以分階段啟動原則優先推廣關鍵、貢獻度較高、重視社會責任之企業為主要贊助夥伴。主辦單位須詳細列出贊助商專屬權益、認捐認養及物資管理等提供給贊助商的資訊，但同時也提醒：「大部分企業希望提供物品，成本較低，直接以經費贊助並不容易，也就代表必須交換更多資訊，讓贊助商更了解露出相關細節，才有進一步的合作空間。」（運動視界編輯，2017）。例如：在台北2017年所主辦的世界大學運動會中，毅太企業贊助賽事共1千條大浴巾，減少賽事在這類選手服務的支出，又可以結合浴巾「擦汗」的元素，表達自家企業希望替選手擦汗，鼓勵選手再接再厲的意象。「提案方要端出這樣的需求與合作模式，看看能否打動贊助商的心。」對企業而言，運動贊助除了是凝聚人氣與企業宣傳的利器外，也是企業拓展多元行銷的管道。贊助體育賽事能支持政府、支持選手、經營自媒體、借力使力替自己宣傳等效益，而賽事能否發揮這些效益，替企業主加分，才是企業主在贊助考量的重點。也就是主辦單位與其被動等待可以從贊助商得到多少資源，不如主動向贊助商提出自己有多少方案，彼此碰撞，激盪更多的火花。

在與廠商接洽贊助時需注意，主辦單位每次拜訪贊助商，不只是單純遞名片，而是要切中廠商需求，才有合作的可能，如何切中廠商需求？就要靠事前做好準備，不是當天對談才了解基本資料，而是在已經了解基本資料的背景下，分析並掌握有可能合作的環節。贊助行為其實很單純，廠商透過贊助特定對象，期待傳達品牌形象給觀眾，運動員及運動賽事的號召力，都是贊助商關注的重點。運動員及代表隊本身就是名人，具有一定的影響力，但相關協會有無建立起應有的形象，經營自己的粉絲群，都會反映在效益上。

其他在與廠商接洽贊助時需注意事項：1.企業進行贊助時，應鎖定40歲以下之族群；2.企業形象與電競賽事形象要能相互契合；3.應讓從事服務業與製造業的觀眾，多進場觀賞賽事；4.對於熱愛電競運動及網路愛用者，可重點式的加以宣傳與行銷；5.贊助廠商或賽事單位，可針對女性消費族群加以深耕經營。

以2016年在台北舉行的「暴雪校際電競運動聯賽」為例，對贊助商及選手和主辦單位的權利與責任說明與限制如下：

暴雪娛樂公司（Blizzard Entertainment）會盡力確保選手、團隊和主辦單位能夠一同推廣各方的贊助商。

1. 贊助商爭論仲裁：任何團隊和選手之間的贊助商推銷糾紛，一律交由暴雪娛樂公司負責仲裁。

2. 贊助商類別限制—賽事不允許以下贊助商類別：

(1)色情商品（或成人商品）；(2)酒精；(3)菸草或香菸；(4)槍械；(5)博弈網站；或(6)不利於Blizzard業務經營的任何公司（如系統入侵、販賣遊戲貨幣、販賣遊戲帳號、販賣遊戲密碼）。

3. 著裝標準—只要不違反贊助商類別限制，選手有權穿著帶有贊助商商標的正式團服。

若選手的服裝與允許的贊助商不符，主辦單位有權要求選手換上主辦單位預備的中立服裝。

4. 選手贊助設備：選手有權使用個人物品彰顯贊助商。

(1) 標準設備：選手贊助設備，包含鍵盤、滑鼠、滑鼠墊和耳機等設備必須符合標準設備規則。若主辦單位要求在比賽中使用隔音耳機，選手可以決定是否將自己的耳機掛於脖子上。

(2) 其他選手贊助設備：選手可攜帶瓶裝水和毛巾等額外物品進入選手區。在主辦單位以該選手為主的任何比賽中，未經主辦單位允許，選手必須將所有（非設備）物品放置在桌子下方。

5. 主辦單位贊助設備：主辦單位有權在會場或節目中彰顯贊助商。

(1) 影片設備：主辦單位有權在節目中使用贊助商的設備和商標，亦有權要求比賽使用特定的隔音耳機。

(2) 其他主辦單位贊助物品：主辦單位可以提供贊助商的物品給選手使用。

選手有權要求主辦單位清除選手區中所有非節目贊助商的物品。

四、電視轉播權利金

電競賽事的電視轉播權是電競組織或賽事主辦單位舉辦電競體育比賽和電競表演時，許可他人進行電視報導、現場直播、轉播、錄影等，並從中獲取報酬的權利。為了獲得更多觀眾與主流資金，電競上電視轉播勢在必行。美國MTV頻道在2005年播出一支電競的紀錄片，並特別介紹美國歷史上第一個大型電玩賽事「職業電子競技聯盟」（Cyberathlete Professional League, CPL）。電競若要成為檯面上的產業，有真正的職業生涯，就得讓大家相信它有前途。曾擔任美國DirecTV「電競錦標系列賽」（Championship Gaming Series, CGS）聯盟執行長兼主席的安迪‧雷夫（Andy Reif）曾說：「轉播電競賽事是為了吸引主流電視觀眾，而不是單一遊戲的追隨者」（廖恒偉，2017）。

在90年代，美國體育電視頻道ESPN轉播了《魔法風雲會》（Magic: The Gathering）的比賽，這是新興競賽平台崛起的先例。ESPN的E代表娛樂（Entertainment），2016年1月，ESPN在網站上首次設立電競專版。在賽事舉辦期間，雖有不少熱情的民眾會至比賽現場給選手最直接的打氣跟鼓勵，但是絕大部分的民眾還是倚賴家中的電視機來收看賽事轉播。全球性賽事就是全世界最好、最有名的選手參加，電視台當然也抱持這種看法，於是就造成電視的轉播權利金大漲。以奧運為例，在2009到2012年這段期間（溫哥華冬奧和倫敦奧運），電視收益是最主要的財源，占了47.8%。在3.8億美元的轉播權利金中，有56%來自美國。

電競轉播權是電競組織和賽事組織者的一種無形資產，電競電視轉播權的有償轉讓是電競賽事表演市場的一種價值體現，是各種電競比賽的主要經濟來源，因而也是電競賽事營銷的重點。要掌握電競電視轉播權利金，需把握下列重點：

1. 兼顧轉播市場中雙方權益。
2. 建立轉播市場的良性競爭機制。
3. 提高體育賽事電視轉播的收益。

電競賽事電視轉播的價格主要受比賽水準和賽事影響力等因素的影響，直接也反映出電視台轉播賽事的收視率。因此，制定電競電視轉播權的價格，必須在充分考慮以上因素，增加電競賽事電視轉播的收益。

五、募款

另外也可透過募款方式，開闢財源。由於舉辦賽事所需經費十分龐大，開闢財源、多方爭取經費已經是賽事主辦單位的第一要務，在賽事自身收入、政府支援外，社會資源的挹注成為賽事最重要的經費來源。募款方式可有如下方法：

(一) 透過網頁與臉書粉絲頁募集。

(二) 參加各地方省市電競聯誼會。

(三) 募款運動表演會。

(四) 紀念衫義賣。

(五) 其他義賣活動。

2018年全球非政府性組織（NGOs）技術應用調查報告中指出，進行募款時，募款的通路與接觸方式影響募款的績效非常大。網路與數位工具已成各大組織社群經營的重要路徑。其中約有95%的非政府性組織認同「經營社群媒體有助於組織提升網路品牌意識」數位社群平台（如臉書、Line等）的運用，其實只是社群經營的一部分，這裡所指的「社群」其實近似於NGOs平日較熟悉的「利害關係人」概念，囊括了所有與自身存在目的有所連結的每一個人，而非僅止於「在社交媒體平台上與之對話的人」（如按讚者、粉絲數等）。「經營社群」也並非僅止於線上的交流，還包括線下實體活動與各種相關的人際交集。此項報告雖僅止調查線上社群經營工具，然不可否認的是，線上社群的經營確實大幅影響社群在線下的參與、行動與支持度。也給電競賽事拓展募款來源與增加影響力的重要參考。

1. 與支持者溝通及募款，可用電子郵件（Email）。

2. 線上付款與行動支付勢不可擋。

3. 在美國，逾90%非政府性組織（NGOs）經營臉書，70%使用推特（Twitter）。

4. 僅30%非政府性組織使用社群媒體付費廣告。

5. 發展線上工具的效益，關鍵在地點。

在線上募款與溝通方面，依統計十個最有效的線上募款社群工具，如下表：

表9-1　10個最有效的線上募款社群

排名	10個最有效的社群媒體工具	得票率%
1	電子郵件（Email update）	82%
2	官方網站（Websites）	81%
3	社群媒體（Social media）	78%
4	影片（Video）	72%
5	電子郵件呼籲捐款（Email fundraising appeals）	64%
6	印刷年報（Print annual reports）	62%
7	社群媒體廣告（Social media ads）	61%
8	印刷募款文宣（Print fundraising sppeals）	60%
9	P2P募款（Peer-to-peer fundraising）	56%
10	印刷新聞稿（Print newsletters）	54%

資料來源：10 Most Effective Communication and Fundraising Tools, According to Nonprofits，網址http://npost.tw/archives/42515

其他電競吸引募款的方式，遊戲代理廠商會在遊戲版本更新，或是因應節慶而推出不同的數位化商品及活動，或贊助廠商推出相關活動，例如：

1. 季節限定虛擬寶物：如《SF特種部隊》，聖誕手套、聖誕軍靴、糜鹿鼻、糜鹿背包等。

2. 版本更新而推出的虛擬寶物，如《SF特種部隊》更新時推出的新武器「聖女M16A2」。

3. 粉絲歡樂送：如曜越科技推出的臉書粉絲歡樂送，只要透過臉書加入粉絲，給予一個「讚」，就有機會拿到Tt eSP高階電競聖誕大獎，進而增加遊戲的可玩性，並使玩家回流。

要能提升募款效益，還有幾項關鍵因素如下：

1. 倡議能感動人心的價值

募款源源不絕的宗教團體，幾乎無一例外是「感動行銷」的成功者，因為讓人感動在先，才能找到捐款者。

2. 讓捐款人相信自己也有好處

「我的錢可以直接幫助到人」。當捐款者覺得他們的捐助對自己有好處，受益者又是「明確對象」時，就會更願意打開荷包。

3. 培養有效的長期會員

一個有效的會員組織，自然有穩定的收入。

4. 敏感察覺社會氛圍，倡議觀念與時俱進

在環境與生態保護，及健康意識抬頭的今天，電競組織應不拘泥於傳統提出電競與環境與生態保護，及健康新主張，說出得以說服人心的理由，自然在募款時如魚得水。

5. 眼光放遠，經營關係

電競組織如果也能跟宗教組織一樣有長遠的眼光，長期結合教育或各項元素，培養下一代從小成爲「電競鐵粉」，自然就能找到組織的長期飯票。

在對群衆募款時，也不要犯了以下的錯誤：

(1)忘了說「爲什麼」。當支持者了解計畫背後的來龍去脈，他們就會知道支持這個計畫的理由爲何；(2)對「錢」說話，而不是對「人」；(3)過度依賴「文字」。每個人專注的時間其實很短，一圖勝千言，團隊成員及共同參與的社群照片，可以讓你看起來更眞實、更讓人信賴；(4)只請求別人一次。有許多人其實大概要到三次，才會眞的注意到你的請求，也使用不同媒介請求幫助；(5)缺乏縝密計畫；(6)忽略你的支持者。如果你捐了錢，卻沒有再得到任何消息，會做何感想？失望？懷疑？還是生氣？千萬別讓這種事發生；(7)講不清楚要錢做什麼。捐助人需要知道如果募到了目標資金後，你將會完成某件具體且明確的事情。一開始就說清楚你要做什麼，這是一個讓捐助人可以了解電競賽事，感覺成爲其中一分子的重要機會；(8)一開始就很慘。你應該沒看過一個街頭藝人的收錢帽子裡是空空如也的，對吧？對大多數的事情來說，好的開始是成功的一半。當募資活動一開始，就要確認頭幾個支持者是跟你站在同一陣線，願意拋磚引玉。

募款是一個「把事情講清楚」的機會。群衆募資也不單單是爲了募「錢」，還有其他的意義：「比群募更重要的事，還包括經營群衆與社會倡議。」電競賽事組織可以透過發動群募擴散消息、觸及潛在支持者、宣傳議題、獲取大衆關注，並對政府或企業等利害相關人創造壓力。

電競賽事募款所得可用於：

1. 補助學生參加電競賽事及移地訓練。
2. 學習電競相關活動。
3. 電競選手職涯發展相關活動。

9.2 公私機構協力規劃

電競賽事活動的成功需仰賴繁複的組織運作與內外部網絡的整合。活動組織是否有適度的架構與充足的人力規模、內容的規劃是否具有質感、是否具有文化深度與經營的永續性、產業是否已進行高度整合、消費者的期待認知與溝通協調、舉辦的場地及是否完善且安全、財務資源是否充足等等。電競賽事活動經過周詳籌劃設計所帶給人們快樂與共享，也可以是產品、服務、思想、資訊、群體等特殊事務特色主張的活動。它蘊涵豐富與多樣性、且需要志工的支援與服務，同時也需仰賴贊助者的奧援，這些都需公私部門協力規劃完成，透過「公私協力關係」（public private partnerships），推動電競賽事高品質的活動，提升電競賽事服務的水準與民眾的滿意度。

「公私協力」（Brinkerhoff, 2002; Bode, 2003）的概念意謂著政府與民間部門共同合作的一種治理模式，是一個從政府為中心，轉變到強調「政府和社會」的持續互動，也就是所謂的「從政府到治理」（from government to governance）（李宗勳，2004a）的轉變。迥異於傳統官僚強調權威、命令和控制式的行政治理法則，公私協力的治理觀念象徵著一種倡導公私部門資源結合、專業引導、多元合作、網路協調的治理模式（廖俊松，2005）。也就是中央與地方政府之外，對服務所涉及的公私組織和志願性團體，所互動連結出來的合作網路。

公部門（public sector）經濟體系中的一部分，它是由整體社會所擁有，且其運作是以追求整體社會利益為目的。私部門（private sector）也是經濟體系中的一部分，其組織是由以追求私人利益為目的的成員來組成進行生產、消費、勞動與投資等活動，可將它大致分為家計與企業兩個部門。公部門與私部門之區別在於：

1.目的與動機之不同：公部門之運作，其主要目的與動機是在謀求社會的「公共利益」。私部門則在追求「私人利益」；2.獨占與競爭之不同：公部門具有獨占性，政府處於法律所給予之獨特優越地位以遂行其公權力，可以做若干強制性之措施。私人部門面對市場競爭，自願性地進行市場交易，沒有強制性；3.政治層次考量之不同：公部門之各種措施必須受到民意代表及輿論的批評與監督，政治層面考量因素較重。私部門較不需考慮政治因素，只需在所建立之市場規則下追求利潤目標；4.管理重點之不同：公部門管理的重點在於法令規章的訂定、公共政策的制定、行政程序的運用，以達成為民服務目的。私部門管理重

點在於透過財務操作、廣告行銷與品質控制等管理方式以追求利潤目標；5.效率與公平程度之不同：公部門面臨著有限資源或預算來滿足社會大眾慾望的經濟問題，要顧及效率與公平。私部門在講求效率，追求利潤下，對公平的原則掌握與分配公平的處理，較欠重視；6.價格機能影響之不同：公部門以法律或命令去決定市場價格機能，私部門主要是依據市場供需，由市場機能決定資源配置與交易秩序。

政府	企業
森林	叢林
恐龍	變色龍
公共利益	內部獲利導向
規模大	規模小至中
穩定／長青樹	彈性／可終結

「公私協力」除了有建構為夥伴之意思外，也存在著以契約架構彼此互助互信的合作關係。「公私協力」是公部門與私部門間相輔相成，共同推動公共建設或促進社會福祉的興建、營運模式。私部門藉由提供設施、資產或公共服務等資源，參與公共建設以換取合理的報酬。以公部門在主辦活動時為例，通常都會有一主辦單位，承上命於年度開始前撰擬計畫編列預算，設定活動的規模。而這單位內也會有一位主要的活動承辦人，負責整體活動的規劃、協調、執行、管制、活動後經費核銷及效益評估等工作。並視活動規模大小，在單位內還會調派其他承辦人負責協助這項專案活動。同時若涉及交通、警察、環保、醫療、建築管理、商業管理等公權力執行的其他單位時，將跨越單位取得協助。但這些承辦單位或承辦人由於本身會有自己原屬的業務，因此在正式的結構中，主承辦人在其中的溝通協調過程與公文往返不只是垂直的核判同意，也要在平行的分工中審慎考量工作比重且列為正式權責，方能在符合公部門專業分工、層級節制的原則中，將活動順利執行。電競賽事活動的種類繁多，規模不一，所需專業能力也不同，故每個活動的組織架構也會不一樣。

「公私協力」要借重民間社會部門的活力與創意，來減除政府的官僚氣息、鬆綁政府的體質，改變政府一向「行動不夠積極」的本質。是一種基於相互認同的目標，而建立在不同行動者間的動態關係。一種需要更多包容適應、欣賞學習與異質交流的「資源連結」與「組織學習」的轉換過程。政府以輔導協助代

替監督管制,也就是要先合作協力初期鬆懈官僚習性(facilitator)、賦能授權者(enabler),重啓公共領域構建商議式互動、建構民主化知識;這種在磨合適應期間所歷經的衝突與調和、退讓與協力經驗,始足以蓄積後續共事協力的信任基礎(李宗勳,2004b: 2-3)。可能是在初期鬆散無序的互動機制中,逐步建構出彼此得以接受、相互可以妥協的「解決」方式,爲彼此合作協力提供一種共同磋商與倡議的溝通語言,並在互惠性與規範信賴基礎上,形塑廣闊的夥伴關係視野,更重要的是要借重民間社會部門的活力與創意,來減除政府的官僚氣息、鬆綁政府的體質,改變政府一向「不行動」的本質(banishing bureaucracy),扮演促成者角色。

公部門的角色很大部分是以公共利益爲優先,如現代的政府具有「理性—合法的權威」(rational-legal authority)特性,所以政府與私部門企業最大差別就是在「公共性」。政府的功能應該是制訂規則,或是在緊急的時候發揮作用。政府還受到媒體、自發性社團的監督,監督的力量很大。企業的成長、誘因源自於私利,以賺錢爲目的,因此給CEO很高薪水。其關鍵在於從市場的「契約文化」(contract culture)轉換爲協力的「夥伴文化」(partner culture),比較可能透過共同參與(co-operative)、協力同工(collaboration)以營造互信互惠、風險共承的「夥伴關係」(partnership)之治理效應。尤其是公私協力可以注入暨活化市民社會參與心態與自我觀感,以提升社會關係資本的附加價值。它可以產生一種新的視野洞見與處方,提供一種多於各方加總的合作效應,也同時可以藉由跨域夥伴而促使政策創新與變革意願。

「公、私協力夥伴關係」其不僅止於合產(corporation)等對價值與利益結合的交易與交換關係,反而強調與重視一種基於相互認同的目標,而且建立在各個不同行動者之間的互動關係上,此種互動關係包括相對自主性、公平參與、明確課責、透明程序的「鑲嵌」(embedded)和認同允諾(identify and commit)的互動連結,強調如何解決社會問題,而經由共同參與、資源互賴、目標共享的過程。對電競運動營運公私協力議題主要在於:

1. 公共利益與私部門電競相關廠商利潤如何更精緻地調和;2. 私部門電競相關廠商的技術營運能力與公共部門要求的品質之間的關係。

(1) 門票收費制度的訂定。在自由經濟市場,價格會因供需由市場機制來決定,電競活動營運即是進入市場,理應按市場機制運作,然因公私協力案的背景,電競活動收費制度並非全然由市場機制決定。對於營運廠商而言,門票是最

主要的收入來源，對於公司的盈虧更爲直接之關係，若收支不平衡以致營運虧損，會影響持續投資之意願，私部門若不持續參與，影響就是協力案的破局；而對於公部門而言，政府出資興建的賽事場地開放，兼具了提供公共建設，滿足民衆需求的施政功能與目標，雖然有使用者付費之觀念的建立，然而給民衆進場的收費價格依然不能過高，否則失去政府出資的功能與目的，另外因電競賽事場地設施所在及所有權爲公部門，可給各級學校內學生教職員價格的優待。

(2) 電競場館設備購置維護。電競賽是場館各項設備大部分在辦理公私協力營運移轉前，就已完備，然設備會隨著時間與使用後折舊耗損，平時需保養維護，若耗損後不堪使用也需報廢，並重新購置，經費所需龐大，非私部門電競主辦企業一般業務費用所能支付。公私協力的作法是由非私部門電競主辦企業提計畫向公部門政府申請，政府的審查核准、經費下來之後，由私部門依營運實際需求提供建議，完成維修添購工作。

電境賽事公私協力強調傳輸過程中，不論是透過何種方式，在彼此互動過程，基本上兩者間仍是協力共同去完成，重視彼此之互動及平等互惠關係，高度講求效率、責任分擔及分工之重要性，透過目標或任務導向之關係，共同達到預定之目標及得到預期之利益，在此關係中之合作夥伴，彼此對有關的決策過程，均基於平等的地位，有著相同的決策權（許建民，2011）。

公私部門雙方有好協商本平等互惠資源共享之交流精神，提供雙方經驗資源技術之互惠，精進建立協力夥伴關係，彼此共好互惠共益。公私部門應全力協調合作，創造利益最大化。消費者從市場取得價格及品質等資訊，並在面臨的所得、時間等預算限制下，做出能讓電競賽事利害關係人得到最大滿足的決策。1.對公部門的建議：(1)以夥伴關係代替指揮與服從關係；(2)引進民間專業資源尊重促參精神；(3)合約的規範應該公平、公正。2.對私部門的建議：(1)投資前做好詳細的市場評估及風險評估；(2)督促成立公正的第三方；(3)將優良企業文化與活力帶入公部門，協助推動公共事務。

9.3 宣傳媒體管理

媒體代表了群衆與消費者的眼，帶領大衆了解現場狀況與產生互動，同時也扮演著傳達訊息、代替主辦單位與民衆溝通的角色。可以說，媒體在電競賽事中扮演著不可或缺的角色，電競賽事人員必定要與媒體接觸並與之良性互動。行銷

大師柯特勒（P. Kotler）指出，越是屬於非營利組織（non-profit organization）型態者，對於公共關係（public relations）的依賴便越高（Kolter, 2003）。透過媒體傳播與公關管道，將電競賽會訊息傳達給目標群眾（target audiences），包括電競迷、電競賽會參與者、閱聽大眾、一般民眾、媒體記者、贊助商、廣告主等。

由於比賽需要播放、電競相關需要宣傳，因此媒體將是電競產業中重要的環節。不僅僅要占領網路媒體，更要占領常規的電視、電台等等媒體。這些媒體種類多樣，電視直播、網站宣傳、論壇等一系列媒體，都將會成為電競一個重要的部分。今日，隨著電競的不斷發展，美國電視體育頻道ESPN、時代華納等媒體巨人，都在播映電競冠軍賽及相關賽事。電商龍頭亞馬遜（Amazon）在2014年收購線上遊戲廣播翹楚、串流直播影音平台Twitch公司；YouTube也想進入串流直播遊戲業，成立了YouTube Gaming。甚至出現了為即時播報電競比分而設立的網站，可讓無法到現場觀賽的電競迷即時追蹤賽況。另外，也有類似夢幻足球的夢幻電競聯盟，以及如雨後春筍般出現的電競投注場。因此也就不難理解，為何傳統媒體公司想在這股洪流變成主流之前，掌握此一潮流趨勢。

但媒體是雙面刃，處理得好的話，媒體可以帶給民眾即時的資訊，協助建立電競賽事現場正面積極的形象外，還可以避免民眾的誤解，甚至協助管控贊助捐贈的資金及物品。然而，從負面的經驗來看，若與媒體間的關係處理不當，亦或抱著應付消極的心態，將使媒體自行挖取未經證實的消息，或是報導片段且不實的資訊，進而需要在事後花更多的心力澄清或是更正。做好媒體管理，特別是在今天如何搭配社群媒體，辦出效用極大化的活動是電競賽事不可缺的一環。對電競賽事媒體管理應注意的事情如下：

(一) 現場新聞媒體必須與指揮站隔開，電競賽事現場所有的指揮作業與討論的內容，應該與媒體區隔，避免未經證實的消息流出，或是各項會議被突如其來的採訪及拍攝所打擾。各種電競賽事編組，甚至電競賽事工作人員的聯絡資訊，一般為了作業方便，會統一記載在指揮站內的公佈欄，這些資訊在未經現場指揮官的同意之下，不能透露給媒體，否則可能會影響現場賽事的作業，更嚴重的是會造成各種片段的資訊流傳，讓指揮人員為了澄清這些流言而疲於奔命。

(二) 現場應設置新聞事務長（Public Information Officer, PIO）或新聞聯絡人員，統一資訊的發佈，並協助電競賽事人員與新聞媒體溝通與聯繫。從國外過去賽事的經驗中得知，新聞長除了須與媒體有良好的互動關係，還必須扮演雙向溝通的橋梁，除將複雜的知識與狀況解釋給一般觀眾聽，還要了解現場作業與媒體

運作的方式，在第一時間解釋清楚，避免可能的質疑。

　　因此，一位新聞長或新聞專員要有基本的電競賽事知識，將專有名詞（例如：afk、brb、Dive、Gank，或是oom等）轉化成大眾更能了解的說法。當民眾或是媒體對現場電競賽事有疑義時，新聞長或新聞專員亦須立即澄清說明。同時也要注意各媒體發佈的新聞消息，當有流言或是未經證實的消息流傳時，必須即時召開記者會澄清，或是提供更多資料補足相關的報導。

　　(三) 現場媒體需加以管制，在電競賽事現場必須加以分區。這樣的作法除了確保作業的順暢之外，亦是要避免非電競賽事人員恣意進入現場而干擾比賽。分區完成後，要進入電競賽事現場的媒體必須佩掛識別證，並穿著適當的防護裝備（視現場的狀況，也可以由指揮站準備一些公用的器具，供媒體借用）。

　　(四) 提升媒體對電競賽事的認知與專業在電競賽事舉行之前，電競賽事主辦單位可以辦理相關的課程，邀請媒體代表參加，以熟悉一些基本的電競方式與流程，並依此建立與各媒體間聯繫的管道。這樣的課程中也可以請媒體代表們分享經驗與看法，協助新聞長或其他的電競賽事人員了解媒體的需求與互相配合的內容，避免在賽事期間可能發生的衝突。更重要的是，藉由這樣的活動，讓媒體工作者可以參與電競賽事準備以及比賽後復原的工作，從而體認到電競賽事管理機關的功能不只在於電競賽事現場應變，並有機會深入了解電競賽事管理的內涵，減低散佈對電競賽事的迷思誤解（myths）。

　　(五) 與媒體互動的方式與相關連絡資訊，需寫進電競賽事計畫之中，包括在電競賽事舉行前應針對媒體管制與互動做出相關的計畫。依美國的經驗，這樣的計畫至少應包含以下內容：

　　1. 政府機關中負責發佈新聞的人員與聯絡資訊。

　　2. 發佈消息的方式與程序。

　　3. 與媒體互動的方式與原則。

　　4. 各種可能用上的記錄表格（例如：各項發言紀錄等）。

　　5. 發佈新聞資訊的範例說明。

　　6. 媒體互動與新聞發佈是賽場內外應變中，不可或缺的一環，除了建立應變體系，訓練與計畫與媒體互動的方式亦是增進應變能力的方法。

　　另與媒體宣傳管理相關活動如下：

1. 建立活動相關管道

活動前幾週和幾個月，絕對是關鍵的宣傳期，所以可以在臉書和推特創立活動頁面和主題標籤（切題而且不要太長），接著開設一個放置訊息更新的活動部落格，然後再用各式各樣的相關內容來吸引人。如果是社交活動，可以發佈影片或音樂片段、創造活動前競賽或經由交際和遊戲連結活動參與者；至於公益活動，則應提供吸引人、有趣、而又令人想於分享的內容，以促成口碑興趣；倘若是公司活動，那就提供粉絲及跟隨者和討論主題有關的搶先看，或是特別的大會前文章和簡報檔。

2. 提供有誘因的口碑宣傳

如果是要鼓勵人們參加活動，可以提供提早報名優惠，或邀請參加活動前派對等，也別忘了給每位跟隨者和粉絲特殊折扣或內容。如果真的想充分發揮口碑力量，還可以運用像是Meteor Solutions之類的工具，找出主要擁有影響力人士，然後積極地激勵他們分享活動資訊並回饋。

3. 將註冊社群化

像是EventBrite之類的社群註冊服務，不但能簡化程序變得更有效率，也讓參與者能主動和朋友分享活動。其他的熱門社群活動邀請平台，包括Plancast和Twtvite，不但與社群網路平台高度整合，而且能隨用戶設定和隱私選項而改變設定。

4. 運用適地性服務和登入獎勵

主辦單位可以在適地性服務網站上設立一個頁面，放上徽章、優惠券、特價商品或禮物等可在活動後兌換的獎勵，當與會者來到活動現場之後，鼓勵他們在不同地點、小組及活動登入，這樣一來，由於這些適地性服務網站通常能與其他社群媒體輕易整合，登入記錄也就會在更大的網路中被分享。

9.4 比賽活動管理

參與賽事的戰隊成員或選手是任何電競賽事最核心的「客戶」，許多賽事的籌辦工作就會以這些核心客戶的需求為基準，為了能夠讓選手有最好的表現，賽事行政工作就顯得格外重要。競賽事務管理的目標就是提供運動員最好的賽場環境及服務，除了硬體空間及器材設備之外，賽事人員的專業服務也不可忽略，針對此，比賽事務管理包括比賽期程規劃、運動設備及器材管理、比賽相關會議辦

理、賽事報名服務、賽務人員服務、賽事資訊服務及比賽服務管理等，主辦單位必須執行分別在籌備和比賽進行兩階段的各種比賽事務管理，其內涵如下：

一、籌備階段之比賽事務管理

(一) 賽事期程規劃

電競賽事日期之擬定會影響到所有賽事運作之層面，因此，期程若無法確定，其他的工作大概也無法就定位。而期程的規劃要從下列層面思考：

1.賽事行事曆：各級政府，電競各俱樂部，遊戲軟體開發商，電腦大廠等都會規劃各種電競賽事活動，有時在熱門季節賽事行事曆可用「壅塞」來形容，即使在地方也會有許多賽事，很容易出現排擠或衝突的效應，因此，規劃時，必須要考量國際及各重要賽事辦理的時間，以減少可能引起之衝擊，增加選手出賽的機會。

2.國內行事曆：此處指的是國內各種重要事件對於賽事期程也會有影響，包括重要節日、各級學校的行事曆或是國內既定的重大活動等，這也都要納入思考之範疇。

針對每日賽程規劃，要考量選手的體力負荷、交通時間、市場需求、練習熱身時間及媒體轉播等。再者，也要有賽程改變的因應方案，根據以往經驗顯示，天氣因素影響賽程的情況最多。尤其是位處亞熱帶的台灣，在夏季舉辦國際賽事時必須把颱風和雨天的天候影響列為重要考慮。因為，一旦遇到天候變化，會影響現場買票觀眾人數及周邊商品的銷售量。

(二) 確認比賽規程

通常，國際電競賽事組織對於比賽期間、參賽資格、比賽制度、設備與器材及比賽規則等，會有一定之規範，承辦單位的角色可能協助報名機制及交通食宿之服務內容或規範。另外，編制比賽規程內容時，需要注意下列事項：

1.國籍規範。
2.最低競賽隊伍要求或是參與人數。
3.比賽器材規範，如指定用球或器材。
4.報名隊職員職務功能說明。
5.服裝規範，特別是贊助商廣告空間。

以2016年由《暴雪英霸》、《爐石戰記》、《星海爭霸II》、《鬥陣特攻》所組成，專屬於國中、高中職、大學與研究學生的特有電競項目，賽事區域包含

台灣、香港、澳門等校園的「暴雪校際電競運動聯賽」海選賽的參加條件爲例：(1)擁有信用良好且有效的Battle.net帳號；(2)玩家必須符合該遊戲項目的年齡限制，《暴雪英霸》、《星海爭霸II》、《鬥陣特攻》爲十五歲以上；《爐石戰記》爲十二歲以上；(3)必須擁有學籍證明，如學生證、入學證明；以及(4)遵守聯賽規則。

(三) 賽事器材與設備

場地設備與運動器材（如量測標準設備、競賽器材）需符合國際電競組織的規範，這會決定市場上可以提供符合標準設備及器材的供應商，同時，也要依據本身的條件，編列賽事器材預算及規劃採購、租用或是尋求合作機制，特別是許多賽事用品可以透過贊助方式，一方面符合國際規範，另一方面可以節省賽事辦理成本，若採取採購或租用方式辦理，就必須提出合宜標案及落實履約管理，而整個設備佈置也要搭配整體賽場視覺識別元素系統。

(四) 賽務人員指派及遴選

包括賽事技術員、裁判、記錄員等都屬於賽事專業人員，招募該類人員條件，應以專業背景及語言能力作爲首要考量，值得一提的是，爲培養更多國際賽事人才，承辦賽事位應試著提供給更多年輕且有熱情的人員參與的機會。

(五) 國際技術人員服務

配合國際運動組織遴選及提名國際賽務工作人員，並規劃膳宿交通服務、工作費、賽事所需服裝及協助各項會議參與等。

(六) 運動資訊服務

規劃比賽成績系統，包括計時與計分系統、現場成績系統、網路成績系統、競賽播報員資訊系統、電視訊號類別、轉播時的電視圖像（T V Graphic）、電視動畫等。依據與會對象（如與會運動代表隊、賽務技術人員、媒體等）規劃賽事成績與紀錄傳遞系統，包括：傳遞流程、存放的節點和進入路徑等。

(七) 報名與註冊服務

規劃報名機制與期程。國際賽事的報名，強調無紙化的資訊作業系統進行處理，並試著與競賽資訊系統連結。爲俾利後續行政作業，擬要求參賽單位提供：人員數量、交通抵達及離開時間、食宿特別需求等資訊。另外，建議參賽單位提供選手的歷年賽事紀錄或成績，作爲媒體轉播和宣傳之用。以2016年「暴雪校際電競運動聯賽」的報名須知，如表9-2所示：

表9-2 2016年「暴雪校際電競運動聯賽」報名與賽事日期表

賽程	時間	內容
開放報名	即日起至9月4日止	接受挑戰，開始加強你的技術。
線上海選	9月5日至11日	所有參賽隊伍將進行對決，並選出各比賽項目之四強學校。
線上四強賽	9月17、18日	四強對決！各比賽項目之前兩名，將晉級至冠軍賽。
冠軍賽	9月24、25日	站上電競舞台，參加實體總決賽。

資料來源：2016年「暴雪校際電競運動聯賽」手冊，pp.4-14

　　所有參賽者必須在台灣、香港、澳門地區學校就讀或即將入學，才有資格參加2016年「暴雪校際電競運動聯賽」。參賽學生可以參加《暴雪英霸》、《星海爭霸II》、《鬥陣特攻》或《爐石戰記》項目，但必須符合遊戲分級年齡限制。聯賽總冠軍學校則另由四個項目的綜合積分決定，鼓勵各校學生積極參與四個項目。

　　1. 建立Battle.net帳號。參賽學生的Battle.net帳號只能參加《暴雪英霸》、《星海爭霸II》、《爐石戰記》、《鬥陣特攻》項目最多各一次。

　　2. 參賽學生不得使用兩個Battle.net帳號重複參加相同項目。違者將以禁賽處置。

　　3. 參賽學生的BattleTag、遊戲名稱、隊伍名稱必須與平時公開使用的名稱相同，不可使用條碼名稱，且必須符合BattleTag命名規範及帳號命名規範。

　　4. 學籍證明、身分證明：2016年「暴雪校際電競運動聯賽」參賽學生必須為在台灣、香港、澳門就讀的國中生、高中職生、大學生、研究生（包含入學新生；不包含畢業生）。參賽學生必須在送出報名表前，將以下證明寄到主辦單位的email（BCEL2016@4gamers.com.tw），主辦單位確認資料無誤後，會回覆報名成功。

　　5. 適用學籍證明（限國中、高中職、大學、研究所）：

(1) 有效日期內的學生證。
(2) 入學證明。
(3) 入學通知、註冊單、學費繳款證明。

　　6. 適用身分證明（限台灣、香港、澳門合法居民）：

(1) 有效的身分證件。

(2) 有效的學生簽證或護照人數限制。

本次參賽項目《暴雪英霸》、《星海爭霸II》、《爐石戰記》、《鬥陣特攻》並無隊伍限制，成功報名之玩家或隊伍即有參賽資格。

1. 《暴雪英霸》隊伍每隊共5人爲正式隊員，且須同校。賽事獎學金與所有賽事獎勵，皆爲5位正規隊員所有。

2. 《鬥陣特攻》隊伍每隊共6人爲正式隊員，且須同校。賽事獎學金與所有賽事獎勵，皆爲6位正規隊員所有。

(八) 整體賽事營運管理服務

確認與各部門協調事務、負責場地使用機制、規劃緊急應變計畫、管理整體賽事流程與時間。

(九) 預防爭議處理

建議引進先進科技，如及時重播系統，同時，規劃審判或仲裁委員會相關機制，作爲處理賽事相關爭議，並擬定仲裁作業流程並確保參賽運動代表隊都了解此一機制。

二、賽事階段之競賽事務管理

(一) 辦理檢錄或參賽隊伍入場方式。

(二) 辦理比賽相關會議：競賽會議的種類，包括技術委員會會議、技術會議、裁判會議及總結會議等，下列說明各種會議討論之重要議題及與會人員。

1. 技術委員會會議

(1) 與會成員包括賽事執行長、技術委員及裁判長等，有些情況會邀請籌委會主要幹部參與。

(2) 討論議題以確認賽事整體運作事宜是否符合國際規範，如場館設施狀況、膳宿交通服務及技術委員會的各項準備工作等。

(3) 提供會議的資料，包括賽程、交通及膳食服務、開閉幕典禮流程等。

2. 裁判會議

(1) 與會成員包括賽事執行長、裁判長及裁判人員。

(2) 會議重點在於確認比賽規則解釋、場地特殊情況、合格之運動器材及裁判本身應有的規範，諸如服裝等。

3. 技術會議

(1) 與會成員包括賽事執行長、技術委員、裁判長、運動禁藥檢測負責人、籌委會主要幹部及各代表隊領隊及教練參與之。

(2) 主要議題在於說明比賽制度規範、確認出賽名單或調整及賽事器材規範等。另外，參賽隊伍或運動員會比較關切交通及膳食服務，也需要提供相關說明。

(3) 確認出賽名單、服裝或是背號，之後必須將最新之訊息在賽事前彙整給會務部門，以作為賽事部門辦理相關事務的重要依據。

(三) 編排秩序冊：主要提供參賽運動代表隊與賽事部門為主，秩序冊單元架構如下：

1. 競賽規程。

2. 組織架構。

3. 參賽隊伍。

4. 賽程。

5. 開閉幕典禮流程（含時間與地點）。

6. 過往賽事紀錄或成績。

7. 賽事現場動線。

2017年《鬥陣特攻》世界盃小組賽最終場—洛杉磯小組賽（G、H小組）為例，組織架構、組織架構、賽程如圖9-2所示。

再以2016年在台北舉行的《暴雪英霸》、《爐石戰記》《星海爭霸II》《鬥陣特攻》決賽賽制為例，其競賽規定如下：

1. 決賽為現場賽。

2. 決賽將進行線上直播。

3. 決賽日期：

(1)《暴雪英霸》、《爐石戰記》於9/24舉行。
(2)《星海爭霸II》、《鬥陣特攻》於9/25舉行。

4. 決賽場地：三創6樓ESR電競館（100台灣台北市中正區市民大道三段2號）。

5. 報到時間：9:30。

圖9-2　2017年《鬥陣特攻》世界盃小組賽最終場─洛杉磯小組賽（G、H小組）

資料來源：歪力，「《鬥陣特攻世界盃》洛杉磯小組賽12日凌晨開打，週末電競館不打烊」https://www.4gamers.com.tw/news/detail/32882/overwatch-world-cup-los-angeles-qualifier-begin- at-12th-august-0100-am-cst

6. 開賽時間：14:00。

7.《暴雪英霸》決賽賽制：

(1) 單敗淘汰制：四強勝出的兩隊進行對戰。

(2) 五戰三勝制（BO5）。

(3) 角色選擇使用雙禁角制（Double Ban），由裁判主持，於HeroesDraft.com網站進行。

① 第一場對戰由隨機一方開始：禁角1-1、選角1-2-2、禁角1-1、選角2-2-1。

② 第二場對戰開始，敗者選擇先選地圖或先禁角。

• 若敗者選地圖，另一方則先禁角；若敗者先禁角，則另一方選地圖。

• 當回合（BO5）中，不可選用已使用過的地圖。

③ 新遊戲內容限制：新英雄與新地圖正式上線一週內（7日）不得選擇與使用。

- 若有選手誤選並鎖定新英雄，裁判將記錄目前爲止雙方的選角與禁角並重新提供雙禁角制網頁。雙方隊伍必須選擇已選的英雄至該誤選順序，誤選英雄的選手必須重新選擇其他英雄。

(4) 使用以上結果，於遊戲中開啓自訂遊戲選擇英雄。

　① 自訂遊戲模式：標準模式。

　② 遊戲隱私設定：一般。

(5) 地圖清單：第一場爲布萊西斯實驗所。第二場對戰開始敗者，決定選地圖或先禁角二擇一。

8. 《爐石戰記》決賽賽制：

(1) 單敗淘汰制：四強勝出的兩位選手，進行冠亞軍賽事。

(2) 遊戲模式將使用「標準規則」。

(3) 七戰四勝制（BO7）征服制：

　① 選手會在比賽前被告知對手所挑選的四種職業，但是無法在對戰前得知對手該次對戰所選用的職業。

　② 裁判收齊雙方禁用職業牌組後，統一告知給選手。

　③ 選手所進行比賽的四個牌組，必須各取得一勝，才算是勝利。

　④ 選手獲勝後，該獲勝牌組無法在該場比賽中繼續使用。

　⑤ 戰敗的選手，可以選擇繼續使用同一牌組，或者替換成其他尚未取得勝利的牌組。

　⑥ 若系統判定比賽雙方皆爲戰敗，則以該局職業對戰組合，重新進行對戰。

　⑦ 選手於比賽中若有任何疑問，須立即通知裁判處理。如疑惑對手使用牌組與繳交牌組不合，請選手立刻截圖並告知裁判，裁判將會以繳交的圖片來判斷您的對手是否犯規。

9. 《星海爭霸II》決賽賽制：

(1) 單敗淘汰制—

　① 四強勝出的兩位選手進行對戰。

(2) 七戰四勝制（BO7）。

(3) 自訂遊戲：

   ① 類別：對戰。

   ② 模式：1對1。

   ③ 遊戲時間：無限。

   ④ 遊戲速度：最快。

   ⑤ 鎖定盟友：是。

   ⑥ 遊戲隱私設定：無對戰歷程記錄。

   ⑦ 選手可在每一個回合（BO5）後更換種族。

   ⑧ 顏色：不限。

   ⑨ 強度調整：100%。

(4) 地圖清單：

   ① 2016年第4賽季天梯地圖庫：銀河天堂路—天梯版、冰霜之地—天梯版、世宗研究站—天梯版、茶山科學研究站—天梯版、冰凍神殿、神性之地—天梯版、新蓋茨堡—天梯版

   ② Ban & Pick制：

     • 小組賽程中選手編號數字較小者為甲方，選手編號數字較大者為乙方。

     • 乙方必須先告知對方使用種族（神族、人類、蟲族、隨機）。

     • 在所有五戰三勝制的比賽中，甲方會先禁用一張地圖，乙方會隨後禁用一張地圖。比賽中無法使用被禁用的地圖。乙方先選擇第一場對戰的地圖，甲方選擇第二場對戰的地圖，乙方接著選擇第三場對戰地圖，甲方再選擇第四場對戰的地圖，僅存的一張地圖則為第五場的地圖。

9. 《鬥陣特攻》決賽賽制：

(1) 單敗淘汰制。

(2) 五戰三勝制（BO5）。

(3) 自訂遊戲：

① 使用規則：競技對戰

② 地圖順序：單一地圖

③ 限制重複英雄：每隊最多1名

④ 控制類型地圖的賽制：五戰三勝制

⑤ 其餘保持原始設定

(4) 地圖清單：

① 阿努比斯神廟、國王大道、花村、捍衛者基地：直布羅陀、努巴尼、伏斯凱亞工業、好萊塢、多拉多、尼泊爾、66號公路、灘江天塔、伊利歐斯、愛西瓦德。

② Ban & Pick制：

- 裁判將使用OWDraft.com隨機決定哪隊先禁地圖，並將網址交給兩隊隊長。先禁地圖的隊伍為甲方，後禁地圖的隊伍為乙方。兩隊隊長將持續禁地圖，進行到剩下五張地圖為止。

- 在剩下的五張地圖中，由乙方先選擇並告知第一張進行的地圖，接著由甲方選擇並告知第二張進行的地圖、接著由乙方選擇並告知第三張進行的地圖，接著由甲方選擇並告知第四張進行的地圖，僅存的地圖自動成為第五場對戰的地圖。

三、賽事場館準備和運作

場館運作的最重要角色，就是規劃最佳的賽事空間，供運動員參賽並與所有部門進行協調，以確保賽事期間場館運作維持最高水準。針對場館運作事務，可劃分為下列階段：

(一) 辦理場館遴選：在申辦賽事階段，賽事進行之場館是重要一環，一般在選擇場館，要考量下列因素：

1. 場館內部現有空間及設備，是否符合國際運動組織的場館設備規範？

2. 場館周遭的住宿，是否符合賽事需求的質與量？

3. 承辦的地方政府，是否願意負擔場館維修工作？

以2016年「暴雪校際電競運動聯賽」為例，線上賽的場地設備和設定規定如下：

(1) 設備：

① 選手需自備設備，且選手需自備能連結Battle.net服務的網路連線。

② 選手必須使用自己的Battle.net帳號，此帳號必須具備有效的《暴雪英霸》、《爐石戰記》、《星海爭霸II》或《鬥陣特攻》授權和最新的遊戲內容。

③ 選手不能讓其他選手代打出賽。

④ 選手必須為其電腦的網路安全負責，讓電腦免受分散式阻斷服務攻擊的影響。

(2) 電腦設定：

① 比賽進行期間，不可使用未獲許可的程式。

② 根據比賽規則，選手不能與對手外的人或比賽管理單位進行交流。

③ 根據比賽行為規範，使用第三方軟體進行干涉，會導致選手喪失比賽資格。

(3) 遊戲設定：

① 必須開啟Battle.net的「忙碌中」設定。

② 《暴雪英霸》、《星海爭霸II》必須開啟「儲存所有戰鬥錄影」。

③ 《爐石戰記》、《鬥陣特攻》必須關閉「允許好友觀賞我的賽局」。

(二) 擬定賽事場館修繕計畫：確認賽事場館之後，就必須針對下列事項進行籌備：

1. 規劃賽場使用空間：配合國際組織規劃賽事辦理所需空間，提出場地佈置圖（affinity diagram）以說明場館空間配置（含各種座位空間，如一般觀眾席、貴賓席、媒體觀賽區、競賽空間如比賽區、相關動線、更衣室、藥檢室、各種設備空間如照明、音響、電力及水利系統、後勤作業及進出動線）。針對場館空間規範，須注意下列事項：

(1) 確認競賽現場（field of play）空間是否符合國際組織要求，通常需規劃長寬高空間（含緩衝空間）、界線的顏色、計分顯示器、計時器或時鐘、照明規範、熱身場地空間規模等。

(2) 確認下列行政空間：

　① 停車空間（工作人員、運動代表隊交通車、貴賓）。

　② 賽務空間（含播報與紀錄空間）。

　③ 媒體轉播空間（現場轉播車、攝影機台位置）。

　④ 媒體工作區（觀賽區、媒體中心、混合採訪區、攝影區及媒體作業中心）。

　⑤ 廁所及盥洗空間（裁判區、運動員區、工作人員及觀賽區）。

　⑥ 貴賓招待空間。

　⑦ 執法人員休息室。

　⑧ 工作人員用餐區。

　⑨ 藥檢空間。

　⑩ 醫護空間（急救、防護員、整脊師等）。

　⑪ 防護空間。

　⑫ 運動員休息室（含盥洗室）。

　⑬ 競賽組行政空間。

　⑭ 技術官員工作空間等。

(3) 確認熱身場地空間，包括運動員用盥洗室、競賽組行政空間、醫護空間及運動員停車空間。

2. 檢視場館設備及器材，可能包括：

(1) 計時計分及比賽成績處理系統（各類型記分板或LED顯示器）。

(2) 仲裁錄影系統（如架設鷹眼設備或錄攝影機）。

(3) 照明設備。

(4) 空調設備。

(5) 網路與通訊系統。

(6) 消防系統及保全系統。另須確認現有器材符合賽事規範、規格、型號及數量是非常重要工作。

3. 提交場館修繕標案及設備及器材請購：針對前述場館空間、設備器材檢視提出整修及採購方案。

(三) 擬定場館移交作業：在賽事辦理前，會將場館移轉由籌委會進行接管，以利賽事進行，移交作業內容包括：

1. 擬定並執行賽事空間佈置。

2. 驗收原有／新進器材設備。

3. 測試各種器材及設備。

4. 辦理場務人員教育訓練等在擬定場館動線時，須將賽事成員區分為電競運動員、工作人員與技術官員、貴賓及媒體以及觀眾等不同區塊。動線規劃最重要的原則包括：

(1) 確保安全：主要是能夠適度區隔電競賽事運動員、電競賽事工作人員及觀眾的行進動線。

(2) 移動便利：通常會提供電競運動員最短或是最方便的路徑進入運動場，同時會搭配停車空間或接駁點之規劃。

(3) 告示效果：動線告示規劃有三個原則；告示放置／張貼地點、告示顏色明顯程度、告示內容明顯易懂。

四、擬定電競賽事期間場館運作計畫

(一) 擬定賽事期間決策機制、指揮體系、行政作業流程及緊急應變計畫。

(二) 規劃電競賽事期間溝通模式：擬定在賽事期間於場館空間與其他部門溝通的型態與方式、規劃無線電通訊方式。現今舉辦賽事可多使用智慧型手機即時通訊（如line或微信等）群組的方式。群組不可全部人員加入，必須建構多重的群組，以避免接收太多無關訊息，甚至有些訊息無人處理。

(三) 擬定每日作業流程：擬定各部門作業流程（含起迄時間、作業地點、作業內容、負責部門及空間）、辦理電競賽事期間例行性及總結會議。

(四) 確認電競賽前設備運作情況：針對各種設備及器材佈置進度需進行最後確認。

電競館購票常見問題：1.每個帳號一天可買幾張票？如每個帳號每個場次的比賽可購買2張票，假設一天有兩個不同的比賽，則一天最多可購買4張票。2.當

日賽事若遇颱風怎麼辦？賽事活動若遇天災或不可抗拒之因素，主辦官方會依政府發佈之公告決定是否延賽。一旦決定延賽，系統會自動清除當天所有購票訂單。3.為什麼無法訂購下個月的門票？每場賽事前7天中午12點起開放線上預購，請確認日期是否正確。

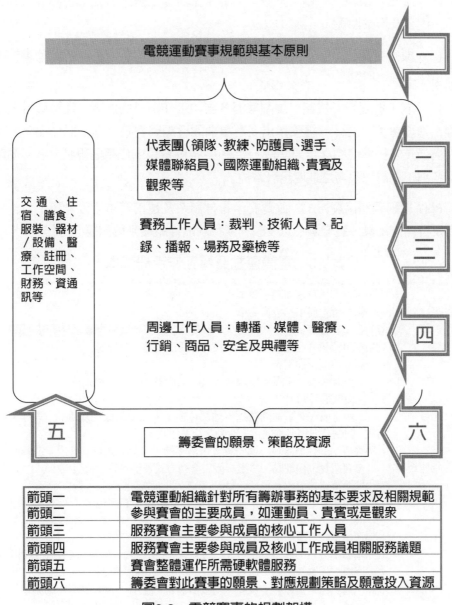

圖9-3　電競賽事的規劃架構

五、行政溝通和協調

賽事籌辦過程需要大量的各種跨單位的橫向及縱向溝通。同時,為協助內部事務運作順利,也扮演協調的角色,為促進作業效率,需要規劃各單位的運作流程及管理考核機制。

(一) 提出賽事總體計畫:對於整個賽事籌辦提出辦理方式、各部會重要工作項目、內容及作業期程。

(二) 擬定整體政策制定:制定賽事辦理之作業原則及方針並規範及審核各部門提出作業執行要點。

(三) 制定進度管考機制:規劃掌握各部門工作項目的進度,建議就各重要事務提出進度管控。另外,經驗指出在賽事期間會編製賽事管理手冊作為籌委會各部門溝通及掌控進度的之重要文件,如表9-3提供賽事工作手冊規劃參考。同時,針對各項工作籌辦事務之進度也可掌控。

(四) 規劃溝通協調方式:確認賽事指揮體系及建構賽事行政會議,包含計畫推動及持續的工具、遵守法令以及順利執行功能性組織到場館導向之作業。

表9-3　電競運動賽事工作手冊架構

一、手冊單元	(一)組織架構及各部門主要業務。 (二)籌委會主要工作成員名單。 (三)各項會議資訊（含裁判會議、技術會議及技術委員會議之時間與地點）。 (四)賽事資訊（含選手或代表隊熱身時間及場地、賽程表）。 (五)賽事期間交通服務: 　　1.國際貴賓、國際電競總會人員、國際賽務成員或贊助商、參賽成員等班機抵離時間; 　　2.前述成在賽事期間往返場地及住宿地點之交通服務及時間說明;3.參與開閉幕典禮或其他正式活動之交通服務。 (六)賽事期間住宿服務:國際貴賓、國際總會人員、國際賽務成員或贊助商、參賽成員下榻地點、房型、飯店聯絡方式及供餐時間及型態。 (七)開閉幕典禮流程:包括活動流程、時間、地點、致詞人員與順序。 (八)賽事工作日誌:各部門於賽事前夕及期間在賽事現場工作事項、作業時間、作業地點及負責成員。 (九)運作及安全規範:進出賽事現場規範、安全注意事項。 (十)場館地圖及工作空間配置圖:運動場館、熱身場地或住宿飯店的相關位置圖與交通路線訊息、運動賽事現場各部門空間配置圖。 (十一)通訊錄:國際總會人員、籌委會各部門主管、行政總部、協辦單位主要負責人、協力廠商（如遊覽車公司、膳食供應商及清潔公司等）、選手村志工或隨隊志工等。值得一提的是,各部門負責人員的聯絡方式要清楚標明。

二、發放對象及時間	國際電競運動組織成員、籌委會各部門主管及代理人、選手村、行政總部負責人、協辦單位主要負責人、志工或隨隊志工等。
三、使用語言	建議提供中英雙語內容。

表9-4　國際電競賽事場館環境檢核表

場館名稱：＿＿＿＿＿＿＿＿＿＿＿＿＿＿＿＿＿＿＿＿
座位數量：
到選手住宿設施距離：＿＿＿＿＿公里
預估到選手住宿設施所需交通時間：＿＿＿分鐘　　場館用途：☐比賽　☐熱身

A. 場館		
1.	**場地表面**	
1.1	國際電競組織核准之木質地板	是☐　否☐
1.2	僅有電競賽事的邊線	是☐　否☐
1.3	在邊線及端線四周，有著一條2米寬與限制區域相同顏色的邊線，爲淨空區	是☐　否☐
1.4	具備空調設備	是☐　否☐
2.	**場地周邊**	
2.1	每隊休息區有8張以上座椅	是☐　否☐
2.2	記錄台邊有兩張預備座椅或板凳	是☐　否☐
2.3	爲記錄台準備桌子並放置在觀賞賽事最好的角度	是☐　否☐
2.4	記錄台工作桌要配有電源插座及寬頻網路連線以符合賽事記錄系統	是☐　否☐
2.5	急救站地點盡量選擇靠在場邊並可以容納2名人員	是☐　否☐
3.	**器材設備**	
3.1	電子記分板需具備下列功能：時鐘顯示比賽時間倒數計時（有顯示最後一分鐘的秒數和十分之一秒的能力） • 顯示比賽分數 • 顯示節數 • 顯示暫停次數	是☐　否☐ 是☐　否☐ 是☐　否☐ 是☐　否☐
3.2	計時器的聲音足夠強大到可以在最不利或嘈雜的環境中聽到	是☐　否☐
3.3	備有比賽時間計時器且在比賽時間結束時會自動響起	是☐　否☐
3.4	設置一個單獨的聲音信號且其聲音要與比賽時間的時鐘不同並更響亮	是☐　否☐
3.5	至少有一個備用的進攻時間計時設備（適合當前系統需求）	是☐　否☐
3.6	計時器要與比賽時間計時器連接	是☐　否☐
3.7	備有多個手持及桌上型的碼錶	是☐　否☐

4.	更衣間及辦公室		
4.1	有同樣標準和尺寸的兩隊選手更衣室	是☐	否☐
4.2	更衣室是否提供下列器材或物品： • 衣物櫃或吊衣架 • 白板及奇異筆 • 冰箱或冰桶 • 按摩床 • 毛巾 • 肥皂 • 衛生紙塑膠冰桶	是☐ 是☐ 是☐ 是☐ 是☐ 是☐ 是☐	否☐ 否☐ 否☐ 否☐ 否☐ 否☐ 否☐
4.3	有兩個同樣標準和尺寸的裁判更衣室	是☐	否☐
4.4	每個裁判的更衣室裡至少有一個私人淋浴間、廁所和洗手台。	是☐	否☐
4.5	提供足夠6個人員的更衣室空間（包括裁判及記錄台人員），內部要有會議桌、椅子、吊衣架和附有門鎖的更衣櫃	是☐	否☐
4.6	提供國際電競總會技術委員辦公室，靠近籌委會辦公室和比賽場地	是☐	否☐
4.7	國際電競總會技術委員辦公處須有下列設備： • 功能良好的防盜鎖 • 至少備有一個辦公桌，一張椅子和足夠數量的貴賓座椅 • 電話線 • 相連的電腦與影印機 • 小型冰箱 • 茶水和咖啡機 • 空調或風扇	是☐ 是☐ 是☐ 是☐ 是☐ 是☐ 是☐	否☐ 否☐ 否☐ 否☐ 否☐ 否☐ 否☐
4.8	具備賽事籌委會辦公室	是☐	否☐
4.9	記錄員辦公空間需提供下列設備： • 數量充足的電腦和影印機 • 網路線 • 可以高速影印的事務機 • 比賽記錄表 • 賽事記錄放置櫃（最好放在走廊，以利人員取得）	是☐ 是☐ 是☐ 是☐ 是☐	否☐ 否☐ 否☐ 否☐ 否☐
4.10	提供選手和／或觀眾急救空間的醫護室，器材設備需完整且有明確及清楚的動線標誌	是☐	否☐
4.11	規劃設備齊全的運動藥檢空間	是☐	否☐
4.12	有提供餐飲服務和進出管制的貴賓休息室	是☐	否☐
4.13	媒體中心之規劃需接近媒體觀賽座位區，最好是不同於電競選手進出之出入口，足夠容納所有媒體成員	是☐	否☐
4.14	媒體中心配有下列設備： • 桌子與椅子 • 電話與傳真 • 網際網路 • 憑證件出入的安檢機制 • 充足的電源（插座／插槽）	是☐ 是☐ 是☐ 是☐ 是☐	否☐ 否☐ 否☐ 否☐ 否☐

4.15	在媒體中心附近設置記者會空間。	是□　否□
4.16	記者會空間需有下列設備： • 長條形桌子 • 提供記者的桌子及扶手椅子、音響系統	是□　否□ 是□　否□
5.	基礎設施和服務設備	
5.1	所有在場館的照明設備都處於良好工作狀態	是□　否□
5.2	準備替代能源系統，以免遇到電力短缺狀況	是□　否□
5.3	提供不斷電系統（UPS）的記分牌，以確保遇到電力短缺時，仍能夠正常工作	是□　否□
5.4	提供避免陽光照射影響賽事進行的處理方式	是□　否□
5.5	提供音響和播報系統	是□　否□
6.	觀賽座位區和座位計畫	
6.1	在觀賽區預留國際運動總會代表及官員的貴賓席	是□　否□
6.2	規劃視野最的座位為媒體觀賽區並提供電源及進行出入管制	是□　否□
7.	認證	
7.1	電競國際總會的代表，政府代表和裁判都有進出各個空間的權限	
8.	動線告示	
8.1	通往工作空間的動線告示是否清楚且明顯	
9.解釋關於「否」的回答		
題項	說明	

六、賽事人力資源管理

　　許多電競賽事籌辦組織的運作與電競賽事的生命週期是息息相關，為辦理國際電競賽事，就會成立籌委會，隨著辦理時間的接近，人力的需求會逐漸增加，賽事結束後，這個籌委會也隨之掛上休止符，因此，電競賽事人力資源管理就必須針對此特性提出因應之道。

　　(一) 分析賽事人力需求：首要工作就是電競賽事辦理需要哪些人才，包括需求之數量、所需專業背景、需要其協助的時間期限。分析重點在於徹底了解各種

業務執行所需的作業時間，並了解各作業的現有人力及缺口所在。同時，擬定人力管理的各項作業規範，如各種職務的權利及義務。

(二) 規劃人力招募作業：依據前述人力需求，分析制定職務分析書以說明需求招募的條件（如專長、技能、工作內容、職稱頭銜等）。經驗顯示賽事所需人力分為四大類型，分別是專職人員（如正式員工、約聘人員、借調人員、個別合約人員、臨時雇員等）、志工（如實習人員、專業志工及一般志工）、外包企業及參與者（如表演人員及榮譽職務）等。另外，規劃人力招募廣告，特別是針對電競賽事期間之短期人力需求。接著則是依據人力型態規劃遴選作業方式，最常見的就是規劃賽事短期工作人力或是志工的遴選方式。

(三) 制定人員培訓制度：培育制度的擬定包括訓練需求分析、制定訓練計畫及執行，訓練計畫的事務包括訓練主題設定、訓練方式／型態、訓練講義及教材製作、參與講師的遴聘、參與講習人員邀請與確認、訓練成效評估、訓練時間與空間之後勤服務、訓練所需經費編列。

此處針對訓練主題進行探討，訓練主題可用「有教無類」與「因才施教」進行說明，有教無類指的是所有電競賽事工作者都要了解的事項，如工作須知或電競賽事基本資料等，「因才施教」則是針對各工作職務所需要了解的工作內容說明，如藥檢中心的服務人員就要了解其工作流程及內容。

(四) 規劃人力激勵制度：考量多數電競賽事參與人力大多是以賽事志工的角色參與，因此，提供多元獎勵機制以就有其必要性，如頒發服務證書、提供賽事服裝、辦理感恩聚會、交通卡及免費使用公共設施等。

考量志工管理事務一直是賽事運作重要環節，此處針對招募、培訓及運用進一步說明：

1. 招募管道：經驗顯示機關團體、地緣關係及口碑相傳是重要的招募方式。

(1) 機關團體：大專院校相關系所及外語機構，通常可以協助引薦相關志工。

(2) 地緣關係：結合賽事辦理地點附近的學校或是運動組織是來源管道之一。

(3) 口耳相傳：對於參與賽事的工作人員建立資料庫，作為日後招募管道，並請有經驗的工作夥伴協助推薦或是宣傳。

另亦可經組織內部人員推薦或造訪特定專業人士禮聘。

2. 訓練型態：培訓課程議題，包括賽事基本認識、工作環境熟悉、團隊運作體系、議題模擬練習等，並進而至進階專業訓練。

(1) 電競賽事基本認識：介紹賽事辦理單位、賽事制度、競賽場地、觀賽訊息及參賽情況等。不同部門的志工對其工作服務內涵則應訂定資訊須知，如票務志工對於門票訊息就要特別注意；外語隨隊志工對於運動術語要有正確的認識。

(2) 工作環境認識：建議針對運動場館行政作業空間、練習場地、住宿及行政空間等進行介紹，並熟悉各種動線管制。

(3) 運作體系：介紹籌委會部門主管、建立工作人員溝通機制（如通訊錄）及說明指揮流程及體系。針對指揮體系，在許可情況下，建議由學校帶隊教師或教練協助管理事務。

(4) 管理規範：說明志工的權利及義務，包括賽事期間的服裝儀容、餐點供應時間及食用地點、證件使用規範、交通津貼或服務、工作時數、賞罰規範、住宿服務、公假要求及服務證明等。

七、賽事典禮與文化活動

賽事典禮與文化活動事務上，可以分為兩大部分，第一部分是國際組織通常會要求籌委會辦理開閉幕典禮及頒獎典禮，而且對於活動內容與流程有其一定規範，另外對於國際組織的會徽、會歌參賽國家的名稱及旗幟，也會有所規範。第二部分則是規劃歡迎晚宴、選手之夜、離別晚會或安排外國運動代表團參與觀光文化活動。而後者則是可以突顯電競賽事單位辦理特色或是承辦城市之觀光與文化內涵。下列將就典禮活動規劃注意事項進行說明：

(一) 所規定之開閉幕流程必須遵照典禮規範進行，儀式安排必須確認獲得國際電競運動組織之核准，諸如旗幟、國家名牌的進場順序等。

(二) 儀式之文化表演活動與正式典禮內容的時間應取得平衡。表演活動宜與承辦城市共同商討並彰顯在地文化之元素。

(三) 開／閉幕儀式的貴賓服務，包括建議邀請名單、儀式席位安排（繪製席位圖解）、致詞順序、現場接待服務及寄送邀請函等。

(四) 籌劃開幕表演計畫、節目內容、表演團體邀請相關作業事宜。另外，制定場地佈置計畫及動線規範等。

(五) 參賽單位的旗幟、官方稱號及入場單位順序，需與國際運動組織或國際奧林匹克委員會的規範接軌。

(六) 頒獎典禮的流程、受獎單位及其穿著服裝、頒獎人選、播放歌曲及旗

幟,皆需符合典禮規範。

(七) 建議配合地方產業特色規劃藝文與觀光活動,並鼓勵參賽單位成員踴躍參與相關活動。同時,規劃藝文與觀光活動宣傳計畫以擴大參與對象,提升國內民眾對於在地文化的認同程度。

9.5 後勤活動管理

後勤活動,是為各單位職能活動正常進行而提供的以服務為主要目的的工作。後勤活動管理是管理者動用一定的原理和方法、手段,透過一系列特定的管理行為和領導活動,使全體成員努力工作,以達到後勤工作目標的過程。因此,後勤活動管理的任務就在於動用各種管理手段,透過組織、指揮和協調後勤職工的活動,來創造一個遠比每個個人活動力量總和要大的後勤保障力量,以便高效率和高品質地完成後勤工作任務,進而保證單位職能工作的順利開展。後勤活動管理的性質、內容雖因活動性質,地點等地不同而都有不同的特色,但基本上應包括財務管理、財產物資管理、基本建設管理、場地管理及維修、伙食管理、交通運輸管理、醫療衛生管理等。財務管理、財產物資管理、基本建設管理、場地管理及維修等均在上節已敘述,此節特別強調電競賽是後勤活動管理,還包括下列幾項:

一、訊息通訊系統管理

電競賽事訊息管理系統的內涵,應包括:線上報名、認證、抵達與離開時間、參賽代表團繳交費用管理、賽事成績與記錄處理等。強調如何將這些資訊經過系統性轉換並依據各單位的需求提供客製化的資料,也就是說,各部門的橫向聯繫。這部分包括建立賽事網站及通訊聯絡服務。賽事網站亦應為賽事及成績管理應用程式之存取點,如選手資格、醫療服務、住宿、媒體報導、租用價目表、成績報告及其他資訊。

二、住宿和餐飲服務管理

住宿服務議題需要確認:1.參賽組織代表的人數,以減少承辦單位的額外成本負擔。2.住宿期間:參賽選手或隊職員都有不同功能,其停留期間不一,特別是國際電競組織主管可能是參加典禮活動為主,事先也有必要了解其停留天數。3.房間等級:國際電競組織主管或是賽事單位邀請之貴賓,可能需要較高等級的住房服務。4.住宿區隔:考量參賽成員的安全性及比賽之公正性,政治關係緊張

的代表團應作好隔離。同樣地，參賽代表團不宜與賽務人員安排在同一飯店。5.特殊需求：部分身材高大壯碩的選手會有加寬加長的服務，籌委會也依據運動特性事先了解以作好妥善之安排。6.餐飲服務內容強調的是餐點種類、衛生、熱量及數量、供餐地點與時間。素食餐點則可事先調查以作為準備之依據。另外，信奉回教的與賽成員則可能需要穆斯林食物。

三、保險及法律服務管理

保險與法律對於國際電競賽事辦理而言，都是屬於降低風險及分攤風險的具體作為。1.購買賽事辦理場地的公共意外險是最常見的作法。2.購買醫療險以確保與會人員因賽事辦理所造成傷害之賠償。

國際電競賽事辦理可能涉及之的法律議題包括下列各項：1.和國際電競組織簽訂承辦合約中的賽事擁有權及承辦權議題。2.賽事相關之合約與協議議題（如與協力團體之合約、與商業夥伴之協議）。3.授權及許可證議題（如賽事商品製作、賽場販賣部的許可證）。4.合約與協議違約的界定議題。5.確認一方違約爭議的仲裁程序或違約賠償議題。6.訴訟時管轄法院及訴訟語言之選定議題。7.智慧財產權議題。

四、賽事醫療服務管理

國際電競賽事的醫療服務，可分為以下幾個類目：賽事期間醫療服務、場館醫療服務以及觀眾與其他人員醫療服務。

(一) 所謂的賽事期間醫療服務，乃是指由主辦賽事之籌備委員會，於賽事期間（自參賽人員抵達日至離開日期間）所提供之免費醫療服務，包含緊急病症、傷害或惡性病例的急診服務。慢性病的治療不包含在服務範圍之內。醫療服務僅限國家單項協會理事長、祕書長、總領隊、選手及隊職員。急診服務必須24小時提供，其他服務之營業時間將依實際需求，每日可自行訂定。整體之醫療服務必須由主辦城市內之各醫院所組成之醫療網為基礎，協力完成此一賽事期間之醫療服務。

(二) 電競場館醫療服務乃是指各比賽場地、訓練、熱身及其他官方場地將提供場館醫療設備。選手的醫療服務將由具有經驗及合格的醫療專業人員協助，運動傷害防護人員亦須配置一定數量。救護車須隨時於每一個比賽場館外及部分非比賽場館外待命，視運動種類之性質，危險性較高者，一般國際運動組織也會要求設置二輛救護車在現場待命。醫療交通安排由籌備委員會醫療服務部門統籌。

　　(三) 觀眾與其他人員醫療服務乃是指對於在電競場館提供運動賽事成員如選手、裁判、媒體工作者、轉播單位、贊助商、特約商、工作人員及觀眾，由專業醫療人員提供相關服務。其醫療服務由具有經驗及合格的醫療專業人員協助。救護車將隨時於每一個比賽場館外及部分非比賽場館外待命。同樣地，醫療交通安排將由籌備委員會之醫療服務部門負責。此外，近年來，醫療的部分尚有兩部分可一併納入處理，即運動傷害防護員（trainer）和整療師（chiropractor）的設置。運動防護員可以和國內大學運動相關科系合作選派；至於脊療師或整療師則必須和國際整脊師協會合作選派。

參考文獻

1. Brinkerhoff, J. M. 2002. "Public Nonprofit Partnership: A Defining Framework", *PublicAdministration, 22,* 19-30.

2. Kotler, Philip, 2003. *Marketing Management,* 11th Edition. Chicago: Northwestern University.

3. 李宗勳，2004a。公私協力與委外化的效應與價值：一項治理中的改造工程，公共行政學報，第12期，頁41-77。

4. 李宗勳，2004b。「安全社區」視野與社區管理的關聯，公共行政學報，第10期，頁25-62。

5. 陳信中、劉玉峰、康正男，2014。運動贊助與關係行銷整合模式之效益分析。大專體育學刊，16(1)，14-25。

6. 許建民，2011。民間廠商參與學校游泳池OT案考量因素之研究。休閒產業管理學刊，4(2)，1-17。

7. 黃煜，2010。金融服務業贊助棒球運動之研究：以玉山金控為例。體育學報，43(1)，37-52。

8. 張憶漩，2018。Newzoo：2018全球電競市場產值預估達到9億美元。取自https://www.mirrormedia.mg/story/20180222game_esp/2018年05月23日。

9. 廖俊松，2006。公私協力：重建區社區總體營造計畫之案例觀察。社區發展，115，324-334。

10. 廖恒偉，2017。電競產業的大未來。台北：大是文化。

11. 蕭嘉惠，2004。台灣地區觀眾賽會贊助認同之比較研究。大專體育學刊，6(2)，79-91。

12. 運動視界編輯，2017。運動賽事贊出來，贊助實務知多少，網址https://www.sportsv.net/articles/40415?page=2

第十章
電子競技虛擬實境技術

林立薇

Project

10.1 電子競技虛擬現實技術發展

　　虛擬實境的時代已經來臨！從近期的美國好萊塢電影《一級玩家》的故事情節、上海秋冬服裝展的時尚潮流與虛擬實境的完美結合、剛落幕的巴塞爾藝術展香港展會上，為觀眾展示藝術家的VR作品、台灣高雄市政府及智崴集團合作打造的「VR電競主題館」、在2018年放視大賞中的「VR電競校際聯賽」和全球首次揭露的4對4互動VR遊戲「閃電對決」等，虛擬實境的發展和用途已逐漸不限於遊戲、電視電影的視覺方面。就如好萊塢特效公司「數字王國」董事會主席周永明在2016年所言，「虛擬實境將一如當年智慧型手機改變世界一樣，為人們的生活型態帶來顛覆！」在此章節，我們將介紹和討論有關虛擬實境定義、種類、歷史發展、硬體和軟體，以及3D到8D投影技術和使用。

圖10-1　美國好萊塢電影《一級玩家》

資料來源：Warner Bros. Entertainment Inc., 2018. https://cn.nytimes.com/culture/20180403/ready-player-one-review-steven-spielberg/zh-hant/

10.1.1 什麼是虛擬實境

　　在科技並不發達的時代，人們以繪畫、口說和文字的方式來描述夢想、願景和幻想，而後隨著科技日新月異，我們逐漸看到這些想像的畫面在電視、電影和

遊戲裡出現。儘管如此，這和真正去體驗和感覺到畫面所呈現的場景，還是有所差距。因此，虛擬實境的出現，讓我們有更多的機會和可能性，在任何時間去體驗任何場景及事物，例如：逃離密室、沙漠中旅行、和朋友們在被摧毀的城市裡用槍射擊殭屍等，一切都像親身經歷一樣。而更精準的基本定義，如美國國家科學工程研究基金會的虛擬實境和互動系統計畫前主任Steven Aukstakalnis在他的著作《實用擴增實境：AR和VR技術，應用和人為因素指南》中提出的，「虛擬實境涉及顯示科技，包括佩戴和固定裝置，並為使用者提供高度擬真，或是讓使用者完全沉浸在其顯示的視覺效果裡，通常以3D電腦模型或模擬的方式呈現。此外，這是透過兩種主要方法完成的：用戶使用立體頭戴式（或頭戴式）顯示器，以及大型完全和半沉浸式投影系統，例如：電腦輔助虛擬環境（CAVE）和圓頂顯示環境（VR Dome）。」如圖10-2顯示，使用者戴上虛擬實境的頭戴裝置，將看到虛擬實境的畫面，而現在許多虛擬實境的使用上，都使用音效和觸覺來搭配視覺，這使得此虛擬環境更為逼真。

圖10-2　使用虛擬實境科技來訓練飛行員

資料來源：Talon Simulations, https://www.youtube.com/watch?v=LAUCIpummkU

　　此外，在虛擬實境中，使用者進行位置移動時，電腦可以立即進行複雜的運算，將精準的三維世界影像傳回產生臨場感，該技術整合了電腦圖形、電腦仿真、人工智慧、感應、顯示及網路並列處理等技術的最新發展成果，是一種由電腦技術輔助生成的高技術模擬系統。更精簡的說，VR就是透過頭盔完全遮住視

野以產生代入沉浸感（immersive），經由全虛擬畫面呈現出完全的虛擬世界（如hTC vive的VR遊戲）。值得注意的是，虛擬實境科技還有其他不同的類別，如擴增實境（augmented reality）和混合實境（mixed reality），我們也將在下一節介紹這兩種科技的發展和特別之處。

10.1.2 虛擬實境系統組成

承接以上定義，我們可以簡單說明虛擬實境技術系統的組成，主要包括以下幾個方面：

1. 模擬環境系統：即虛擬實境，是由電腦生成的動態3D立體圖像，特點是非常逼真。

2. 感知系統：除電腦圖形技術生成的視覺感之外，還有聽覺、觸覺、運動、嗅覺和味覺等一切人類感知。

3. 自然技術系統：指人產生的一切行為動作數據，都由該系統來處理，以便對用戶的輸入即時反應並連結到人的感官。

4. 傳感設備：主要是指現實虛擬應用中的3D交互設備。

可以說虛擬實境科技的產生與應用，除了讓人類可以透過新的科技有不一樣的體驗，更改變了以前人與電腦之間被動的關係。

10.1.3 虛擬實境的特徵

現今有許多影音技術被視為「虛擬實境」，如360度沉浸式的產品購物影片、知名的網路虛擬世界遊戲《第二人生》等，但其實這都不是我們所談的虛擬實境。為了讓我們更深入理解此科技，我們必須了解，它除了是多種技術的結合，更具有以下幾點主要特徵：

一、完全環繞的虛擬環境

虛擬實境技術是根據人類的各種感官和心理特點，透過電腦設計出來的3D圖像，它的立體性和逼真性，讓使用者一戴上設備，就如同身臨其境，最理想的是讓人分辨不出真假。

二、互動性

指的是人與機器之間的自然互動，使用者透過滑鼠、鍵盤或是傳感設備，感知虛擬實境中的一切事物，而虛擬實境系統能夠根據使用者的五官感受及動作來調整呈現出來的圖像和聲音，而這種調整是同步的，使用者可以根據自身的需

求、自然技能和感官，對虛擬環境中的事物進行操作。比如說以VR頭戴式儀器的發展過程中，使電腦生成的立體視圖能夠讓VR參與者具有相對令人驚嘆的環境和第一人稱的正面視覺，這是非常重要的一環。

圖10-3　KeckCAVEs 遠程協作項目 (UC Davis VR Lab)

資料來源：UC Davis VR Lab, 2007, https://www.youtube.com/watch?v=yF9gImZB1eI

三、創造性

虛擬實境中的環境是人為設計創造的，但同時又是依據現實世界的物理運動定律而執行動作。如下圖示例，公司總部在德國慕尼黑並且在過去幾年得過許多設計獎項的iCAROS，它是將運動、虛擬實境和遊戲結合在一起，而發展過程中，它同時也結合了如工業設計、運動科學、遊戲發展、設計和藝術等技術。

圖10-4　iCAROS和其發展的虛擬遊戲之一

資料來源：iCAROS, https://www.youtube.com/watch?v=OMBxuWzfyko

四、多感知性

虛擬實境的系統中,通常也有各種傳感設備,包括聽覺、視覺、觸覺,未來可能發展出味覺和嗅覺的設備。此外,還有動覺類的設備和反應裝置。以圖10-5的Teslasuit為例,它是一款全身觸覺套裝,可讓使用者觸摸並感受虛擬現實,擁有全面的身體動作捕捉感應、氣候控制和人體生理感應系統。

圖10-5 Teslasuit

資料來源:https://teslasuit.io/teslasuit

10.1.4 虛擬實境技術的種類

前幾個小節簡單介紹虛擬實境(virtual reality),此節將介紹以下兩種結合虛擬環境和眞實環境的技術,分別是擴增實境(augmented reality)和混合實境(mixed reality)。擴增實境(AR)同時也是混合實境(MR)的一種。圖10-6可簡單示範虛擬實境、擴增實境和混合實境的概念。

圖10-6左側的情況定義了僅由眞實物體組成的環境,包括親自或直接觀看眞實世界場景時,可能觀察到的任何內容,或是透過某種窗口或顯示器看到的景象。右側定義了僅由虛擬對象組成的環境,其中的示例將包括傳統的仿眞電腦圖形,無論是基於顯示器還是沉浸式。在以上圖表中,混合實境(MR)則是在此現實—虛擬連續譜兩端之間的任何位置,呈現眞實世界和虛擬世界對象的環境。

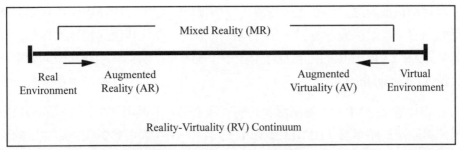

註：Virtual Enviroment—虛擬環境；Real Enviroment—真實環境；Mixed Reality—混合現實；
augmented reality—擴增實境；mixed reality—混合實境

圖10-6　現實—虛擬連續譜（Reality-Virtuality Continuum）概念圖

資料來源：ATR Communication Systems Research Laboratories, http://etclab.mie.utoronto.ca/publication/1994/
Milgram_Takemura_SPIE1994.pdf

Steve Mann為Milgram的現實—虛擬連續譜添加了第二個軸（圖10-7左），以
涵蓋其他形式的變更。這種2D Reality-Virtuality-Mediality連續體定義了Mediated
Reality 與Mediated Virtuality（圖10-7右）。

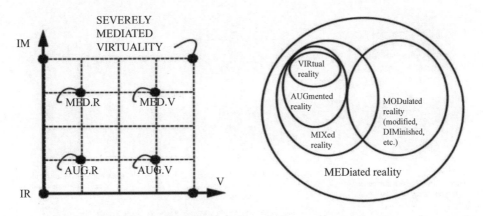

圖10-7　現實—虛擬—媒介連續譜（Reality-virtuality-mediality continuum）概念圖

資料來源：Steve Mann,1994, http://wearcam.org/presence_connect/

簡述Mann的定義，Mediated Reality是指一個人對現實的看法是可以用不同方
法操縱控制，一個系統可以透過不同方式改變現實。它可能會增加一些內容（增
強現實／augmented reality），刪除某些東西（減少的現實／diminished reality）或
改變它其他方式（調製的現實／modulated reality）。在現實不足的情況下，我們
從環境中移除現有的眞實組件。因此，減少現實與增強現實是相反的處理。

在Steven Aukstakalnis的著作《實用擴增實境：AR和VR技術，應用和人爲因
素指南》中提到「擴增實境（AR）和虛擬現實（VR）通常是同一個對話的一部

分，儘管兩種技術之間存在顯著差異，一個提供了與情境或環境保持互動與實時關係的內容，符號或圖形資訊，另一個提供了完全取代我們的視覺世界。」許多人其實對AR、VR、MR的定義及應用並不了解，以下將此三項技術做個簡單介紹和比較（Aukstakalnis, 2017）。

1. 虛擬實境（VR）：讓使用者的感官完全陷入了與現實世界不同的環境或世界。使用頭戴式顯示器（HMD）或頭戴式耳機，使用者將體驗由電腦生成的圖像和聲音世界，也可以在連接到控制台或PC時，使用觸覺控制器操縱物體、四處移動和與虛擬環境實時的互動，前幾個小節講的就是虛擬實境的部分。

2. 擴增實境（AR）：是一種實時計算攝影機影像的位置及角度並加上相應圖像的技術，這種技術的目標是在螢幕上把虛擬世界套在現實世界並進行互動。這種技術大約於90年代初被提出。

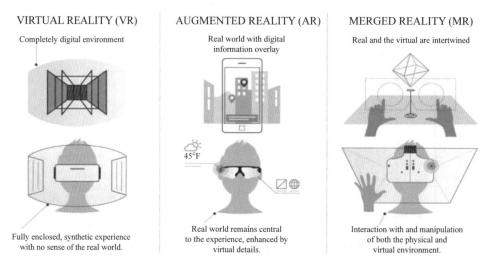

圖10-8　虛擬實境、擴增實境、混合實境技術圖解

資料來源：ExtremeTech, 2017.
　　　　http://www.extremetech.com/extreme/249328-mixed-reality-can-take-augmented-reality-mainstream

3. 混合實境（MR）：指的是結合真實和虛擬世界創造了新的環境和可視化，物理實體和數位化對象共存並能實時相互作用，以用來模擬真實物體。混合了真實環境、增強現實、增強虛擬和虛擬實境的技術。

總結來說，AR就是透過see through裝置（例如：AR眼鏡、手機、電腦螢幕），將一些數位資訊顯示在這些裝置上，並透過視覺產生數位資訊與實境結

合（如寶可夢遊戲）；VR則是透過頭戴式裝置完全遮蓋住視野，以讓使用者對看到的畫面產生沉浸感（immersive），經由全虛擬畫面呈現出完全的虛擬世界（如hTC Vive的VR遊戲）；MR則是將虛擬資訊和現實環境的匹配與整合，並經過虛擬資訊與真實環境精準定位後所產生的虛實互動與匹配應用（如Microsoft的HoloLens）。

在當今業界，很多時候為了描述方便或者其他原因，就把AR當做MR的代名詞，用AR代替MR。此外，在此領域的推廣概念來說，AR和MR並沒有很明顯的分別，未來可能也不會特別區分兩者，但是有兩個主要特徵可以簡單識別出其設備的不同：

1. 虛擬物體的相對位置，是否隨設備的移動而移動。如果是，就是AR設備；如果不是，就是MR設備。舉例來說，MR設備裡最出名的Microsoft HoloLens，當使用者戴上時，會在使用者房間牆上投射出一個天氣面板，不管用戶如何在房間裡走動或是轉動頭部，虛擬的天氣面板都只會待在那面牆上，不會因為你移動而跟著移動。但若是戴上AR的設備如Google Glass，假設這個天氣面板出現在用戶的左前方，那麼不管用戶怎麼移動或是轉動頭部，則會一直待在用戶的左前方。

2. AR設備使用二維顯示屏呈現虛擬內容，很容易看出是否是虛擬物件或是真實的環境，但MR設備直接投射4D光場訊息到用戶的視網膜，所以用戶看到的虛擬和真實物件，區別性比較沒有那麼大。此外，AR是其數位內容可讓使用者「增強」或是「擴增」對現實世界的體驗，但是這些內容並不是固定在現實中或是其中一部分。真實世界的內容和數位內容無法相互呼應，而MR的關鍵特徵是數位內容和真實內容能夠實時相互作用。

當然，現今許多設計和發展的公司計畫將AR和MR的技術合併運用，在此把AR和MR區別說明，也只是想讓大眾明白應用的技術及可達到的效果是有所不同的。

圖10-9所顯示的，是微軟在2015年推出的混合實境（MR）遊戲Project XRay，玩家戴上微軟的HoloLens，將看到穿過房間內的家具和牆壁上的敵方機器人3D圖像，整個房間將被視為遊戲的舞台。在遊戲示範中，從牆壁出現的敵方機器人用「手槍」射擊玩家，而即使玩家避開敵人的攻擊，玩家自己也會跟著移動。此外，3D圖像和玩家反應也會相互影響，比如當玩家將敵人擊中牆壁和其他敵人時會出現爆炸景象。

圖10-9　HoloLens混合實境遊戲Project XRay

資料來源：Microsoft, https://japanese.engadget.com/2015/10/06/hololens-mixed-reality-project-x-ray/

　　圖10-10則是IKEA擴增實境（AR）家具目錄的手機應用軟體，透過此手機軟體並掃描IKEA印刷或數位目錄中的選定頁面，用戶可以在擴增實境功能的幫助下，透過手機虛擬的IKEA家具，看到選定的家具是否適合用戶家中的設計。

圖10-10　IKEA擴增實境（AR）家具目錄手機應用軟體

資料來源：IKEA, https://newatlas.com/ikea-augmented-reality-catalog-app/28703/#gallery

10.1.5 虛擬實境（VR）、擴增實境（AR）和混合實境（MR）主要技術和裝置

一、虛擬實境（VR）

在前幾小節，我們提到虛擬實境可讓使用者透過頭戴式裝置完全遮住視野以產生沉浸感，並經由全虛擬畫面呈現出完全虛擬世界。該技術整合了電腦圖形、電腦仿眞、人工智慧、感應、顯示及網路並列處理等技術的最新發展成果，是一種由電腦技術輔助生成的高技術模擬系統。因此它需要的主要裝備如下：

(一) PC（個人電腦）／控制台／智慧手機

用戶在虛擬實境的頭戴式顯示器中觀看的內容與顯示器本身同樣重要。使用於虛擬實境的裝置需要強大的計算能力。

(二) 頭戴式顯示器

頭戴式顯示器（也稱HMD，頭戴式耳機或護目鏡）是一種包含安裝在用戶眼睛前方的顯示器的設備。此顯示通常覆蓋用戶的全部視野並顯示虛擬現實內容。一些虛擬現實頭戴式顯示器使用智慧手機顯示器，包括Google Cardboard或Samsung Gear VR。頭戴式顯示器通常還配有耳機以提供音頻刺激。

(三) 輸入設備

輸入設備是爲用戶提供沉浸感的兩種組件之一（即說服人類大腦接受眞實的人造環境）。它們爲用戶提供了一種更自然的方式在虛擬現實環境中進行導航和交互。一些常見的虛擬現實輸入設備還包括：操縱桿、控制器、數據手套、觸控板、設備上的控制按鈕、運動追蹤器／ Bodysuits等。

二、擴增實境（AR）

如我們上一節提到與擴增實境與虛擬現實不同之處，在於虛擬現實需要使用者置身於一個完全虛擬的環境中，而擴增實境則是以使用者現有的環境，並在其上方覆蓋虛擬的資訊。隨著虛擬世界和現實世界和諧共存，增強現實的用戶體驗了一個新的和改進的自然世界，其中虛擬資訊被用作提供日常活動援助的工具。以下，我們將簡單探討構成增強現實的類別：

(一) 使用標記型的擴增實境

使用標記型的擴增實境（也稱爲圖像識別）是使用相機和某種類型的可視化

標記（例如：QR Code／2D代碼）來讀取檢測到的標記並產生結果。使用標記型的擴增實境應用程序使用設備上的攝影頭，將標記與其他任何真實世界的對象區分開來。不同的但簡單的模式（例如：QR Code）被用作標記，因為它們可以被容易地識別並且不需要很多計算處理能力來讀取。

圖10-11　基本的使用標記型的擴增實境的設計（透過手機的攝影機對著標記，傳到螢幕則呈現虛擬和現實世界結合的畫面）

資料來源：https://dev.to/theninehertz/what-is-augmented-reality--types-of-ar-and-future-of-augmented-reality--1en0

(二) 無標記擴增實境

無標記擴增實境是AR中應用最廣泛的一種應用，無標記（也稱為GPS）擴增實境，根據使用者的GPS／位置，速度計算設備來提供數據。智慧手機和位置檢測功能的廣泛可用性被視為無標記擴增實境技術背後的強大力量。它最常用於製圖方向，查找附近的商家以及其他以位置為中心的行動應用程序。

(三) 投影型擴增實境

投影型的增強現實應用是透過將光線（虛擬數位內容）發送到真實世界的表面並且感測該投射光線與使用者的觸摸。透過區分預期（或已知）投影和改變的投影（由用戶的互動引起）來檢測用戶投影的互動動作。Walt Disney Imagineering和Disney Research Zürich建造一個投影機相機工具儀器，幫助創建擴增3D實境以及動態，此互動式主題公園的空間，將使造訪者沉浸在神奇的迪士尼世界（如圖10-12顯示）。

圖10-12 早期測試中拍攝的上圖顯示(a)正常房間照明條件下和(b)投影型擴增實境。圖(c)顯示了適用於白雪公主恐怖冒險中的人物的技術。

資料來源：https://web.cs.wpi.edu/~gogo/courses/cs525A/papers/Mine_2012_ProjectionAR.pdf

此類的互動性也可從下圖迪士尼的另一個project-Storytellers Sandbox觀察到：

圖10-13 Storytellers Sandbox

資料來源：https://web.cs.wpi.edu/~gogo/courses/cs525A/papers/Mine_2012_ProjectionAR.pdf

在沙子表面上投影圖像和效果的互動式空間，使用者可以從現場播放所聽到的故事去參與和虛擬投射畫面的互動活動。如圖10-13所示，使用者可以將沙子堆成火山，而虛擬投射畫面則會噴射出流動的熔岩，亦或是挖掘一個沙洞，而虛擬

投射畫面的海龜會在此孵蛋，然後蛋會孵化並成爲小海龜進入海裡（也是投射畫面）。

(四) 疊加型的擴增實境

疊加型的擴增實境部分或全部使用虛擬內容來替換（或疊加在）使用者的原始視圖。此類別的擴增實境中，物體識別有著重要的作用。而該技術在許多領域非常有用。如使用在醫學上，醫生可以徹底檢查病人並給予適當的治療。

總結來說，擴增實境可以顯示在各種顯示器上，從螢幕和顯示器到手持設備或眼鏡。Google Glass和其他平視顯示器（HUD）以眼鏡的形式將擴增實境直接放在使用者的臉上。手持設備採用適合用戶使用的小型顯示器，包括智慧手機和平板電腦。此外，以下是擴增實境技術主要的配備：

- 感測器和照相機
- 投影設備
- AR/MR眼鏡
- 具有電子計算能力的儀器（智慧手機或電腦等）

三、MR技術的發展

不論是AR或是VR，這兩項技術有可能將會整合成MR。爲何會輕易如此認定？主要是因爲當VR顯示器由頭戴式裝置進化到glasses顯示時（例如：像全包覆式之太陽眼鏡般的裝置），透過鏡片顯示see through開關控制（ON可啓動see through，進行AR顯示；OFF則進行VR immersive顯示），將可使得AR與VR顯示整合爲一體，甚至透過鏡頭攝影與虛擬資訊或物件整合，實現虛中有實、實中有虛的顯示效果；因此再搭上虛實互動（interactive）的感測與體感顯示（tactile display）技術，即可進入MR世代。因此未來AR/VR技術將只是MR技術的一個環節，而目前除AR與VR技術較爲成熟外，虛實互動的感測與體感顯示技術尙未臻成熟，所以可知未來MR技術的發展，將可著重於以下幾項技術，包括：(1)高精準肢體辨識技術（大範圍手腳辨識與小範圍頭部、手指與眼睛辨識技術）；(2)降低延遲互動處理與傳輸技術；(3)虛擬體感顯示技術（對於MR而言，目前較具體的將會是觸覺的開發），我們也將在之後討論軟硬體開發的部分。

習作題

一、什麼是VR/AR/MR？

二、請舉VR/AR/MR各三個例子，它們是用什麼軟硬體，特殊點是什麼？

三、你有使用過任何VR/AR/MR的裝備或是應用軟體嗎？若有，它的功能爲何？你的使用者的心得是？若沒有，你有想要使用哪種你聽過的VR/AR/MR設備？爲什麼？

10.2 VR技術發展

10.2.1 VR技術發展的歷史

在虛擬實境的名詞和技術出現以前，已經有許多幻想文學作品和科學家形容或預測類似的科技將會出現。而虛擬實境也並非是突然的被創造出來，它如同其他現代科技，是經由許多年的概念提出討論、實際研究和測試，才漸漸的發展到今日。上節我們也提到虛擬實境的最大特點就是讓使用者的主要感官系統：視覺、聽覺、觸覺、嗅覺及味覺等達到高強度的沉浸感。沉浸感簡單來說就是使用者感受此虛擬事物到多逼眞的程度，視覺部分是以頭戴式顯示器（Head Mounted Display, HMD）將畫面置於眼睛前方，模擬眼睛看到的事物並隔絕外在現實世界對視覺的影響；聽覺的部分是將聲音透過耳機模擬耳朵聽到的虛擬空間聲音，並隔離外在聲音的影響；觸覺的部分則是以穿戴觸覺反饋（haptic feedback）的手套及衣服，透過電氣肌肉刺激（Electrical Muscle Stimulation, EMS）或微型軟性振動模組來模擬觸碰物體的感覺（如在身體、四肢及首長穿戴特殊之觸覺反應裝置）；至於嗅覺在大型遊樂場或電影院可以噴霧方式將氣味散佈於空氣中，但未見個人用之設備或裝置，另一方面因爲嗅覺及味覺的體驗多以化學合成爲主，無法以電腦方式模擬，故在虛擬實境沉浸感中甚少實現，我們將在10-4節探討虛擬實境沉浸感體驗的發展。此節重點將放在視覺部分的頭戴式顯示器發展、虛擬實境歷史和技術、虛擬實境遊戲應用範例、虛擬實境面臨的挑戰。

一、早期發展（1838-1954）

(一) 1838–Stereoscopic photos（立體照片）

1838年，英國倫敦國王學院的實驗哲學教授Charles Wheatstone設計了最早的立體鏡。立體鏡以45度的角度對著使用者的眼睛，每個鏡子都反射出側面的圖像。結果，創建了彼此疊加的兩個平面圖像。1861年，Oliver Holmes發明的立體

眼鏡由兩個稜鏡鏡片和一個用於放置立體卡的木架組成。這是19世紀最流行的立體眼鏡設計。而隨著時間的推移,人類一直在逐漸創造更複雜的方式來刺激感官。隨著電子技術和電腦科技的出現,虛擬實境的發展直到20世紀時,才真正開始起步。

圖10-14　(左)Charles Wheatstone的立體鏡 /(右)Oliver Holmes發明的立體眼鏡

資料來源:左圖:King's College London Spotlight, 2016. https://spotlight.kcl.ac.uk/wp-content/uploads/sites/14/2016/10/Stereoscope-3.jpg

　　　　右圖:Bard Graduate Center, Designed by Oliver Wendell Holmes and Joseph Bates. http://visualizingnyc.org/essays/prosperous-partnership-edward-and-henry-anthonys-production-of-instantaneous-views/

(二) 1929年Edward Link創建了第一個商業飛行模擬器─ Link Trainer

此飛行模擬器允許更安全的飛行員訓練,並且在第二次世界大戰中,超過50萬飛行員使用它進行飛行訓練和提高飛行技巧。1935年Stanley G. Weinbaum所寫的科幻小說故事*Pygmalion's Spectacles*極大地影響了虛擬現實的發展,並預測了發展方向。

圖10-15　Link Trainer

資料來源:Edward Link, https://www.vrs.org.uk/virtual-reality/history.html

二、虛擬現實的實際測試（1955-1986）

一位美國攝影師Morton Heilig，他在1962年發明了一台令人印象深刻的機器—Sensorama，同時也是世界上第一個多感知仿真環境的虛擬現實系統。Sensorama是一個單用戶娛樂控制台，匯集了許多感官輸出；即立體顯示器，立體聲揚聲器，氣味發射器，風扇和振動椅。所有這些結合在一起，讓使用者有一種彷彿真實的在布魯克林街頭騎自行車的體驗。但由於拍攝成本過高，Sensorama並沒有被繼續改良和發展。但是，這已經是一個開始。Heilig另一個在60年代的發明—Telesphere Mask，根據該專利描述，它是一種「個人使用的立體電視設備」。它並沒有動作追蹤功能，但可看到3D立體影像，還有聲音。基本上，此設計與現今的Oculus Rift和Google Cardboard可說是類似的。

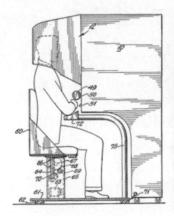

圖10-16　Morton Heilig研發的Sensorama

資料來源：mortonheilig.com

從那時起，一些不同的創新個體和創意公司開始致力於開發自己的VR設備。雖然頭戴式顯示器（HMD）的想法，可能看起來是為了讓人們體驗虛擬世界而向前邁進的一步，但第一個版本實際上是由1961年由Philco公司的工程師拼湊而成的。作為頭盔的一部分，這款初級HMD具有影像螢幕和追蹤系統。它旨在用於危險情況，例如：需要從安全距離調查某些地點。而從60到70年代初，這也是虛擬實境科技開始萌芽的階段。

1965年出現了由著名計算機科學家，同時也是「虛擬實境之父」Ivan Sutherland，在他的論文Ultimate Display裡，首次提到了：

1. 電腦可創造虛擬世界並可以即時更新。
2. 一個可透過HMD（頭戴式顯示器）看到的有立體聲和觸控反應功能的擬真

虛擬世界。

3. 使用者可以跟虛擬世界互動。

這也是虛擬實境系統的基本思想。而在1968年他研發出了一種頭盔式的顯示器和位置跟蹤器（Sword of Damocles），這種頭盔式的顯示器具有視覺沉浸感和跟蹤功能，該設備在用戶界面（UI）和現實性方面還很原始，如此系統生成的圖形只有很基本的線框圖形和物體，以及此顯示器必須和很重的儀器連結在一起。

圖10-17 「虛擬實境之父」Ivan Sutherland和他的研發Sword of Damocles

資料來源：Ivan Sutherland, https://www.vrs.org.uk/virtual-reality/history.html

1973年至1989年間，虛擬實境的概念形成，理論也展現出雛形，而美國在80年代開展了有關此方面的技術和研究，並取得一系列的成就，引起人們對虛擬實境技術的廣泛關注。早在1979年，軍方就開始對HMD進行實驗。他們希望試圖解決一些特殊問題，包括如何在拍攝過程中使用頭部瞄準，如何在虛擬顯示器上顯示感光感測器的資訊等。而VR／AR的先驅Thomas Furness在1982年向空軍展示了他的第一個虛擬飛行模擬器的工作模型Visually Coupled Airborne Systems Simulator（VCASS）在頭戴顯示器上有了突破。此外，自從80年代中期以來，NASA的Ames' Aerospace Human Factors研究部門一直在開發允許人機互動的系統。Virtual Interface Environment Workstation（VIEW）是當時他們開發的一項頭戴式立體顯示系統，從顯示器中看到的畫面可以是電腦產生的虛擬環境或從遠程攝影機傳送的真實環境。使用者可以「進入」這個環境並與之互動。VIEW這個研發項目也同時引導了許多關鍵VR技術的發展，包括頭戴式顯示器、數據手套和3D音頻技術。

圖10-18　Virtual Interface Environment Workstation (VIEW)

資料來源：NASA, https://www.nasa.gov/sites/default/files/1990_a_new_continent.jpg

　　在80年代，「虛擬現實」這個術語被該領域的現代先驅之一Jaron Lanier所推廣，Lanier於1985年成立了VPL Research公司和開創了VR和3D圖形研究，同時還出售了VR眼鏡、數據手套及後來的第一款VR設備以及全套數據套裝。透過VPL研究，他們是第一家開發並推出Virtual Reality goggles（EyePhone1和EyePhone HRX）和Virtual Reality gloves的公司。Data glove是虛擬現實在當時觸覺領域科技的主要發展之一。

　　90年代早期可在電子遊樂場見到Virtuality Group所生產的一系列VR遊戲機──Virtuality，這些遊戲機透過立體操縱桿、頭戴式目鏡和網際網路為遊戲玩家網路提供即時（短於50毫秒誤差）遊戲。

圖10-19　Virtuality Group所生產的一系列VR遊戲機──Virtuality

資料來源：Virtuality Group, https://osamawritestoday.files.wordpress.com/2014/11/virtuality-group.jpg

　　1993年日本的遊戲機龍頭之一的SEGA遊戲株式會社發佈了與Sega Genesis console使用的Sega VR頭戴型顯示器，它在面罩前有LCD螢幕和附有立體聲耳機，同時也有頭部動作的追蹤功能，但是此顯示器並不能和家用的遊戲機一起使用。

　　1995年日本任天堂遊戲公司開發和製造了32位元3D遊戲機—The Virtual Boy（VR-32），是當時的第一款方便攜帶並可以顯示3D的遊戲機。可惜因缺乏軟體支持、使用設計不便和視覺上缺乏顏色等缺點，The Virtual Boy並沒有在市場上造成很大的迴響。

圖10-20　The Virtual Boy (VR-32)

資料來源：任天堂遊戲公司，https://teslasuit.io/wp-content/uploads/2017/03/nintendo-virtual-boy-console-768x512-1.jpg

四、漸緩VR發展期（2000-2010）

　　虛擬現實發展在這一階段逐漸緩慢，開發者並沒有投入太多努力去發展此方面的科技。2005年舊金山的虛擬現實娛樂公司Cybermind推出了VR頭盔Visette45 SXGA，其重點是放在使用此頭盔的舒適性和輕巧。Visette旨在讓用戶選擇連接各種跟蹤器（tracker）。HMD也配備了高品質的內建耳機，可最大限度地融入虛擬世界。

五、VR技術發展的現代階段（2010-2018）

　　從2010年開始，虛擬現實的技術發展又再度引起高度興趣和注意，許多開發者和大型公司開始投入大量資金和人力在這方面的研究，同時也包括在擴充實境

（AR）的部分。到今天，虛擬現實技術正在慢慢進入成熟期，也被廣泛應用於各個領域，其中最引人注目的是娛樂、體育、建築和醫學。它也被用作軍事和航空培訓的一種方法。如同世界著名的遊戲開發公司Unity Technologies的CEO—John Riccitiello在Virtual Reality Los Angeles 2017的演講中提到，「虛擬現實和擴充實境的世界即將會如同網際網路一樣重要，但我們還沒達到這個階段。」（The world of AR and VR is ultimately going to be as big as the Internet, but we are not there yet.）

2010年美國虛擬現實設計和企業家Palmer Luckey發表的第一個VR設計原型—PR1與現在的立體頭盔相差甚遠。PR1只配備了一個單獨的顯示器，而不能顯示3D。而後期的PR2也遠非理想，但它證明了這項技術的可行性。雖然Palmer Luckey的早期VR原型沒有3D，這與Luckey和Jaron Lanier合作開發在2012年發表的3D頭盔—Oculus Rift完全不同，但是Oculus Rift的設計靈感實際來源於此。他們於2014年再度發表代號爲「Crystal Cove」的新Oculus Rift特色原型。Crystal Cove包含的兩個主要特徵：精確的位置追蹤和低延遲性。精確的位置追蹤（position tracking）是VR的必備條件，因爲虛擬世界可以準確地與玩家的眞實世界移動同步。Crystal Cove引入了一個新的追蹤系統，從而帶來更舒適和身臨其境的體驗。此外，此功能可讓使用者有了更好的遊戲體驗，因爲如果沒有位置數據（例如：偷看角落或窗外，從多個角度檢查物體），這些動作將是不可能的。而低延遲性（low persistence）透過消除動態模糊和抖動，提供了最舒適和自然的體驗，同時也增加了場景的視覺穩定性。因此，此功能對沉浸感產生巨大影響，只有親眼看到它才能體會到。

圖10-21　Crystal Cove

資料來源：Oculus, https://teslasuit.io/wp-content/uploads/2017/03/Crystal_Cove_prototype.jpg

2014年3月，Oculus推出還在開發中的顯示器原型Devkit 1和2（DK1和DK2），而Facebook CEO Mark Zuckerberg以20億美元收購了Oculus，此後在2016年推出了Oculus Rift CV1（消費者版本-1），它是一款輕巧的立體寬視場（FOV）頭戴式顯示器，基於兩隻低延遲AMOLED平板，每隻眼睛的分辨率為1080×1200。此顯示器中特別注意的是使用高度專業化的自由形式混合Fresnel鏡，其側視圖如圖10-22右圖所示。這種非旋轉對稱表面使得此設備非常難製造，但是可為用戶提供具有最小失真的110°水平立體寬視角。

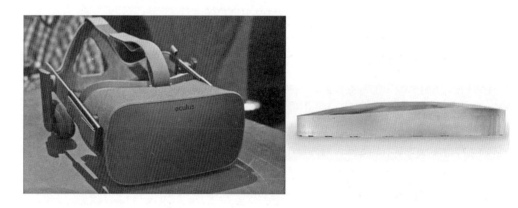

圖10-22　"The Oculus Rift CV1"/ The Oculus Rift CV1鏡片側面圖

資料來源：9a: eVRydayVR via Wikimedia, 9b: iFixit , Aukstakalnis,S. Practical Augmented Reality: A guide to the technologies, applications and human factors for AR and VR.

　　另一個遊戲開發大廠Sony在2014年透露的Project Morpheus所研究的頭戴式顯示器原型，他們計畫要把此顯示器與Sony Playstation 4和Playstation Vita遊戲系統合併使用。在2016年，Sony推出了PlayStation®VR（PS VR），這是一款使用PlayStation®4（PS4）遊戲機的虛擬現實系統，可以提供極具吸引力的身臨其境模擬效果。它不像如hTC Vive和Oculus Rift等系統需要高級遊戲PC來操作。此外，PS VR使用內建的慣性感測器和PlayStation相機來精確追蹤顯示器（即用戶的頭）的位置和方向，以及3D空間中的PlayStation Move（PS Move）運動控制器。

　　2014年開始，有許多知名大廠發表他們研究開發的VR頭戴式顯示器，如Google在2014年推出的Google Cardboard，不同於前面幾款高科技顯示器，Google Cardboard只由硬紙板，便宜的雙凸透鏡、磁鐵，和幾個魔鬼氈製成（見圖10-23），儘管設計較粗糙，消費者卻只要15美元和智慧手機，就可以體驗虛擬實境。

圖10-23　Google Cardboard

資料來源：Google, Aukstakalnis,S. Practical Augmented Reality: A guide to the technologies, applications and human factors for AR and VR.

　　除了讓更多人有機會在低價格的情況下，體驗到虛擬現實的魅力，另一個VR顯示器科技潮流則是Open Source Virtual Reality（OSVR），設計的目的在使所有供應商的耳機和遊戲控制器都能用於任何遊戲。它的硬體系統，被稱爲Hacker Development工具包，如圖10-24所示，由一個高品質的立體聲，寬視野頭戴式顯示器和相關的電纜組成。這個顯示器的一個強大補充是屈光度（調焦）調節，這是本節涵蓋的大多數其他頭戴式顯示器所缺少的一個功能。此外值得一提的是，其顯示屏的其他創新功能，包括能夠將常規桌面視訊信號進入並排模式，以便可以在護目鏡中觀看，這讓使用者可以透過無線視訊連接和使用此顯示器。OSVR應用程式編程介面（API）也可使增強現實／虛擬現實（AR／VR）的應用程序支援跨平台的頭戴式顯示器，輸入設備和追蹤器等外設以及操作系統。

圖10-24　OSVR Hacker DK

資料來源：OSVR, https://teslasuit.io/wp-content/uploads/2017/03/Razer_OSVR_2-1.jpg

　　2015年華盛頓的娛樂軟體開發商Valve Corporation of Bellevue和台灣的智慧手機與平板電腦的跨國製造商宏達電hTC，也開始合作開發自己的高級PC驅動虛擬現實顯示器。如圖10-25所示，hTC Vive是一款輕巧的立體寬視野頭戴式顯示器，基於兩支低延遲AMOLED平板，每隻眼睛的分辨率為1080×1200。Vive使用自己的一套專有光學元件，為用戶提供了一個堅實的110度水平視角，並具有最小的失真或偽影。此外，從設計開始，hTC Vive就是以「房間尺寸」追蹤技術為基礎開發的，旨在讓用戶能夠透過四處走動來自動導航，還可以使用運動追蹤手部控制器，直覺地操作物體並與模擬進行互動。

　　hTC這家曾貴為手機巨頭的企業，這幾年正不斷縮小其手機業務的戰線，把更多精力押注在VR業務上，並試圖證明VR仍有無限的可能與價值。如2018年上映的電影《一級玩家》和剛結束的秋冬上海時裝週，hTC Vive正在將觸手伸及到電影、時尚等文創領域，而2018年在香港舉辦的巴賽爾藝術展（Art Basel），便是hTC Vive在藝術領域的第一次嘗試。此次展會中，Vive與「行為藝術之母」Marina Abramovi 以及當代雕塑藝術大師Anish Kapoor，利用VR的形式呈現了這兩位藝術家的最新作品。

圖10-25　hTC vive

資料來源：iFanr, https://i0.wp.com/www.inside.com.tw/wp-content/uploads/2018/04/7-15.jpg?w=2000

　　另一個值得注意的趨勢是VR和智慧手機的結合使用，過去幾年智慧手機的功能和計算能力的增強，使得結合VR和手機成為令許多開發廠商注意的領域。除了之前提到的Google Cardboard之外，還有一款由韓國手機大廠Samsung和Oculus VR

合作並且在2015年發表的Samsung GearVR。由圖10-26所示，它可與Samsung旗下許多款手機結合使用，並作為觀看設備和控制器，它也提供了96度水平視角和可調整的焦距。此外，Samsung GearVR內建的動態追蹤，可在追蹤使用者頭部動作時，提供較好的精準度。

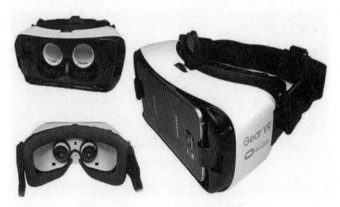

圖10-26　Samsung GearVR

資料來源：Aukstakalnis,S. Practical Augmented Reality: A guide to the technologies, applications and human factors for AR and VR.

　　虛擬實境的沉浸感程度，極大部分來自於視覺方面的顯示科技，除了用戶使用立體頭戴式（或頭戴式）顯示器，還有大型完全和半沉浸式投影系統，例如：電腦輔助虛擬環境（CAVE）和圓頂顯示環境（VR Dome）。此外還有觸覺的部分：穿戴觸覺反饋（haptic feedback）的手套及衣服，透過電氣肌肉刺激（Electrical Muscle Stimulation, EMS）或微型軟性振動模組來模擬觸碰物體的感覺等技術發展，我們將在之後討論這幾個部分。

10.2.2 虛擬實境遊戲應用範例

　　虛擬實境的技術逐漸被廣泛應用在許多行業，如醫療、教育、藝術、旅遊等，但此小節將著重於遊戲應用方面上。2016年可以說是「虛擬實境元年」，對於遊戲玩家來說，沒有人能拒絕那種沉浸式的遊戲體驗。因此有許多虛擬實境廠商的研發重心都著重於遊戲方面。

　　遊戲技術的發展共經歷了三個階段：

1. 文字HUD遊戲。
2. 2D遊戲。
3. 3D遊戲。

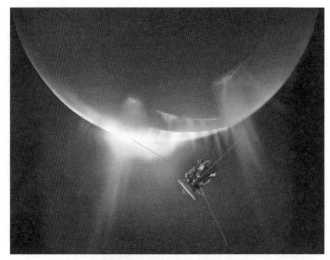

圖10-27　泰坦宇宙之旅

資料來源：http://img.mp.itc.cn/upload/20170429/074ef1fcb546458d84f77f85e68682a5_th.jpg

　　隨著遊戲技術的發展，遊戲給玩家的帶入感越來越強，而虛擬實境技術的出現，為商家帶來了機遇，也讓玩家在遊戲時獲得沉浸式體驗。而3D遊戲的虛擬實境技術同時也促進了虛擬實境設備的產生，可說已是遊戲發展的必然趨勢之一。

　　以下幾個案例是幾個虛擬實境遊戲：

　　1. 以三星和Oculus VR合作的Gear VR，市場上適用於此設備的遊戲很多，如利用觸摸板進行控制的益智遊戲Esper和多人射擊遊戲Anshar Wars等。Gear VR全景影像非常的震撼，例如：《深海》、《泰坦宇宙之旅》（如圖10-28）

圖10-28　Epic Games: Showdown VR

資料來源：Road to VR, 2014. https://www.roadtovr.com/epic-games-share-insights-optimizing-showdown-90-fps-oculus-rift-crescent-bay-prototype/

2. 3Glasses是中國較早探索VR領域的公司，其發佈的沉浸式虛擬實境頭戴式顯示器可以被應用在多款遊戲中。如Epic Games的Showdown VR。

3. 當遊戲玩家們戴上Oculus Rift的頭戴式顯示器來嘗試虛擬現實沉浸式恐怖遊戲Affected: The Manor時，就如同真的進入一個真實恐怖世界。

圖10-29　Affected: The Manor玩家體驗

資料來源：tonight.de, 2015. https://www.tonight.de/news/games/oculus-rift-affected-the-manor-so-schockt-man-jugendliche-mit-einer-vr-brille.990164

4. 支援多人及大型多人遊戲的虛擬現實沉浸式遊戲為此領域的技術帶來一系列的挑戰，除了硬體本身的加強和改良外，傳輸技術的支援多人網路遊戲也是重點之一，如網路頻寬。繼World of Warcraft和EVE Online的等著名遊戲結合VR領域的設備，現在有許多軟體製造商正積極開發遊戲應用和網路基礎建設。

圖10-30　World of Warcraft

資料來源：VRBORG, 2018. http://i3.wp.com/vrborg.com/wp-content/uploads/2018/01/world-of-warcraft-1068x744.jpg

10.2.3 虛擬實境發展面臨的挑戰

儘管VR已被應用在許多產業以及有著不算短暫的科技發展歷史，但是要達到市場成熟和被廣為使用的階段，它還是有很長的路要走，以下幾點為它目前主要的面臨的挑戰：

一、開發新技術的高價位

在VR成為主流之前，其技術、製造和創新領域有很大的需求。從消費者角度來看，VR依舊是相對新穎的科技，有著昂貴的價格，如高級設備的價格可高達2,000美元，儘管是基本級別的配備，也比大部分的智慧手機來得昂貴，因此一般消費者並沒有看到需要購買的價值。此外，VR科技需要結合一系列不同領域的專業人才來創造沉浸式體驗，因此這也需要投入大量的資金和時間發展。

二、VR設備限制需要克服

目前市場上的VR設備的開發和研究存在許多挑戰，包括重量、亮度、顯示品質、視場角度、延遲以及用戶體驗方面的領域，其中也許以視場（field of view）部分是最大挑戰，大部分最高可達90度，水平視角則為190度，垂直視角為120度。為了創造出更好的沉浸式體驗，FOV必須要再擴大。此外，為使沉浸式體驗更好，配戴設備如耳機等則有體積較大的問題，這會造成長時間使用上的不舒適。此外，深度的VR體驗也需要更高處理能力的裝置，當今市場上的大多數設備都是有線設備，這代表它們必須連接到電腦等設備，也限制了用戶的行動。

三、大眾普及化的挑戰

隨著許多VR體驗館的興起和媒體對VR這方面的傳播，消費者也多少有機會以手機、平板或是其他設備體驗VR，但是這些設備目前還無法讓大眾得到完全的VR深度體驗，除了FOV的問題之外，目前市場上的許多具有VR功能的設備都有顯示和功耗問題。不過人們不能忽視VR對消費類設備的潛在影響，或許再過10年，人們已經可以透過使用VR等設備來代替現今的電腦或手機。

四、連結性的發展

儘管當今全球來看，已有4G甚至是5G的標準，但如何能達到更高的頻寬、更低的延遲以及對更多連接設備的支援，都是需要探討和研究的部分。

習作題

1. 請說出對VR技術發展重要的人物／公司和他們發展的裝置內容，以及他們的研究和發明對VR領域有什麼貢獻和影響。
2. 請找出幾款你覺得很有潛力或是有研發價值的VR設備，並說明理由。
3. 請說出幾種日常生活上，你覺得可以應用VR來體驗的事物，如美術館的展覽。若已有現成的實例，請描述。

10.3 AR技術發展

10.3.1 AR簡述定義和其技術發展歷史

由第一小節，我們得知Augmented Reality（擴增實境）合併了真實世界和數位虛擬的資訊，其中有幾個不同種類的擴增實境：

1. 使用標記型的擴增實境：如QR Code。

2. 無標記擴增實境：作為AR中應用最廣泛的一種應用，無標記（也稱為GPS）擴增實境，根據使用者的GPS／位置，速度計算設備來提供數據。

3. 投影型擴增實境：投影型的增強現實應用透過將光線（虛擬數位內容）發送到真實世界的表面並且感測該投射光線與使用者的觸摸。透過區分預期（或已知）投影和改變的投影（由用戶的互動引起）來檢測用戶投影的互動動作。

4. 疊加型的擴增實境：疊加型的擴增實境部分或全部使用虛擬內容來替換（或疊加在）使用者的原始視圖。

下幾個是擴增實境技術主要的配備：

• 感測器和照相機
• 投影設備
• 具有電子計算能力的儀器（智慧手機或電腦等）
• 頭戴式顯示器

在第一節中，我們也提到1994年Paul Milgram提出了的「reality-virtuality continuum」，又稱為混合現實連續體。連續體的一端包含真實環境，而另一端則以虛擬環境為特徵。兩者之間的一切都是混合的現實。混合現實（MR）系統將現實世界和虛擬世界融合在一起，形成一個新的環境。

　　在業界推廣和行銷上，混合現實和增強現實之間的界線並沒有被特別的說明，但是有幾個主要特徵可以分辨出：

　　1. 虛擬物體的相對位置，是否隨設備的移動而移動。如果是，就是AR設備；如果不是，就是MR設備。

　　2. AR是其數位內容可讓使用者「增強」或是「擴增」對現實世界的體驗，但是這些2D數位內容，很容易與真實環境被分辨出，而真實世界的內容和數位內容也無法相互呼應。MR的關鍵特徵則是數位內容和真實內容能夠實時地相互作用。

　　現今許多發展和設計都有整合MR和ＡR的趨勢，我們將在此節主要介紹AR技術發展和歷史、市場上著名的AR和MR頭戴式顯示器、以及AR發展目前遇到的挑戰。

　　在上一節，我們提到有關「虛擬實境之父」Ivan Sutherland在1968年研發出了一種頭盔式的顯示器和位置追蹤器（Sword of Damocles），這種頭盔式的顯示器具有視覺沉浸感和追蹤功能，該設備在用戶界面（UI）和現實性方面還很原始，也必須和很重的儀器連結一起。而擴增實境需要80和90年代初更進步的電腦計算性能，才能成為一個獨立的研究領域。整個70年代和80年代，Myron Krueger、Dan Sandin及Scott Fisher等人嘗試了許多將人機互動與電腦生成的影像疊加的概念進行試驗，以獲得互動式藝術體驗。如在70年代中期，Myron Krueger透過創立Videoplace，第一個在電腦上創建的互動式人造現實，使增強現實技術鮮活地出現；該技術允許使用者與其數位虛擬內容進行互動。Videoplace包括電腦、投影儀、螢幕、錄影機和用戶的輪廓，其概念是連接兩個或更多個分離的房間，使得在各個房間中以剪影形式的用戶或對象可以彼此互動，然後在投影螢幕上發送。交互式輪廓的輸出來自攝影頭，攝影頭記錄了使用者的動作並同時也是動作感測器。Videoplace已成為增強現實史的重要角色。

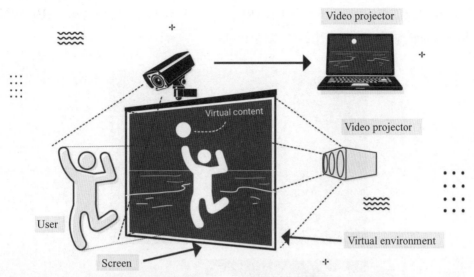

註：Video Projector—視頻投影儀；Virtual Environment—虛擬環境；User—用戶；Screen—屏幕

圖10-31　Videoplace

資料來源：octagonstudio.com, http://blog.octagonstudio.com/wp-content/uploads/2016/12/Octagon-Studio_History-of-Augmented-Reality_Videoplace.jpg

　　1992年是「增強現實」這個詞的誕生。最早出現在Caudell和Mizell在波音公司的技術開發項目中，他們試圖透過頭戴「光學穿透式HMD」來展示電線束組裝原理圖，並用來幫助飛機製造廠的作業員。

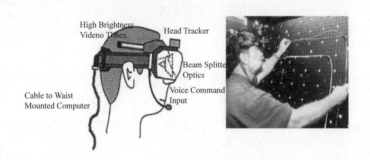

1992, Tom Caudell and David Mizell
coin the term "augmented reality"

註：Head Tracker__頭部動作追　器；Beam Splitte Optics__分束光學；Voice Command Input__語音指令輸入；Cable to Waist Mounted Computer__腰掛式計算機電纜

圖10-32　Caudell和Mizell的波音公司project

資料來源：David Mizell, http://ptgmedia.pearsoncmg.com/images/chap1_9780321883575/elementLinks/01fig03_alt.jpg

　　1993年，Feiner發表了一個合併AR的系統—KARMA，使用者戴上HMD可以看到印表機的修復和維護的指令（如圖10-33）。

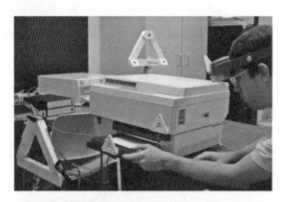

圖10-33　KARMA

資料來源：Columbia University, http://ptgmedia.pearsoncmg.com/images/chap1_9780321883575/elementLinks/01fig04_alt.jpg

　　同樣在1993年，Fitzmaurice創造了第一個手持式空間感知顯示器The Chameleon，由一個繫繩手持式液晶顯示屏（LCD）組成。螢幕顯示了當時的SGI圖形工作站的影像輸出，並使用磁性追蹤設備進行空間追蹤。該系統能夠在用戶移動設備時顯示資訊。

　　在1994年，University of North Carolina at Chapel Hill提出了一種引人注目的醫學AR應用，能夠讓醫生可以透過頭戴光學穿透式HMD直接在懷孕患者體內觀察胎兒（圖10-34）。儘管電腦圖形在人體等可變形物體上的準確度仍然是一個挑戰，但這項開創性的工作，暗示了AR用於醫學方面的潛力。

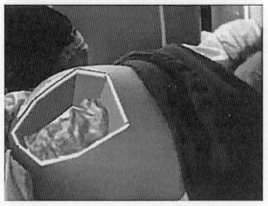

圖10-34　University of North Carolina at Chapel Hill提出了一種引人注目的醫學
　　　　　AR應用。

資料來源：Andrei State, UNC Chapel Hill. http://ptgmedia.pearsoncmg.com/images/chap1_9780321883575/
elementLinks/01fig05_alt.jpg

　　第一節提到有關Steve Mann的Mediated Reality定義，是指一個人對現實的看法是可以用不同方法操縱控制的，一個系統可以透過不同方式改變現實。而大約在90年代中期，Steve Mann試驗了一種「reality mediator」帶有「視訊透視HMD」的攜帶型計算設備，用戶可增強，改變或減少視覺上的實境。透過WearCam項目，Mann探索了可穿戴的電子計算設備和Mediated Reality。可穿戴電子計算設備的學術領域在早期與AR技術有許多關聯性，而Mann的研究幫助促進了此領域的技術。

　　另外值得注意的是，以上提到視訊透視HMD（video see-through）和光學透視HMD（optical see-though）的不同之處如下：

　　視訊透視HMD：如圖10-35所示，當使用者需要遠程體驗某些東西時，此系統可提供頭戴式設備內部攝影頭的視訊傳送。如將帶有攝影機的機器人送進化工廠內，去視察或是修復洩漏的化學物質或機器。這在增強圖像時也很有用：如熱成像，夜間影像等。

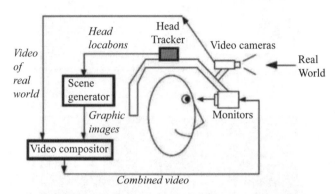

註：Head locations─頭部位置；scene generator─場景生成器；Head Tracker─頭部行動追　器；graphic images─圖形圖像；Video camera─錄影機；video compositor─影像合成器；Real World─真實世界；video of real world─真實世界的影像；Monitor─螢幕；optical combiner─光合路器

圖10-35　視訊透視HMD（video see-through）

資料來源：景聯傳媒科技，https://i1.kknews.cc/SIG=1l96hhu/22q60005756n96r1q61o.jp

　　光學透視HMD：光學透視系統將計算機生成的圖像與現實世界中的「透過眼鏡」圖像結合在一起。如果使用者擔心電源失效等問題，光學透視解決方案將允許使用者在極端情況下，看到某些事物。

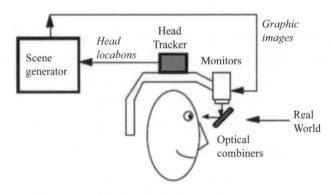

圖10-36　光學透視HMD（optical see-though）

資料來源：景聯傳媒科技，https://i2.kknews.cc/SIG=23jco2d/22q800030q8463r5oqrn.jpg

　　光學透視不會有延遲的問題，但它有可能存在透過光學透視HMD看到的內容和數位內容不相符或缺乏同步的問題。如果使用者在真實客廳內展示虛擬沙發，這種不相符的體驗可能會分散用戶的注意力。相反，使用視訊透視功能時，用戶的視訊和圖像會同步延遲，因此較不會有真實和虛擬內容不相符的問題。

　　1995年，Rekimoto和Nagao創造了第一個真正的連繩手持式AR顯示器。他們的NaviCam連接到工作站，但配備了前置攝影頭。從視訊來源中，它可以檢測攝影機圖像中的顏色編碼標記，並在視訊透視圖上顯示資訊。

　　1996年，Schmalstieg等人開發了Studierstube，有了這個系統，多個用戶可以在同一個共享空間中體驗虛擬對象。每個用戶都有一個追蹤HMD，並可以從個人角度看到透視正確的立體圖像。與多用戶VR不同，Studierstube不會影響自然通信線索，如語音、身體姿勢和手勢。其中一個展示應用是讓高中學生以此系統學習幾何課程（如圖10-37所示）。

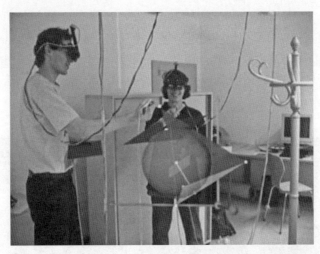

圖10-37　將Studierstube系統應用於高中幾何教學

資料來源：Hannes Kaufmann, http://ptgmedia.pearsoncmg.com/images/chap1_9780321883575/elementLinks/01fig06_alt.jpg

　　從1997年到2001年，日本政府和Canon共同資助Mixed Reality Systems Laboratory作為臨時研究公司，這個合資企業是當時最大的混合現實（MR）研究的工業研究設施。其最顯著的成就之一是設計了第一款同軸立體視訊透視HMD─COASTAR，在實驗室研究的許多項目也針對數位娛樂市場，在日本扮演著非常重要的角色。

圖10-38　RV-Border Guards是一款在Canon的Mixed Reality Systems Laboratory
　　　　開發的多人MR射擊遊戲

資料來源：Hiroyuki Yamamoto, http://ptgmedia.pearsoncmg.com/images/chap1_9780321883575/
elementLinks/01fig07_alt.jpg

　　1997年，Feiner在哥倫比亞大學開發了第一套戶外AR系統Touring Machine。
Touring Machine使用具有GPS和方向追蹤功能的透視HMD。使用者需要攜帶一個
裝有行動式電腦、不同種類的感測器和一台用於輸入資料的早期平板電腦。（如
下圖10-39所示）

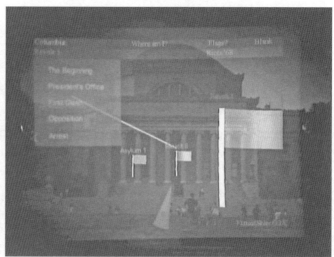

圖10-39　圖左為Touring Machine使用圖；圖右為1999年使用Touring Machine在
　　　　校園觀光

資料來源：Columbia University, http://ptgmedia.pearsoncmg.com/images/chap1_9780321883575/
elementLinks/01fig08_alt.jpg

1998年，Bruce Thomas和其他研究學者等人發表了他們關於建造戶外AR導航系統的工作，即Map-in-the-Hat。發展後期演變一個著名的室外AR實驗平台—Tinmith。這個平台被用於3D測量等用途，但它最知名則是因它被應用於第一款戶外AR遊戲—ARQuake（圖10-40）。

圖10-40　ARQuake第一款戶外AR遊戲截圖

資料來源：Bruce Thomas and Wayne Piekarski, http://ptgmedia.pearsoncmg.com/images/chap1_9780321883575/elementLinks/01fig09_alt.jpg

同年，Raskar和其他研究學者在北卡羅萊納大學教堂山分校展示了Office in the future，這是一個由結構化光線掃描和投影機相機設備建構的遠程呈現系統。儘管當時日常使用所需的硬體並非真正實用，但相關技術（如深度感測器和相機投影）在AR和其他領域中發揮著重要作用。

在1999年之前，只有在專門研究實驗室才有AR軟體。但Kato和Billinghurst在1999年發佈的AR第一個共享軟體平台ARToolKit時，使得更多人有機會來參與AR的使用與開發。它具有使用黑白基準點的3D追蹤圖庫，並且可以很容易地用一般的雷射影印機將其黑白標記列印出來（圖10-41）。簡易使用的軟體設計加上持續增長的網路攝影機的可用性，使得ARToolKit廣受歡迎。

同年，德國聯邦教育和研究部發起了一項價值2,100萬歐元的工業AR計畫，名為ARVIKA（增強現實開發，生產和服務）。來自工業界和學術界的20多個研究小組致力於開發應用於工業應用的先進AR系統，特別是在德國汽車行業。該計畫提高了全球對專業社區中AR的認識，之後又有幾個旨在加強該技術工業應用的類似計畫。

圖10-41　ARToolKit

資料來源：Mark Billinghurst, https://d2.alternativeto.net/dist/s/artoolkit_715698_full.png?format=jpg&width=1600 &height=1600&mode=min&upscale=false

　　2000年以後，智慧手機和個人筆電的技術和設備開始迅速發展，這使得AR的技術有更大的突破。2003年，維也納科技大學的Daniel Wagner和Dieter Schmalstieg發表了第一個獨立的手持式增強現實（AR）系統，此系統利用大眾的手持電子設備PDA與相機即可使用，而該應用程序也為用戶提供了3D增強實境。此外，它引入基於無線網路的可選客戶端／服務器架構，因此可在特定區域提供更好的性能。2005年Daniel Wagner和Thomas Pintaric發表了「Invisible Train」，它是一個多人手持AR遊戲（圖10-42），在SIGGRAPH新興技術展示會上有成千上萬的參觀者體驗。

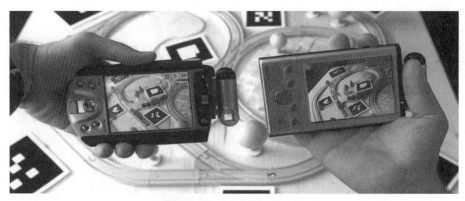

圖10-42　Invisible Train

資料來源：Daniel Wagner, http://studierstube.icg.tugraz.at/invisible_train/

　　2008年開始，第一批AR應用程序開始用於智慧手機，Mobilizy是開拓者之一，因為它將其Wikitude AR應用程序帶入了智慧手機平台，Android用戶可透過他們的手機攝影頭拍攝世界，並在螢幕上看到附近感興趣景點的增強實境功能（如圖10-43所示）。Wikitude同時也是第一款開放給大眾的無標記／位置定位擴增實境應用程序，之後它又被擴展到iPhone和Symbian平台，並推出了一款名為Wikitude Drive的AR導航應用程序。

圖10-43　Wikitude AR應用程序

資料來源：TNW X, 2011. https://cdn0.tnwcdn.com/wp-content/blogs.dir/1/files/2011/05/Wikitude_header.jpeg

　　2013年，德國車製造商Volkswagen和Metaio公司共同開發的MARTA AR應用程序（Mobile Augmented Reality Technical Assistance），此應用程序可讓車廠技術人員在平板上看到車子需要的修復工作、工具以及步驟。

圖10-44　MARTA AR應用程序

圖片資料來源：福斯汽車官網（Volkswagen）
　　　　　　　https://www.volkswagenag.com/presence/konzern/images/teaser/forschung/virtuelletechniken/
　　　　　　　Konzern_Forschung_virtuelletechniken_BildKompo2_1163x654.jpg

10.3.2 頭戴式HMD AR技術發展

第一節我們提到擴增實境技術主要的配備：

- 感測器和照相機
- 投影設備
- AR智慧眼鏡
- 具有電子計算能力的儀器（智慧手機或電腦等）

此小節，我們將討論現今幾款知名的MR和AR智慧眼鏡。

一、Microsoft HoloLens

微軟HoloLens設備是市場上混合現實（MR）最廣泛應用的顯示產品之一，它是一款高分辨率立體3D光學透視頭戴式顯示器，可向使用者呈現物理環境空間的穩定高畫質全息影像。所謂全息影像，是一種記錄被攝物體反射（或透射）光波中全部資訊（振幅、相位）的照相技術，而物體反射或者透射的光線可以透過記錄膠片完全重建，彷彿物體就在那裡一樣。透過不同的方位和角度觀察照片，可以看到被拍攝的物體的不同的角度，因此記錄得到的影像可以使人產生立體視覺。用戶可以透過凝視，手勢和語音識別與全息影像進行互動。

圖10-45　Microsoft HoloLens Demo

資料來源：Microsoft, 2015. https://www.youtube.com/watch?v=qym11JnFQBM

二、Google Glass Explorer Edition

此產品是由Google公司開發的單眼光學透視頭戴式顯示器，此產品的誕生可

說是在AR顯示器市場裡引發了一股熱潮和關注，也引起了更多有關此領域的開發和應用研究。儘管在2015年初開始，該設備受到隱私和可用性問題的困擾，並最終失敗，儘管如此，它仍然依靠Glass At Work項目，被用於航空，醫藥和製造業兩年多的行業。該裝置的一些有趣的應用，包括尼泊爾政府與無人機一起使用以追蹤犀牛、老虎和大象，並將其作為一種瞄準工具。

圖10-46　Google Glass Explorer Edition

資料來源：Ted Eytan / Mitch Altman via Flickr under a CC 2.0 license. Aukstakalnis,S. Practical Augmented Reality: A guide to the technologies, applications and human factors for AR and VR.

三、Osterhout Design Group R-8/ R-9 Smartglasses

雖然世界上一些最大的科技公司正在爭奪在增強和虛擬現實領域內的市場地位，但一些規模較小，知名度較低的公司其實已經在此領域研究了很多年，因此他們也在高度先進的可視化工具方面有所領先。其中的一家公司是加州舊金山的Osterhout Design Group（ODG），ODG一直致力於為政府和企業客戶提供先進的頭戴式增強顯示器，並將其擴展到國家安全和國防相關項目。ODG的R-8和R-9都能夠使用在增強以及虛擬現實疊加，但R-9具有更複雜的功能和更高的價格。R-9具有50度視角和1080p分辨率，而R-8具有40度視角和720p分辨率。此外，它還可作為行動AR和VR，以及智慧眼鏡應用的開發平台。

四、DAQRI Smart Helmet

雖然許多增強現實顯示器製造商瞄準的是消費者或專業應用環境，但DAQRI正朝著完全不同的方向發展，其努力重點在於將專業級可穿戴增強顯示技術帶入更廣泛的架構，如工程和建築市場。圖10-48顯示的高度儀表化和堅固耐用的DAQRI智慧頭盔，為使用者提供對工作環境的視圖能力和與相關的工作指令，而最終目標是使用這些補充資訊覆蓋圖來提高工作人員的生產率、效率和安全性。

圖10-47　DAQRI Smart Helmet

資料來源：DAQRI. 2016, Aukstakalnis,S. Practical Augmented Reality: A guide to the technologies, applications and human factors for AR and VR.

五、Meta 2

位於矽谷的Meta公司在2016年2月宣佈了Meta 2。在2017年末，開發商實際上開始接受該產品。與Microsoft HoloLens不同，Meta 2是一款連接式頭戴設備，原設計用意是爲了替代電腦螢幕。這意味著它需要與傳統PC連接才能使用，因此使用者無法像戴HoloLens一般到處移動和漫遊。

市面上還有其他的不同的產品，在此節就不一一描述。過去幾年AR軟體和硬體的發展和開發如同VR一樣，有越來越多的公司注意到這兩者的潛力，但它也有它面臨到的問題和侷限。因此，下一小節將簡述目前AR技術發展的挑戰。

10.3.3 擴充實境目前面臨的挑戰

直到2016年Pokémon Go的巨大成功，許多消費者才開始注意到增強現實（AR），在此之前，AR的光芒似乎都被VR給掩蓋。而與增強現實相比，許多人對虛擬現實的應用更爲樂觀。然而，隨著兩者在過去幾年的發展，AR顯然提供了更實用的日常使用案例。從零售到教育再到製造業，AR被定位於推動跨部門的商業價值。但是，短期內大規模採用AR仍然面臨著一些挑戰。以下是它主要面臨的五大挑戰：

一、擴充實境硬體的侷限

擴充實境硬體的視覺效果方面面臨許多問題。如手機相機較適用於捕捉2D，並不擅長3D圖像。此外，GPS僅精確至6公尺，但爲了部署AR標記，使用者需要

更高的精準度。

　　而對於頭戴式的設備，即使經過反覆的嘗試，開發者仍無法完全使所有零件都置入普通眼鏡的尺寸，並且還是有許多硬體限制尚未克服。目前的頭戴式設備都還是太過沉重，並不適合長時間的穿戴。但值得注意的是，新的Microsoft Compact AR原型似乎在不久的將來，可解決上述這些問題。

　　此外，許多AR產品的昂貴價位、還有在一般通路上，沒有讓普遍消費者有機會購買到的問題，許多用戶都是使用智慧手機來嘗試AR，但是大部分的智慧手機是沒有room mapping或是depth sensing的功能，而這兩個功能可使AR的硬體偵測到用戶位置和周圍環境，並且讓用戶可與虛擬內容有更精準的互動。

二、軟體開發的問題

　　軟體開發仍有許多操作性問題尚未得到解決。目前應用程序架構並不支援與AR瀏覽器等社交媒體功能的整合。最重要的是，許多增強現實供應商已確認他們的應用程序中的確存在隱私權的問題。此外，由於技術仍處於起步階段，開發可擴展應用程序的解決方案才剛有所進展，如Apple的ARKit和Google的AR Core在這方面似乎有所突破。開發人員在適應新推出的設備套件方面，面臨著挑戰。

　　此外，儘管目前的AR開發工具爲單人用戶的使用者介面，提供了一個有用的框架，但還沒有建立可讓多用戶使用的功能，因此也限制了開發的範圍。而使用者也無法在比手機和平板電腦更大型的設備上運行AR。值得注意的是，先前提到由Daniel Wagner和Thomas Pintaric等人開發的多人AR遊戲Invisible Train（奧地利格拉茨技術大學），儘管他們還是面臨某些技術問題，但他們已經能夠創造出吸引人的4人AR遊戲。

三、許多使用者對增強現實有著不滿意的經驗

　　有關增強現實的炒作太過激烈，以至於許多使用者期待太高。此外，部分原因也來自於增強現實本身與虛擬現實不同之處，增強現實讓用戶不斷與現實世界中的物體保持聯繫，因此無法帶來眞正完全身臨其境以及沉浸式的體驗。但是，AR在讓用戶參與及與數位資訊互動方面的潛力還是毫無疑問的。

四、增強現實應用軟體的内容發展

　　增強現實應用的內容發展也是一大挑戰，試想如果我們的智慧手機裡面完全沒有應用軟體，只有好的硬體卻沒有有趣或是實用的內容，那麼也無法吸引消費

者的目光。而許多大型公司諸如微軟也注意到了這一點，因此也致力於發展增強現實平台的應用軟體。而對於許多在生產線上或是行銷上使用增強現實技術的企業，他們更需要的是3D的內容。3D內容的製作不僅耗時也昂貴，但還是有企業注意到這個領域的潛力，如美國網路零售商Wayfair為第一家電子商務公司提供超過1萬種家用產品的3D模型，這允許開發人員將更真實的內容整合到他們的應用軟體裡。

五、推廣增強現實

增強現實目前最棘手的挑戰之一是推廣增強現實給更廣泛的市場。消費者不會經常接觸AR，並且在日常生活中看不到其廣泛的應用。但是，現今有大量的AR體驗，只是缺乏在消費市場上的曝光度。此外，在AR／VR社區建立一支強大的新興人才管道來持續創新和開發這項技術非常重要。學生在課堂上接觸這項技術十分重要。大眾對新興技術的廣泛接受度通常是需要時間培養，但若能早點推廣和行銷，AR／VR可以更容易被接受和使用。

法國可說是較早讓學生接觸增強現實的國家之一。2015年，法國政府宣佈為學生編寫增強現實課程的更新課程。因為法國政府意識到，在學校系統中教授新興技術，可說是為所有學生提供了解現代技術環境和行動技能的關鍵。教育是大規模普及和克服增強現實問題和挑戰的關鍵。

習作題

1. 請說出對AR技術發展重要的人物和他們發展的裝置內容，他們的研究和發明對AR領域有什麼貢獻和影響。
2. 請找出幾款你覺得很有潛力或是有研發價值的AR設備，並說明理由。
3. 請說出幾種日常生活上可以應用AR來體驗的事物。若已有現成的實例，請描述。
4. 請比較AR和VR的應用範圍以及例子。你覺得哪個比較吸引你？為什麼？

10.4 虛實體驗技術發展

10.4.1 沉浸式體驗

　　虛擬實境最大的特點就是它能帶給使用者沉浸式體驗，而為了要達到此目標，開發者必須研發可以讓人的五種感官─視覺、聽覺、觸覺、味覺和嗅覺有身歷其境的感受。目前市面上開發的產品多以視覺為主，此小節將會介紹目前針對此五感研發的技術和可應用在電子競技的部分。

一、視覺

　　為了要有好的視覺沉浸感，研發者必須盡可能創造出真實環境中人眼所見到的影像，因此必須注重在以下幾個方面：

圖10-48　視覺和虛擬現實

資料來源：Teslasuit. https://teslasuit.io/wp-content/uploads/2017/10/visual-in-VR-gaming-3.jpg

　　(一) 擴大顯示器視野範圍：人的兩眼合起來有超過180度的視野，但目前的頭戴顯示器也不夠大，因此必須將顯示的影像根據透鏡的參數變形，再利用透鏡將顯示的影像擴大來創造出大視野的效果。

　　(二) 高解析的畫質：人眼的分辨率很高，由於頭戴顯示器的螢幕離眼睛很近，為達到不讓使用者看到螢幕上的個別畫素，每隻眼睛的顯示器解析度需達到4K以上，而兩眼的畫素處理更需要達到8K畫素，這則需要的圖形處理功能比傳統圖形需求高達7-8倍以上的運算能力。

(三) 極高度擬真的畫面：許多電影的特效已經達到可將數位內容高度擬真的程度，但此高擬真的程度還沒有辦法即時的運算和創造出來。而人眼和大腦在長期接觸真實世界後，可以輕易分辨虛擬實境和真實的差異，因此以目前的技術來說，因無法即時的計算和創造出有如電影特效此般的高擬真畫面，所以只能降低畫質呈現，所以虛擬實境的高度擬真程度還有待加強。

(四) 降低延遲速度：真實世界中，人眼所看到的事物會隨著身體和頭部的動作而即時改變，但是虛擬實境的頭戴式配備則依賴其感測器所獲得的資訊加以解析和計算，再根據計算結果得到近似的觀察方向進行渲染成像，資料擷取的分析的運算速度畫面顯示是否和使用者的動作同步，如果延遲太嚴重則可能造成暈眩或是破壞了沉浸感的體驗。以下是虛擬成像流程的示意圖，而整個流程將隨使用者互動而循環。

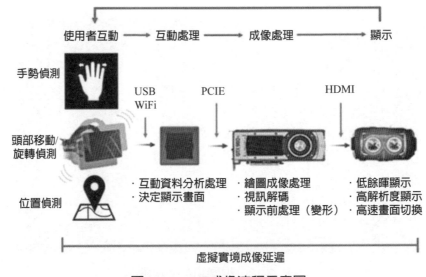

圖10-49　VR成像流程示意圖

資料來源：杜鴻國，虛擬實境的沉浸感，工研院資通所電腦與通訊期刊，2017年第170期，https://ictjournal.itri.org.tw/Epaper/170.html。

除了前面幾小節提到的頭戴式儀器，以下還有兩種是與視覺有關的VR裝置：

• Caves and Walls（圖10-50）。
• Hemispheres and Domes（圖10-51）。

圖10-50　Caves and Walls

資料來源：Idaho National Laboratory, Aukstakalnis,S. Practical Augmented Reality: A guide to the technologies, applications and human factors for AR and VR.

圖10-51　Hemispheres and Domes

資料來源：DoD, Aukstakalnis,S. Practical Augmented Reality: A guide to the technologies, applications and human factors for AR and VR.

1. Caves and Walls

圖10-51是愛達荷國家實驗室的一名研究科學家在電腦輔助虛擬環境顯示（CAVE）的輔助下觀察地下地熱能的模型。FLEX CAVE（電腦輔助虛擬環境 Computer-Assisted Virtual Environment）位於美國愛達荷州的先進能源研究中心，是一種擁有四面顯示牆、可重新構圖的投影儀驅動3D顯示系統，此系統可讓科學家走進這個空間並檢查他們的圖形數據。一般而言，此種大型和固定位置的沉

浸式顯示器可供科學界和專業界使用。這些系統具有多種幾何形狀和尺寸，包括多面、後投影或平板顯示器，單投影器和多投影器半球面等等。大多數設備都可以讓多個戶同時使用，而每個用戶都需佩戴由定時信號控制的LCD快門眼鏡。大多數系統都有追蹤主要用戶的頭部位置和方向的功能，以考慮其移動位置和方向，並相應地調整觀察點。在這種多用戶場景中，所有其他參與者都會被動地體驗到3D模式模擬。

2. Hemispheres and Domes

大面積的顯示器不限於只有方形或是直線構成的形狀。在許多行業中，半球和圓頂顯示器也是一種較爲適合的選擇，特別是那些需要相當精確的視覺表現、多用戶空間以及需要不受空間限制的領域。例如：圖10-51由弗吉尼亞州Herndon QuantaDyn公司爲陸軍開發的裝置，是爲美國陸軍用於技能開發和聯合終端攻擊控制器（JTAC）培訓的高級聯合終端攻擊控制器訓練系統（AJTS）。該系統實際上可以模擬使用JTAC的任何環境以及大多數飛機和武器系統。此設備包括一個帶高分辨率投影機的半球形視覺顯示系統，以及強大的電腦生成能力（Computer Generated Force）和半自主力（Semi-Autonomous Force）應用程序。高畫質圖像生成器可呈現多個頻譜中的場景，而動態聽覺提示系統增加了非常逼眞的音頻以增強其視覺顯示。在這種大尺寸顯示器中，通常不存在需要增強3D視圖的近場場景特徵。即使沒有這個功能，顯示屏的寬視角仍然爲用戶提供了一種非常引人注目的視覺感受。

二、聽覺

在眞實環境中，人的耳朵接收來自四面八方的聲音，如圖10-52所示，包括直接聲響、反射聲響以及多重反射餘聲。在虛擬環境中，爲了不讓使用者被眞實外界的聲音影響到沉浸感，因此耳機成了虛擬實境接收聲音的主要裝置。在現實世界中，聲音也會因人的位置、頭部的方向、距離和環境裡的障礙物而讓人聽到聲音的感知有所不同。而在虛擬實境裡面，使用者的位置和方向也是不固定的，並且也需要隨著虛擬內容與用戶的互動而即時調整。虛擬實境對沉浸感的高度需求，讓許多開發者也同時注意到聲音接收的開發，如近年來Google在其VR SDK中提供對空間聲響的支援。儘管當今VR的頂級頭戴式設備如hTC Vive、Oculus等都沒有將耳機合併進去，但是其他知名度較低的頭戴式設備如AUKEY VR Headset、Vuzix iWear video headphones和HelloPro是附有耳機的。未來VR技術在協調3D立體聲和影像方面將會是趨勢和挑戰，市場上也會有更多可將3D立體聲和圖像嵌入的

頭戴式顯示器，以便更深入地進入虛擬世界。

圖10-52　空間聲響的構成

資料來源：杜鴻國，虛擬實境的沉浸感，工研院資通所電腦與通訊期刊，2017年第170期，https://ictjournal.
　　　　itri.org.tw/Epaper/170.html。

　　3D Audio（3D聲音）的技術規格有許多是微軟主導和開發的，如Direct3D、
DirectSound3D等。若以遊戲領域的例子來說，為了要利用耳機（或喇叭）來模擬
空間中的聲響效果，包括聲音距離遠近、都普勒位移（Doppler shift）等，利用
音效卡的DSP來加速合成3D聲音成了重要的技術。然而要準確模擬人耳所接收的
訊號相當困難，於是有所謂頭部相關傳輸函數（Head Related Transfer Functions,
HRTF）的產生，利用一人耳的模型（雙耳），在裡面分別加入麥克風收音，然後
在一無聲房間內的不同位置發出聲音，模擬不同位置的發出的聲源，分析左右耳
所收到的聲音，如左右耳時間差、左右耳聲音強度差及耳廓形狀造成之頻率振動
等，不同聲源位置得到一組左右耳相關濾波器（如圖10-53）（杜鴻國，2017）。

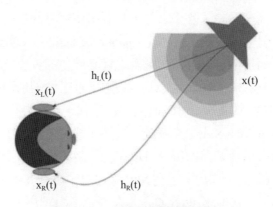

圖10-53　頭部相關傳輸函數

資料來源：杜鴻國，虛擬實境的沉浸感，工研院資通所電腦與通訊期刊，2017年第170期，https://ictjournal.
　　　　itri.org.tw/Epaper/170.html。

開發者在合成聲音時，根據頭部與聲源之間的相對關係，參考HRTF的對應濾波器，改變左右聲道的聲音大小、時間差及頻率，產生類似3D聲響的效果。此一技術對遊戲設計有很大的影響，例如：在第一人稱射擊遊戲中，聽到後方有敵人射擊的聲音，就可以改變方向朝後方尋找敵人位置，這在傳統遊戲聲效中，僅有立體聲而無方向性有很大的差別。

三、觸覺

虛擬環境中的大多數現有系統設置成為視覺和聽覺，而具有觸覺反饋的設備並不常見。這正是為什麼在此硬體開發領域最有潛力實現的原因。畢竟，觸覺反饋可以讓用戶感受到虛擬環境，而不僅僅只在視覺和聽覺方面。或許許多人認為觸覺在VR遊戲中扮演相對較小的角色。儘管如此，這種感知將傳遞大量的資訊，甚至有一個獨立的科學領域被稱為觸覺科學。它專門研究觸覺和皮膚作為感知和創造的器官，以及觸覺形式的活動。

觸覺資訊透過神經末梢、皮膚、肌肉和關節以及黏膜表面的神經末梢來傳遞，因而人體可以感知溫度、觸覺、振動、身體位置、紋理等的變化，以及關於整個身體空間或其特定部位位置的資訊，並形成所謂的「肌肉感覺」，這在動作感知過程中發揮著重要的作用。此外，當我們的眼睛無法分辨前方的情況時，觸覺器官便可在黑暗中發揮保護我們的作用。以目前遊戲領域來說的觸覺發展，振動反饋（vibrotactile）的功能可說是最普遍、也是早已被合併到遊戲控制器中，這就是為什麼許多人喜歡控制器而不是使用觸摸面板來進行遊戲。因其玩起來的感覺更好，一般來說，這也會讓玩家在玩遊戲時，更能有移動和行動的能力，而有著各種物體的虛擬現實遊戲讓全新類型的互動裝置發展有了許多挑戰，如觸感手套（haptic gloves），它是一種更自然的互動操作控制裝置，並取代了VR虛擬現實遊戲的一般控制器。至於觸感套裝（VR suits，如圖10-54），則更將虛擬遊戲中的互動推向了新的高度。除了雙手之外，它們讓使用者幾乎可以擁有全身觸覺互動的功能，它擁有觸覺或觸覺反饋系統（haptic or tactile feedback）以及動作捕捉和氣候控制系統，而目前可以選擇的虛擬現實套裝包括具有感官系統和動態捕捉的手套和鞋子、氣味和味道傳遞以及具有油壓和伺服機械裝置的外骨骼裝置。

為了遊戲而研發的VR Suit可以追溯到90年代。1994年，Aura系統公司推出了力反饋的Interactor Vest Suit生產系統，該系統能夠使用電磁感測器，將音頻信號轉換為振動。穿著這種裝備的用戶可以在玩耍時感覺到虛擬踢球或拳打。儘管Interactor Vest Suit取得了成功，但在2007年之前，沒有其他能夠讓人沉迷於VR的產品出現在市場上。2007年，TN Games在舊金山GDC發表了Force Wear Vest。

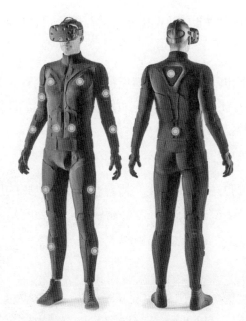

圖10-54　Teslasuit (VR suits)

資料來源：Teslasuit , https://cdn.alza.cz/ImgW.ashx?fd=f15&cd=TSsuit01

同年11月，該背心的名字變成了「3RD Space Vest」。包括Call of Duty，Unreal Tournament 3，Half-Life 2在內的大約50場比賽透過軟體兼容，可說在當時相當先進的觸感設備。而另一款The Tactile Gaming Vest Suit則是在2010年於賓夕法尼亞大學開發的，它可以讓用戶感受到被子彈擊中、流血以及被不同類型的刀刃武器的切割力道。此套裝還可以模擬出被推擠的感覺以及溫度。

在過去的幾年，這些觸感項目的設備開發就如同VR科技一樣快速的發展，大部分的都是以動態捕捉或者帶有觸覺反饋的套裝為主。由於其簡單快捷的開發週期和上市流程，動態捕捉套裝市場更為先進，而觸覺服裝則要難得多，它們需要大量不同領域專家的研究。因此，其開發和啟動週期目前估計為2至5年。觸覺服裝主要是夾克和背心，大部分的開發商使用力反饋和振動來傳達感官刺激。也有一些公司開發完整的虛擬現實西裝，包括夾克和褲子。

VR觸感套裝配置有以下不同的方式來轉移感官刺激：

1. 振動

現有的最普遍的方法是振動。振動電機被放置在遭受碰撞的區域中（虛擬物體與人體的相互作用）。這種系統的優點是價格低廉，安裝簡單。主要缺點是高

能量消耗，感測傳遞精準度低以及模仿各種感官的不可行性。

2. 力反饋

力反饋與振動一樣廣泛，但這個選項很難開發和調整。力反饋有一個很大的優勢：當用戶遇到VR中的障礙物時，它可解決動作停止的問題。而振動或任何其他感官轉移方法，都無法做到如此。

3. 超音波反饋

另一種轉移感官的方式是超音波。超音波為虛擬物體的形狀和紋理提供了相當準確的反饋。這種方法的缺點與高能耗有關，更重要的是外圍設備產生超音波的必要性。

4. 電刺激

或可稱作是傳遞感官刺激最罕見的方式。它有幾種類型：電肌肉刺激（EMS）和電神經刺激（TENS）。EMS和TENS可讓用戶調整如柔軟觸感或尖銳物體對身體的特定部分的影響。

為了解決感官轉移問題，市場上有一些替代技術產品採用上述方式，並允許在不同程度上感受與虛擬物體的碰撞，以及它們的形狀、材質、甚至重量，如Hasso-Plattner Institute研究所的獨立科學研究，驗證了通過電刺激的重量模擬。

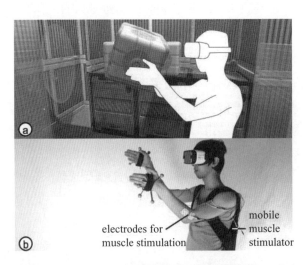

圖10-55　Hasso-Plattner Institute的通過電刺激重量模擬。（a）當用戶提起一個虛擬物體時，此系統讓用戶感受物體的重量和阻力。(b)此系統透過電刺激的用戶的肌肉來達到重量模擬。

資料來源：Pedro Lopes, Sijing You, Lung-Pan Cheng, Sebastian Marwecki, and Patrick Baudisch, 2017. https://hpi.de/fileadmin/user_upload/fachgebiete/baudisch/projects/mobile_force_feedback/2017-CHI-VRwalls.pdf

其他的觸覺系統如：

(1) 動態捕捉系統（Motion capture）：是一種可以準確確定人在空間中位置的技術，捕捉肢體的動作以及手指的動作和轉動。這項技術從動畫和電影製作衍伸到虛擬現實中。而作爲主要的VR觸覺裝備之一，它部分的解決了暈眩、使用戶可看到自己在虛擬現實中的虛擬化身，以及協調同處一空間或其他不同地方多人用戶的動作。

(2) 溫度控制系統（Climate Control System）：是虛擬現實套裝中的溫度控制技術。它有一個負責提高和降低溫度的感測器是Peltier元件。該元件可以在10-40度範圍內（攝氏度）改變溫度。而它的優點是尺寸小，缺點是耗電量大。因此，一套裝備必須配備一個功能強大的電池。

(3) VR手套：考慮到VR中最方便的互動方式是用手觸摸人造物體，因此手套是VR-suit的關鍵部分之一。它們允許使用者觸摸牆壁、武器、水，甚至感覺在眞實世界中不存在的物體。此配備基本有著觸覺反饋或動態捕捉功能，而將溫度傳遞系統合併於VR手套中的情況，則非常罕見。

(4) 生物識別系統（Biometric system）：生物識別系統是一組允許即時監控的感測器，也可以分析和傳輸數據。一組感測器可以包括以下幾種：溫度感測器、碳電極（測量一系列參數，如氧飽和度，皮膚水分和鹽度或檢測可能的汙染物）、肌電圖、心電圖和GPS系統。它並不是虛擬現實中最需要的系統，但它顯著地擴展了其功能。

圖10-56　VRfree虛擬現實手套原型測試

資料來源：Sensoryx, 2017. https://www.youtube.com/watch?time_continue=40&v=8yNmeNCMYyY

5. 機械外骨骼系統（Exoskeleton system）

外骨骼作為虛擬現實套裝系統之一的主要功能是模擬行走和力反饋，藉此防止使用者移動穿越過虛擬物體。與用於在虛擬現實中行走的獨立裝置（如VR跑步機）相比，外骨骼更複雜且更昂貴，而目前市場上也只有少數幾家公司正在開發外骨骼。

圖10-57　Dexta Robotics的Dexmo Exoskeleton手部動作捕捉裝置

資料來源：Dexta Robotics, http://www.dextarobotics.com/

四、嗅覺

嗅覺是一個非常微妙的感知，也會因人而異。因此這樣的技術系統是十分複雜的，通常裡面包括臭氧製造器、加熱器、蒸發器、振動電機和風扇。目前較著名的設備是FeelReal的VR Mask，它可以模擬氣味，以及霧、熱、火、風、飛濺和搖晃的影響。

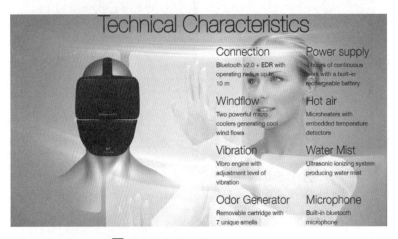

圖10-58　FeelReal VR Mask

資料來源：FeelReal Inc., 2015. http://www.techetron.com/15310/feelreal-will-let-you-feel-and-smell-virtual-reality/

五、味覺

由於電力感測器可以給人食物結構的感覺，特別是其硬度或柔軟度。因此在理論上，使用者是可以品嚐虛擬食物。新加坡國立大學的Nimesha Ranasinghe嘗試使用非侵入性電力和熱刺激來操縱舌頭中的味覺感受器。此電子裝置可以呈現如鹹味、甜味、酸味和苦味等主要味道成分，使用戶可以在沒有實際食用食物的情況下，以電子刺激的方式品嚐食物。

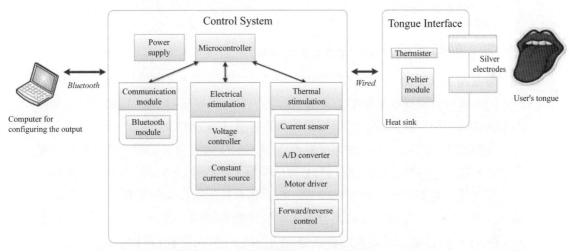

註：bluetooth—藍牙；thermister—熱敏電阻；user's tongue—用戶的舌頭；heat sink—散熱器；computer for configuring the output—用於配置輸出的計算機；power supply—電源；control system—控制系統；communication module—通訊模塊；bluetooth module—藍牙模塊；microcontroller—微控制器；electrical simulation—電氣仿真；voltage controller—電壓控制器；constant current source—恆流源；thermal stimulation—熱刺激；current sensor—電流傳感器；motor driver—馬達驅動器；forward/reverse control—正向／反向控制

圖10-59　Tongue Mounted Digital Taste Interface系統圖

資料來源：Ranasinghe, N.; Nakatsu, R.;　Nii, H . (2012). "Tongue Mounted Interface for Digitally Actuating the Sense of Taste." https://course.ccs.neu.edu/is4300f12/ssl/tongue.pdf

10.4.2 擴增實境遊戲（AR）與虛實體驗科技發展

由於沉浸式體驗並不是擴增實境主要特點，而且擴增實境遊戲和許多其他遊戲不同，AR玩家必須在許多不同的真實環境中移動，因此上一小節的五種感知技術應用在擴增實境上是有些許不同的。以下為增強的AR遊戲虛實體驗發展的建議：

一、智慧服裝（Smart Clothing）

智慧服裝擁有生物識別技術輔助人工智慧（biometrics in aid of artificial intelligence），人工智慧（artificial Intelligence）可在用戶身上獲得輸出數據以適應遊戲玩法，並某種程度的意識到使用者在遊戲過程中的感受。這正是開發有關

遊戲應用的AI來提高用戶的滿意度的主要原因。多感官智慧服裝（multisensory smart clothing）能夠分析不同數據並將它們相互關聯。心電圖（ECG）技術可用來來監測用戶心率活動。根據此數據，AI可以加速或減緩遊戲玩法，以提供更令人興奮的場景或讓玩家有機會喘口氣。肌電圖感測器可讓AI了解玩家目前使用到哪些肌肉，以及其心率和呼吸如何進行。熱電偶（thermocouples）監控整個遊戲過程中的溫度，並在溫度控制系統打開時發出信號，而溫度控制系統爲玩家提供更逼眞的身臨其境的感覺。GPS感測器可以追蹤錄製的動作，現場直播或兩者兼而有之。

二、動態捕捉（Motion Capture）

與虛擬現實相比，在增強現實中，捕捉人類動作是不可能的。因此其解決方法可使用擁有動態捕捉系統的全身智慧服裝。它可以成爲推動AR遊戲更上一層樓的先進方法。動作捕捉或動態捕捉是以數字記錄人或物移動方式的過程。而更複雜細微的動作，例如：手指動作或臉部表情，則被稱爲表演捕捉。這些動作被記錄下來，並且這些數據被用來創建3D數位模型。人的運動是即時複製的。高精度的動作捕捉可以監控手部和整個身體，mocap系統將數據傳輸到帶有虛擬對象的顯示器中。因此，有限的視角不會干擾虛擬物體的操縱。此外，玩家可以看到其他人在AR中的移動，並更快地響應變化的情況。而如相位神經網絡功能（phase-functioned neural networks）這樣的創新系統可將大量存儲的動作數據資料庫疊加在一起，並將它們應用到新角色上，這種技術能夠在AR遊戲中創造逼眞的動畫。

三、觸覺反饋

在大多數情況下，AR玩家透過設備的螢幕操縱虛擬物體。這樣的方法確實給出了粗略的細節。而觸覺反饋功能可以增強視覺和聽覺的部分，並將虛擬物體和「眞實」現實融合爲一體。

採用觸覺反饋、動態捕捉和從生物識別技術獲得反饋的人工智慧服裝對於眞正先進的AR遊戲來說是一個相當複雜的系統。但是，當智慧服裝和AR設備發展得足夠強大時，前者將變得非常引人注目，遊戲將能夠適應玩家的反應，並有效改善玩家的用戶體驗。

10.4.3 電子競技和虛實體驗技術發展

電子競技在娛樂業中占有重要的地位，據國際會計省際專業服務網站 Pricewaterhouse Coopers報導，電子競技和虛擬現實技術將成爲全球娛樂業的主要

收入來源，而儘管電子競技的增長預測比虛擬現實行業的速度要慢得多，但是電子競技與虛擬現實產業相比起來，電子競技是一個較為成熟的市場。因此，快速的VR市場增長很可能會推動其技術被使用在電子競技中，從而導致VR市場的崛起。另一個由資深遊戲行業研究人員創立的全球遊戲市場情報分析網站Super Data Research，則提供了和比Pricewaterhouse Coopers更高的電子競技市場年收入統計數據。而也許數據會如此不同，可能是因為Super Data Research在收入中還包含以下的額外收入項目：贊助和廣告、獎品、電子競技投注和幻想網站、業餘和微型比賽、門票銷售、商品等。因此，以下幾個有關電子競技的示例，很可能會一起發展：

一、以虛擬現實設備觀看電子競技

此類型已經開始廣泛傳播，而有史以來，第一次在虛擬現實中傳播給大眾的電子競技賽事技活動之一，是2016年在ESL One New York的Counter-Strike: Global Offensive比賽。製作過程將由SLIVER.tv和WonderWorld VR進行合作，為全球觀看用戶提供完整的電子競技活動體驗。一般來說，觀眾在觀看比賽時，可以實時看到比賽統計數據，並且可以選擇從不同角度或是以玩家的角度觀看遊戲。

圖10-60　2016年ESL One New York Counter-Strike: Global Offensive比賽

資料來源：Sliver.tv, https://www.youtube.com/watch?v=xhksCl1zZ20

二、VR電子競技的第二個應用是玩家在虛擬實境中競爭

2017年英特爾電競市場營銷經理George Woo在接受VRFocus採訪時表示，他預測在未來十年，電競項目的選手都將會在比賽中戴著頭戴式顯示器。這也意味

著無線連接，沒有傳統的滑鼠和鍵盤，以及選手擁有移動和活動的自由。但到目前爲止，以上內容很難完全實現。

三、動態捕捉和電子競技

追蹤整個玩家的身體位置技術問題，可以透過動態捕捉的系統來解決。確定身體在每個時間點的確切位置的一種可能方式，是使用具有MEM的運動感測器的智慧服裝。這種解決方案能夠在AR／VR環境中完成模擬用戶的身體動作，從而爲用戶提供數字表示。此外，動態捕捉可使玩家在瞄準其他參賽者更加準確。

四、電子競技中的觸覺反饋

目前，在電子競技中談論觸覺反饋還爲時過早，但有一天，它會進入電子競技。這項技術將促使玩家更加思考並且仔細選擇策略和策略。

圖10-61和圖10-62 Virtual Reality Challenger League (VRCL)

資料來源：iQ Intel, https://iq.intel.com/vr-esports-get-physical-vr-challenger-league/

五、電子競技中的生物識別技術

電子競技的未來若使用了生物識別指標，則胸部感測器下的壓縮提供了心電圖（ECG）技術來監測心率活動。肌電圖感測器符合人體輪廓，可即時詳細觀察肌肉活動。此外，眼動追蹤已在電子競技中被使用，它可在現場比賽中用來識別和預測玩家行為的可能性和了解其思維方式。

值得一提的是，一種新型的網路運動員正在VR電子競技中脫穎而出，證明並非所有的視訊遊戲玩家都只能坐著參賽。2017年年底，在聖荷西舉行的Virtual Reality Challenger League（VRCL）北美區域Echo Arena遊戲預選賽中，玩家不僅在視訊遊戲方面表現出色。獲勝者還必須有著對疼痛的高度忍耐。例如：有參賽者為了在Echo Arena遊戲中投擲出一張虛擬光碟因而肩膀受傷，或是被其他隊伍的參賽者打到了手臂等等。在此三對三的比賽中，球隊爭奪擁有虛擬光碟，試圖將其拋入對方目標。它非常類似於像足球這樣的運動，玩家跳起，蹲伏並伸展身體和背後傳球，而他們的頭像在遊戲內作出相應反應。因此，可以想像舞台上參賽者的實體動作令觀眾感到興奮，因參賽者們就如同真正的運動員一樣地全身以及全神都投入到了比賽裡面！對於VR電子競技來說，像這樣參賽者在VRCL的動作、衝刺或是受傷引起了觀眾的興趣。傳統的電子競技是透過鍵盤，操縱桿和（或）滑鼠來進行的，而虛擬現實（VR）則採用了涉及整個身體的運動追蹤技術。隨著VR電子競技的發展，比賽將會著重於在身體體能和技巧之間取得平衡，其目標也是希望可以吸引來自傳統遊戲背景的用戶，以及對VR電子競技感興趣的玩家。

習作題

一、請簡略說出五種感官體驗技術在VR和ＡＲ的發展和目前的挑戰。

二、請簡略說出五種感官體驗技術對於電子競技的影響。

三、你會比較想以VR頭戴式顯示器觀看如Counter-Strike: Global Offensive的直播電子競技，還是參加如Echo Arena的VR電子競技？請說明你的理由。

10.5 從3D到8D投影

前面幾小節談到有關虛擬／擴增／混合實境視覺方面的科技發展，包括頭戴

式顯示器、智能眼鏡、AR眼鏡、大型完全和半沉浸式投影系統，例如：電腦輔助虛擬環境（CAVE）和圓頂顯示環境（VR Dome）等。但還有沒有其他科技可讓用戶對眼前見到的虛擬或是虛實環境從2D平面、3D空間增強到更多空間呢？更多維的空間定義又是什麼？我們又如何用投影達到多維空間的效果？

若以娛樂市場來說，2D畫面就是我們一般電視、電影、圖片等看到的平面效果，而3D畫面則是大眾非常熟悉的，如在電影院戴上3D眼鏡所看到的立體效果影像，它是利用眼睛成像的原理，在製作影片時，同時使用兩個攝影機從兩個不同方向拍攝景物，然後將兩套圖像交替的印在同一電影膠卷上，但若沒有3D眼鏡的處理，所看到的畫面就會是模糊的。4D和5D則是除了3D立體的畫面外，放映現場還有模擬閃電、雪花、噴霧、觀眾的椅子還可震動、噴風和水等，試圖要讓觀眾更有沉浸式的體驗，而6D其實就是多加了一些效果如氣味等。（互聯網先知，2017）。但這些科技都已經被應用在不少電影院或是VR體驗館，那麼此小節所要探討的多維空間的投影科技又是什麼？

立體空間投影其實已經被應用在不少產業項目，時裝週、演場會、藝術展、商品展示、電競遊戲開幕等，而更精準的定義目前較爲廣泛應用的投影科技則是3D投影和3D顯示技術。

3D投影在計算機科學中也稱爲三維可視化。簡單來說，是透過計算機圖形科學中的平行投影或透視投影的方法，在平面上顯示3D物體（包括靜止的圖像以及動畫），其過程包含了對被投影物體的取景和觀察，來建立相應的3D模型，並對

圖10-63　3D投影技術流程圖

資料來源：Mydesy, 2013. https://www.mydesy.com/3d-how-to-real

投影機投射的位置、朝向和視野等因素來建立坐標，然後經過投影變換來最終實現。至今大多數主流的顯示技術都是在平面上所顯示的，但其技術的實現方式和實現效果也不斷優化，從舞台布幕、藝術展示、各種品牌新品發佈會等。而當今的3D投影可以投射在任何材質的平面上。（Vivian, P ;Wang,Q；吳煒達，2013）

　　運用雷射投影儀，3D建模及動畫，以及燈效的設計，是3D投影技術最為常見的方式，以下在圖10-64中是使用3D投影技術的例子。目前3D投影技術已經逐漸成熟，但大部分還是用於工商業領域。

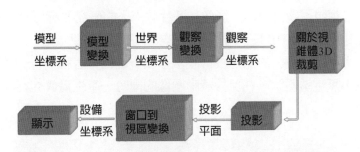

圖10-64　The Evolution of Mobile-Vodafone宣傳影片

資料來源：FND collective & Flat-e, 2011. https://www.youtube.com/watch?time_continue=158&v=883UlMNOuX4

　　圖10-65所顯示的是3D投影被使用在所謂「建築投影」（Architecture Projection Mapping）的例子，它也是目前商用領域應用最廣泛的投影方式。利用建築物當作大型投影布幕，而建築物既不平整又在戶外，和必須利用到多台投影

圖10-65　荷蘭知名互動Agency Muse & Postpanic在雪梨為知名的遊戲「Hot Wheels Secret Race Battle」打造了一場生動的3D遊戲互動體驗

資料來源：Muse & Postpanic, 2011. https://www.youtube.com/watch?v=6GcighIL9w0

機和硬體問題，如果畫面要精彩，跟被投影物的結合性要夠好，因此影片製作的難度就更高了，算是一個高難度的藝術品。

另一例子則是利用所謂佩伯爾幻象，它是一種很巧妙的光學錯覺技術。2013年知名歌手周杰倫的全球巡演中，就是運用了3D投影和佩伯爾幻象原理，將離世的鄧麗君請至現場同台演出，而除了真人歌手和虛擬投影的鄧麗君合唱她當年經典的老歌〈你怎麼說〉，更驚人的是，她居然也一起合唱了兩首周杰倫知名的歌曲，這一切是如何做到的？

根據將鄧麗君「復活」的數字王國（Digital Domain）說明，為了讓3D鄧麗君的嘴型和聲音同步唱出周杰倫的歌曲，以及將頭髮和臉部表情製作到逼真，團隊的特效師們必須將鄧麗君以前的影像和圖片做深入的研究並應用於3D軟體上。而此次效果也是3D視訊和3D投影的結合，特效師在電腦上製作完一段影片後，再透過投影，將影片在舞台上的全息投影膜上播放，這種全息膜具有一半透光，一半反光的特點，呈半透明狀，在保持清晰圖像的同時，產生逼真的空間效果（如圖10-66）。

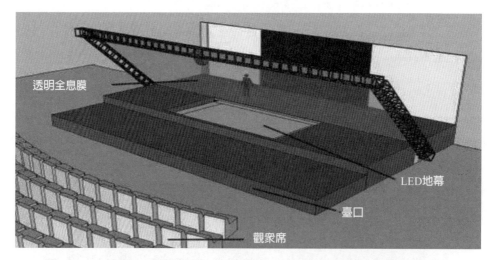

圖10-66　使用3D投影科技，將虛擬的人物偶像在演唱會舞台上表演

資料來源：Mydesy, 2013. https://www.mydesy.com/3d-how-to-real

本小節開頭也提到3D電影院的3D顯示技術，它可以說是推動3D時代趨勢性變革的重要技術之一。3D顯示技術分成眼鏡式和裸眼式，但無論是目前的眼鏡式3D，還是新興的裸眼3D，其技術原理運用的都是人類左右眼的視覺錯特徵，也就是左右兩隻眼睛之間的差距。這類技術透過操縱畫面設置，讓人誤以為眼鏡所看到的是立體的。眼鏡3D是目前電影院和家用領域比較常見的一種技術形式，這類

技術需要人們佩戴專門的3D眼鏡才能正常觀看，而裸眼3D大多都還處於研發階段，所以大眾消費者接觸的不多，其最大的優勢便是擺脫了眼鏡的束縛，但是在技術成本，顯像效果上還存在諸多不足。

還有一種技術，也可以為我們實現不用戴眼鏡就能看到真實的3D物體和空間，就是全息成像與全息投影技術。全息成像的本意是在真實世界中呈現一個3D虛擬空間，這個概念從20世紀末期開始被探索，但至今除了戴上AR眼鏡或智能眼鏡才可看到此真實世界中的3D虛擬空間之外，以目前的科技還未能達到如同好萊塢電影鋼鐵人裡面，不需媒介便可讓真人與3D虛擬物體互動。

而全息投影則是一種模仿全息成像的技術，又被稱作虛擬成像技術。它是一種利用干涉和和衍射原理記錄並再現物體真實的3D圖像，是一種觀眾無須配戴眼鏡便可以看到立體的虛擬人物的3D技術。其基本原理是：在拍攝過程中利用干涉原理記錄物體光波資訊，成像過程中利用衍射原理再現物體光波資訊，從而能夠再現物體真實的3D圖像。

全息投影技術和先前提到的周杰倫演唱會所使用的佩伯爾幻象原理的差別，在於真正的全息投影不需要任何介質，就能在空氣中顯示出影像，可從任何角度觀看都很清晰，人也能從虛擬畫面中穿過。而佩伯爾幻像是用傾斜成各種角度的光學材料折射光源形成的視覺效果，觀眾只能在特定的角度觀賞，並且無法從畫面中穿過。此外，全息投影技術現今還是處於發展階段，面臨的最大問題就是介質，因為沒有介質的話，光是不會發生折射的，目前世界各國較為先進的全息投影技術共有三種：空氣投影和交互技術、雷射束投射實體的3D影像和360度全息顯示屏。但無論是哪一種全息投影或是全息成像技術，距離真正應用在日常生活以及可以量產，都還有很長的一段路要走。

前幾段落我們簡單講過3D到6D如何被使用在娛樂產業，現今有個預測，即是7D全息圖技術。先前我們提過，全息成像就是捕捉和記錄光場，並且在沒有特殊眼鏡或任何光學鏡頭的幫助下，可以觀看到的立體畫面。7D全息圖是利用7個參數拍攝高品質全息圖的技術，如果將3D和7D全息圖技術區分，那麼主要區別在於7D全息圖是收集圍繞主題或整個場景的大量位置數據組成的，7D表示7個維度或參數。換句話說，7D全息圖就像有一群圍繞主題的攝影師。每位攝影師的位置以3D方位描述，而每個攝影師指向相機的角度則以2D方位描述。每台攝影機同時還記錄燈光屬性和時間。結果參數為：3D位置+ 2D角度+時間+光源屬性=7D。而在7D全息圖技術的世界，一個人可同時出現在兩個以上不同的地方，例如：一位老師可同時向多個教室教課。此外，使用者也可以創建講課的場景來做預備課程的

練習，而不是只是單純想像授課畫面。而當這項技術能夠負擔得起時，個人全息投影儀可以讓學生以虛擬投影的方式來上課、或者可讓一群講英語的人和講西班牙語的人在一個房間進行對話，但又不必真實的來到對方面前等，由於各種互聯網技術成功地為世界各地的人們提供了便利，7D全息圖的想法更可讓便利性大幅提高，甚至未來還有往8D研發的趨勢。若是將來這項技術可以被全面發展並且實施在生活的各個領域時，它將帶來歷史性變化。可能性真的令人興奮！

圖10-67　全息投影技術使美夢成真

資料來源：德國柏林動物園

習作題

一、找資料並提出3個使用3D投射或是類似技術的產業例子。

二、如果有一天全息科技真的實現了，它會改變和影響生活的哪些部分？

三、3D投射技術如何可應用在VR/AR遊戲或是電競產業？

參考文獻

1.　Aukstakalnis,S. *Practical Augmented Reality: A guide to the technologies*, applications and human factors for AR and VR. United States: Pearson Education Inc., 2017.

2.　Levski, Y. A Brief Look at the Different Kinds of Virtual Reality. https://appreal-vr.com/blog/virtual-reality-and-its-kinds/

3.　Lairel, B(2016). What is virtual reality? https://medium.com/@blaurel/what-is-virtual-reality-77b876d829ba

4.　Milgram, Paul, H. Takemura; A. Utsumi & F. Kishino(1994). "Augmented Reality:

A class of displays on the reality-virtuality continuum". http://etclab.mie.utoronto.ca/publication/1994/Milgram_Takemura_SPIE1994.pdf

5. Mann, S. Mediated Reality with implementations for everyday life. Presence 2002, Teleoperators and Virtual Environments. http://wearcam.org/presence_connect/

6. Cardinal,D(2017).What Is Mixed Reality, and Can It Take Augmented Reality Mainstream ? https://www.extremetech.com/extreme/249328-mixed-reality-can-take-augmented-reality-mainstream

7. London: VR ? AR ? MR ? Sorry, I'm confused. https://www.foundry. com/industries/virtual-reality/vr-mr-ar-confused

8. U.S.A: The Ultimate Guide to Virtual Reality(VR) Technology. http://www.realitytechnologies.com/virtual-reality

9. U.S.A: The Ultimate Guide to Augmented Reality(AR) Technology. http://www.realitytechnologies.com/augmented-reality

10. M. R. Mine, J. van Baar, A. Grundhofer, D. Rose and B. Yang, "Projection-Based Augmented Reality in Disney Theme Parks," *in Computer, vol. 45,* no. 7, 2012, pp.34-35, https://web.cs.wpi.edu/~gogo/courses/cs525A/papers/Mine_2012_ProjectionAR.pdf

11. Dybsky, D(2017). The History of Virtual Reality: Ultimate Guide, Part 1. https://teslasuit.io/blog/history-of-virtual-reality-ultimate-guide

12. Dybsky, D(2017). The History of Virtual Reality: Ultimate Guide, Part 2. https://teslasuit.io/blog/virtual-reality/history-virtual-reality-ultimate-guide-part-2

13. Levski, Y. 5 Conclusions From John Riccitiello VRLA 2017 Keynote on VR. https://appreal-vr.com/blog/5-conclusions-from-john-riccitiello-vrla-2017-keynote-on-vr/

14. Aukstakalnis,S. *Practical Augmented Reality: A guide to the technologies, applications and human factors for AR and VR.* United States: Pearson Education, Inc, 2017, pp.279-282, 284-286, 289, 294-299, 303.

15. Martin, J(2018). Top Six AR/VR Technology Challenges Companies Face. https://www.jabil.com/insights/blog-main/top-augmented-and-virtual-reality-challenges.html

16. Siltanen,S(2012). "Theory and applications of marker-based augmented reality". JULKAISIJA – UTGIVARE . http://www.vtt.fi/inf/pdf/science/2012/S3.pdf

17. Argentina: Infographic: The History of Augmented Reality. Augment, 2016. http://www.augment.com/blog/infographic-lengthy-history-augmented-reality/

18. Schmalstieg, D; Hollerer T(2016), Augmented Reality: Principles and Practice, Addison-Wesley Professional. http://www.informit.com/articles/article.

aspx?p=2516729&seqNum=2

19. Indonesia: History of augmented reality: A brief history of little brother from the twin technologies. http://blog.octagonstudio.com/history-of-augmented-reality/

20. Thomas , B; Demczuk V ; Piekarski W; Hepworth D; Gunther B.(1998). "A Wearable Computer System with Augmented Reality to Support Terrestrial Navigation". IEEE. http://citeseerx.ist.psu.edu/viewdoc/download?doi=10.1.1.18.9435&rep=rep1&type=pdf

21. Wagner, D & Schmalstieg, D.(2005). "First steps towards handheld augmented reality". 127-135. 2005. https://www.researchgate.net/publication/4041797_First_steps_towards_handheld_augmented_reality

22. Taylor, D.(2011). Wikitude's augmented reality now installed on every BlackBerry device [Interview]. https://thenextweb.com/mobile/2011/05/02/wikitudes-augmented-reality-now-installed-on-every-blackberry-device-interview/

23. Germany: Virtual Technologies. https://www.volkswagenag.com/en/group/research/virtual-technologies.html#

24. Moon, M. ODG launches its Snapdragon 835-based mixed-reality glasses: The company unveiled two new mixed-reality smartglasses at CES 2017. Engadget, 2017-03-01. https://www.engadget.com/2017/01/03/odg-r-8-r9-mixed-reality-smartglasses-snapdragon-835/

25. Aukstakalnis,S. *Practical Augmented Reality: A guide to the technologies, applications and human factors for AR and VR*. United States: Pearson Education, Inc., 2017, pp.242 -243, 246, 253, 269-270。

26. "Pandey, Avaneesh." Google Glass and Drones to Assist Nepal in Fighting Poachers in Protected Areas. "International Business Times. July 3, 2014."

27. New York: Solutions to Top 5 Augmented Reality Challenges and Problems. 2018-02-16. https://www.newgenapps.com/blog/solutionstop-5-augmented-reality-challenges-development

28. Boyajian, L. "The 3 biggest challenges facing augmented reality: AR evolved over the past year, but it still faces several hurdles before it is widely adopted". Networkworld, 2017-02-07. https://www.networkworld.com/article/3174804/mobile-wireless/the-3-biggest-challenges-facing-augmented-reality.html

29. Demidenko, A.(2017). VR Gaming: How Industry Will Propel the Technology. Teslasuit. https://teslasuit.io/blog/virtual-reality/vr-gaming-how-industry-push-technology

30. Lopes, P; You,S; Lung-Pan Cheng; Sebastian Marwecki; Patrick Baudisch.(2017). "Providing Haptics to Walls & Heavy Objects in Virtual Reality by Means of Electrical

Muscle Stimulation". ACM. 1頁。https://hpi.de/fileadmin/user_upload/fachgebiete/baudisch/projects/mobile_force_feedback/2017-CHI-VRwalls.pdf

31. Ranasinghe, N; Nakatsu, R; Nii, H .(2012). "Tongue Mounted Interface for Digitally Actuating the Sense of Taste." https://course.ccs.neu.edu/is4300f12/ssl/tongue.pdf

32. Demidenko, A.(2018). "How VR will influence eSports industry: motion capture, haptic feedback, biometrics". Teslasuit. https://teslasuit.io/blog/virtual-reality/vr-will-influence-esports-industry-motion-capture-haptic-feedback-biometrics

33. Demidenko, A.(2018). "Smart clothing to redefine AR games". Teslasuit. https://teslasuit.io/blog/wearables/smart-clothing-to-redefine-ar-games

34. Duda, J.(2016). "ESL One New York to be streamed in virtual reality!". ESL Magazine. https://www.eslgaming.com/news/esl-one-new-york-be-streamed-virtual-reality-3242

35. Johnson, J.(2017). "Esports Get Physical in VR Challenger League". iQ Intel. https://iq.intel.com/vr-esports-get-physical-vr-challenger-league/

36. Demidenko, A.(2017). "Virtual Reality Suit(VR Suit)". Teslasuit.https://teslasuit.io/blog/virtual-reality/virtual-reality-suit.

37. Iot -rocrds.com(2017), "7D HOLOGRAM TECHNOLOGY". https://www.iot-records.com/2017/09/7d-hologram-technology.html

38. Spacey, J(2017). "What is a 7d Hologram?". Simplicable. https://simplicable.com/new/7d-hologram

39. Vivian, P; Wang, Q：吳煒達，2013，3D技術——從3D投影到全息成像是如何實現的？MyDesy. https://www.mydesy.com/3d-how-to-real

40. 杜鴻國，AR／VR與MR的技術探索，工研院資通所電腦與通訊期刊，2017年170期，https://ictjournal.itri.org.tw/Epaper/170.html。

41. 盧博，VR虛擬現實：商業模式+行業應用+案例分析，北京：人民郵電出版社，2016，頁3, 5-7。

42. 杜鴻國，虛擬實境的沉浸感，工研院資通所電腦與通訊期刊，2017年第170期，https://ictjournal.itri.org.tw/Epaper/170.html

43. 林樹洽，從《頭號玩家》到巴賽爾藝術展，賭了3年的hTC仍在證明VR有無限的可能，ifanr, 2018-03-31。http://www.ifanr.com/1004885

44. 北京，敲黑板，現實增強技術組成形式揭祕。景聯傳媒科技，2017-05-31。https://kknews.cc/tech/3jlaqjy.html

45. 杜鴻國，虛擬實境的沉浸感，工研院資通所電腦與通訊期刊，2017年第170期，https://ictjournal.itri.org.tw/Epaper/170.html

46. 陳健，未來手機行業發展趨勢。環球網科技，2013-02-06。http://tech.huanqiu.com/digi/2013-02/3624411.html

47. 互聯網先知，3分鐘讓你了解什麼是3D、4D、5D、6D和VR!，2017-03-04。https://read01.com/6ML2EM.html#.WxeaGNNuby8

48. 中國，吹了快70年全息影像為何一直不能普及，大風號，2017-04-15。http://wemedia.ifeng.com/12723157/wemedia.shtml

49. 中國，全息影像與裸眼3D技術介紹，中國音響網，2015-05-03。https://read01.com/B8KQAG.html#.WxexD9Nuby_

50. 中國，告別實体螢幕，四大問題解析全息投影，中關村在線，2018-01-03。https://m.zol.com.cn/article/6730612.html?tuiguangid=ifeng

51. 韓飛，鄧麗君與周杰倫隔空對唱：特效工程師網上撰文揭祕製作始末，揚子晚報，2013-09-10。http://epaper.yzwb.net/html_t/2013-09/10/content_101751.htm?div=-1

國家圖書館出版品預行編目資料

電競運動管理概論／鍾從定主編. －－初
版. －－臺北市：五南圖書出版股份有限公
司，2020.02
面； 公分
ISBN 978-957-763-676-8 (平裝)

1.網路產業 2.電腦遊戲 3.線上遊戲

484.6   108015854

1FQ3

電競運動管理概論

作 者 — 鍾從定 主編

　　　　　林立薇、林淑媛、胡舉軍、陳嘉亨、張錫輝

　　　　　楊明宗、劉宇倫、謝哲人、鍾從定

發 行 人 — 楊榮川

總 經 理 — 楊士清

總 編 輯 — 楊秀麗

主　　編 — 侯家嵐

責任編輯 — 李貞錚

文字校對 — 黃志誠、許宸瑞

封面設計 — 姚孝慈

出 版 者 — 五南圖書出版股份有限公司

地　　址：106台北市大安區和平東路二段339號4樓

電　　話：(02)2705-5066　　傳　　真：(02)2706-6100

網　　址：https://www.wunan.com.tw

電子郵件：wunan@wunan.com.tw

劃撥帳號：01068953

戶　　名：五南圖書出版股份有限公司

法律顧問　林勝安律師事務所　林勝安律師

出版日期　2020年2月初版一刷
　　　　　2022年8月初版三刷

定　　價　新臺幣540元

※版權所有·欲利用本書內容，必須徵求本公司同意※

五南
WU-NAN

全新官方臉書

五南讀書趣

WUNAN
Books
since1966

Facebook 按讚

1秒變文青

f 五南讀書趣 Wunan Books

★ 專業實用有趣
★ 搶先書籍開箱
★ 獨家優惠好康

不定期舉辦抽獎
贈書活動喔！！！

經典永恆・名著常在

五十週年的獻禮——經典名著文庫

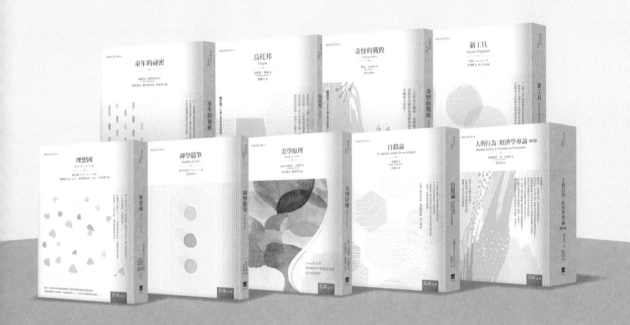

五南,五十年了,半個世紀,人生旅程的一大半,走過來了。

思索著,邁向百年的未來歷程,能為知識界、文化學術界作些什麼?

在速食文化的生態下,有什麼值得讓人雋永品味的?

歷代經典・當今名著,經過時間的洗禮,千錘百鍊,流傳至今,光芒耀人;

不僅使我們能領悟前人的智慧,同時也增深加廣我們思考的深度與視野。

我們決心投入巨資,有計畫的系統梳選,成立「經典名著文庫」,

希望收入古今中外思想性的、充滿睿智與獨見的經典、名著。

這是一項理想性的、永續性的巨大出版工程。

不在意讀者的眾寡,只考慮它的學術價值,力求完整展現先哲思想的軌跡;

為知識界開啟一片智慧之窗,營造一座百花綻放的世界文明公園,

任君遨遊、取菁吸蜜、嘉惠學子!